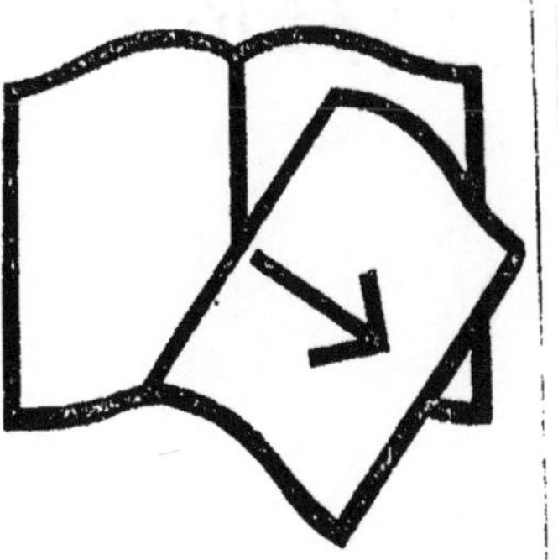
Couvertures supérieure et inférieure
manquantes

MÉMOIRE

sur

LES MORTIERS HYDRAULIQUES

et sur

LES MORTIERS ORDINAIRES.

IMPRIMERIE DE GUIRAUDET,
RUE SAINT-HONORÉ, N° 315.

MÉMOIRE

SUR LES

MORTIERS HYDRAULIQUES

ET SUR LES

MORTIERS ORDINAIRES,

PAR

LE GÉNÉRAL TREUSSART,

INSPECTEUR DU GÉNIE.

PARIS,

CHEZ { CARILLAN-GOEURY, LIBRAIRE, QUAI DES AUGUSTINS, N° 41 ;
ANSELIN, LIBRAIRE, RUE DAUPHINE, N° 9;
MALHER ET COMPAGNIE, LIBRAIRES, PASSAGE DAUPHINE.

1829.

PRÉFACE.

Les officiers du génie étant chargés de l'érection et de l'entretien des places fortes, l'art de construire n'est pas moins important pour eux que celui de fortifier. Les constructions qu'ils ont à diriger comprennent à peu près tous les genres : ce sont, pour la fortification, des revêtements, des casemates défensives, des souterrains et des mines, des ponts, des écluses et des bâtardeaux, des aquéducs et des déversoirs, etc. ; et pour les établissements militaires, dont plusieurs voûtés à l'épreuve de la bombe, des casernes, des hôpitaux et des prisons, des citernes, des bâtiments d'administration et des magasins de différentes espèces. S'il s'agit d'une place maritime, les ouvrages à la mer qui se rattachent à la défense sont encore de leur ressort. Enfin ils sont aussi chargés des portions de canaux qui traversent les fortifications. Ils doivent donc réunir aux connaissances spéciales de l'ingénieur militaire celles de l'ingénieur civil et de l'architecte.

Les travaux que les officiers du génie exécutent annuellement dans les nombreuses places que possède la France sont considérables, et offrent dans leur ensemble des exemples de toutes les constructions dont il vient d'être fait mention. Ces travaux, malgré leur importance, sont généralement moins connus des personnes qui s'occupent de l'art des constructions que ceux des ingénieurs civils et des architectes : cela tient à leur objet même, qui ne saurait souvent être rendu public sans d'assez graves inconvénients.

Si la solidité est la première condition des constructions en général, elle est encore plus particulièrement la qualité essentielle des constructions militaires. Il faut convenir néanmoins que cette condition a trop souvent été négligée. La plupart des ouvrages érigés par Vauban ont maintenant besoin d'une restauration complète, et parmi ceux qui ont été exécutés depuis, plusieurs exigent déjà de grandes réparations ; enfin, des sommes considérables sont absorbées tous les ans par l'entretien de nos forteresses, tandis que cette dépense serait presque nulle si les ingénieurs eussent mieux connu les véritables causes de la solidité. Ce que je viens de dire des constructions militaires doit également s'appliquer aux constructions civiles.

Dans les édifices publics construits en grosses pierres de taille, la solidité dépend moins de la qualité du mortier que de l'observation des conditions de l'équilibre, et de la bonne qualité des pierres, qui doivent être en état de résister à l'intempérie des saisons et à la pression qu'elles ont à soutenir; il paraît même que quelques constructions qui nous restent des anciens ont été faites avec de grosses pierres posées sans mortier les unes sur les autres. Mais lorsque les maçonneries sont composées de petits matériaux, ainsi que cela a lieu le plus ordinairement, alors une autre condition indispensable à la solidité est la bonne qualité des mortiers.

L'état de conservation dans lequel se trouvent encore quelques ouvrages faits par les Romains avec de petits matériaux, tandis qu'un grand nombre de constructions modernes du même genre n'ont eu qu'une courte durée, avaient porté à croire que les Romains possédèrent un secret particulier pour fabriquer leur mortier; cette opinion était même devenue presque populaire. Mais différents faits observés de nos jours ont prouvé que c'était une erreur, et que, de tous les monuments dont les Romains couvrirent les pays qu'ils avaient conquis, beaucoup aussi avaient été détruits par le temps, et qu'il n'était parvenu jusqu'à nous que ceux qui avaient été faits avec de bons mortiers. La diversité d'opinion qui a existé à cet égard aurait dû engager à faire des recherches depuis long-temps; mais il n'y a guère qu'une cinquantaine d'années que quelques hommes instruits ont commencé à s'occuper de cet objet important, et encore était-ce plutôt sous le rapport de quelques points de la théorie que sous celui de la pratique : aussi, dans les travaux publics comme dans les travaux particuliers, la confection des mortiers n'en a pas moins continué à être abandonnée à des entrepreneurs intéressés ou à des ouvriers ignorants et routiniers. Enfin de nos jours quelques ingénieurs n'ont pas trouvé au-dessous d'eux d'entreprendre quelques expériences, et leurs découvertes ont déjà eu les plus heureux effets dans les constructions civiles et militaires.

Placé de bonne heure dans des circonstances favorables, et plus tard directeur des fortifications pendant neuf ans dans une place où l'on exécutait de grands travaux, j'ai été obligé de donner une attention particulière à l'étude des mortiers, et j'ai fait sur leur composition de nombreux essais. Je crois être parvenu à des résultats utiles. J'en ai déjà publié quelques uns; mais d'autres ne sont point encore connus. Il m'a paru qu'il ne serait pas sans intérêt pour les constructeurs de connaître les expériences que j'ai faites, et je me suis décidé à les réunir dans le Mémoire que je publie aujourd'hui.

J'ai divisé ce Mémoire en deux sections : la première contient mes expériences sur les mortiers qui doivent être employés dans l'eau ; la seconde section traite des mortiers destinés aux maçonneries exposées à l'air.

On verra que l'expérience m'a conduit quelquefois à des conclusions opposées à des idées admises sur quelques points : alors j'ai eu soin d'en faire la remarque. J'observerai que, lorsqu'il m'est arrivé de dire que l'on devait opérer de telle ou telle manière, cela ne doit s'appliquer qu'à des matières semblables à celles que j'ai employées : car, quelque longues et minutieuses qu'aient été mes recherches, quelque nombreux que soient les faits recueillis jusqu'à ce jour sur la confection des mortiers, je ne puis donner des préceptes généraux et absolus sur tous les points. Ce que je puis dire de plus positif aux ingénieurs, c'est qu'en tout lieu ils ont les moyens de faire de très bons mortiers, soit pour les constructions dans l'eau, soit pour celles à l'air. C'est à eux d'étudier les matériaux dont ils peuvent disposer, et d'essayer, par quelques tâtonnements, les divers procédés qui m'ont réussi. L'étude des mortiers est aride sans doute ; mais, lorsqu'une fois on est parvenu à bien connaître la manière de traiter les matériaux de chaque localité, on est bien dédommagé de ses peines par la certitude de faire des maçonneries d'une grande solidité.

Je terminerai en engageant les ingénieurs à faire connaître les faits qu'ils auront été dans le cas d'observer sur les points qui sont encore douteux. Ce n'est qu'en rassemblant toutes les données de l'expérience que l'on pourra arriver à une théorie complète de la fabrication des mortiers

MÉMOIRE

SUR LES

MORTIERS HYDRAULIQUES

ET SUR LES

MORTIERS ORDINAIRES.

SECTION PREMIÈRE.

DES MORTIERS PLONGÉS DANS L'EAU.

CHAPITRE PREMIER.

DE LA CHAUX; ÉTAT ACTUEL DE NOS CONNAISSANCES SUR CETTE SUBSTANCE.

La chaux est employée depuis un temps immémorial. Mêlée avec du sable ou d'autres matières, elle forme ce qu'on appelle les mortiers. La solidité et la durée des maçonneries dépendent de leur bonté ; cependant on n'a encore fait que peu d'expériences sur la chaux, et la manière de faire le mortier a presque toujours été abandonnée aux ouvriers. Ce n'est que depuis environ cinquante ans que quelques hommes instruits se sont occupés de cet objet important. En comparant les mortiers des anciens, et surtout ceux qui ont été faits par les Romains, aux mortiers des temps modernes, on s'est aperçu que les premiers étaient beaucoup meilleurs que les nôtres, et l'on a en conséquence cherché les moyens de les imiter. Plusieurs constructeurs ont cru avoir trouvé le secret de faire des mortiers romains ; d'autres au contraire ont pensé que les Romains n'avaient point de procédés particuliers pour faire leur mortier, mais qu'il n'est parvenu jusqu'à nous que les constructions faites avec de bonnes chaux. On verra que mes expériences tendent à confirmer cette opinion.

La chaux dont on se sert dans les constructions s'obtient par la calcination des pierres calcaires, qui sont très communes sur la surface du globe : on emploie à cet effet les marbres, certaines pierres à bâtir, des craies, des albâtres et des coquilles. L'effet de la calcination est de faire évaporer l'eau et l'acide carbonique qui se trouvent combinés avec ces substances. L'eau et les premières portions d'acide carbonique s'évaporent facilement ; mais pour chasser les dernières portions de cet acide il faut un feu assez fort et prolongé. La chaux que l'on emploie pour les constructions contient presque toujours une assez grande quantité d'acide carbonique.

Lorsque la pierre calcaire que l'on a calcinée est du marbre blanc, alors on obtient de la chaux pure par une calcination suffisante. D'après l'analyse qui a été faite du marbre blanc, cette substance contient sur 100 parties ce qui suit : chaux, 64 ; acide carbonique, 33 ; eau, 3. La chaux que l'on obtient après la calcination jouit des propriétés suivantes. Elle a une grande avidité pour l'eau, l'enlève à l'air et augmente de volume en s'en emparant. Si l'on jette une certaine quantité d'eau sur de la chaux récemment calcinée, alors elle s'échauffe fortement, se fend avec bruit, et une partie de l'eau qu'on a jetée sur la chaux s'évapore par la chaleur qui est produite. La vapeur qui se dégage entraîne avec elle quelques particules de chaux. L'eau en dissout environ $\frac{1}{450}$ de son poids, et forme alors ce qu'on appelle de l'eau de chaux. La chaux est caustique, et verdit fortement le sirop de violettes ; sa pesanteur spécifique est de 2,3 d'après Kirwan ; elle attire l'acide carbonique contenu dans l'air, et finit par passer de nouveau à l'état de carbonate de chaux. Pour la conserver, on est obligé de la tenir dans des vases bien fermés. La chaux était autrefois rangée parmi les alcalis ; ce n'est que de nos jours qu'on a connu la nature de cette substance. M. Davy, chimiste anglais, est parvenu, en 1807, à décomposer le sulfate et le carbonate de chaux au moyen de la pile de Volta ; il en a retiré par ce moyen une substance brillante qui a une si grande attraction pour l'oxygène qu'elle l'enlève rapidement à l'air et à l'eau, qu'elle décompose. On regarde comme un métal la substance brillante que l'on a ainsi retirée de la chaux, et on lui a donné le nom de calcium. D'après cela, la chaux ne serait donc qu'un oxide métallique.

Il est rare qu'on emploie dans les arts de la chaux provenant des marbres blancs ; celle dont on fait ordinairement usage, et qui provient des pierres à chaux ordinaires, contient presque toujours des oxides de fer, et quelquefois une certaine quantité de sable, d'alumine, de magnésie, d'oxide de manganèse, etc. Quelques unes de ces substances se combinent avec la chaux par la calcination : elle acquiert alors des propriétés qu'elle n'avait pas encore, et dont je vais parler.

Si l'on prend de la chaux provenant d'un marbre blanc ou d'une pierre à chaux commune, et qu'on la réduise en pâte épaisse avec de l'eau à sa sortie du four, et si l'on place ensuite cette pâte dans de l'eau ou dans de la terre humide, alors elle reste constamment molle. On obtient le même effet si l'on mêle ces chaux avec du sable ordinaire, et qu'on place le mortier qui en résulte dans les mêmes situations. On est dans l'usage de délayer la chaux commune dans beaucoup d'eau à sa sortie du four et de la couler dans de grands bassins; elle reste alors à l'état de pâte molle. Alberti dit (liv. ii, chap. xi) « avoir vu de la chaux dans une vieille fosse « qui avait été abandonnée depuis environ cinq cents ans, comme le faisaient « conjecturer plusieurs indices manifestes; que cette chaux était encore si molle, « si bien délayée et si mûre, que ni le miel ni la moelle des bêtes ne le sont da-« vantage. »

Il y a une autre espèce de chaux qui jouit d'une propriété singulière : si on l'éteint à sa sortie du four comme ci-dessus, et si on la place à l'état de pâte dans de l'eau ou dans de la terre humide, alors elle durcit plus ou moins promptement suivant les substances qu'elle contient. On obtient le même résultat en mêlant cette chaux avec du sable pour en faire du mortier, et en le plaçant dans les mêmes situations. Si on coulait cette chaux dans des bassins ainsi qu'on le fait pour la chaux commune, alors elle deviendrait dure au bout de peu de temps, et il serait impossible de s'en servir.

Lorsqu'on éteint la chaux commune avec de l'eau, à sa sortie du four, pour la réduire en pâte, on trouve qu'elle augmente considérablement de volume; cette augmentation est telle qu'une partie de chaux vive mesurée en volume en produit quelquefois plus de trois mesurée à l'état de pâte épaisse : c'est ce qu'on appelle le foisonnement. Il n'en est pas de même des chaux qui ont la propriété de durcir dans l'eau : elles produisent, lorsqu'on les éteint de la même manière, un volume beaucoup moins grand que les chaux communes. Quelquefois une partie de ces chaux mesurée vive produit à à peine un égal volume lorsqu'on la réduit à l'état de pâte comme ci-dessus. Pendant long-temps on a appelé *chaux maigres* celles qui avaient la propriété de durcir dans l'eau, et *chaux grasses* celles qui n'ont point cette propriété. Cette dénomination venait de ce que les premières augmentent peu de volume lorsqu'on les réduit à l'état de pâte, tandis que les dernières donnent un volume beaucoup plus considérable, et que les chaux communes forment avec la même quantité de sable un mortier plus gras que lorsqu'on emploie des chaux maigres. Mais cette dénomination est tout-à-fait impropre pour désigner les chaux qui ont la propriété de durcir dans l'eau, attendu qu'il y a des chaux qui augmentent très peu de volume lorsqu'on les réduit à l'état de pâte, et qui ne jouissent nullement de cette propriété. Belidor donnait le nom de béton à la chaux qui avait la propriété de durcir dans l'eau; mais beaucoup d'ingénieurs continuaient à l'appeler chaux maigre. Cette dénomination n'est pas très convenable et n'est plus en usage. Je vais indiquer celles qui sont admises aujourd'hui.

En Angleterre, on a donné aux chaux qui durcissent dans l'eau le nom de *chaux aquatiques*; en Allemagne, on les nomme *chaux pour l'eau*; M. Vicat, ingénieur des ponts et chaussées, a proposé de les nommer *chaux hydrauliques*, et cette dénomination, qui est très bonne, a généralement été adoptée. Ainsi j'appellerai chaux grasse celle qui donne un foisonnement considérable, chaux maigre celle qui foisonne peu et qui ne durcit pas dans l'eau, enfin chaux hydraulique celle qui a la propriété de durcir dans l'eau. On donne aussi assez souvent le nom de chaux commune à la première de ces chaux. On appelle chaux vive tou chaux qui n'a point été éteinte ; qu'elle soit grasse, ou maigre, ou hydraulique. Les chaux maigres et hydrauliques cuites à point sont en général plus lentes à s'éteindre que les chaux grasses et donnent moins de chaleur. Lorsque la chaux grasse a été trop calcinée, elle devient également paresseuse à s'éteindre, tandis que, si elle a été cuite à point, elle entre en fusion aussitôt qu'on y jette de l'eau. La suite des expériences ci-après fera voir que le fer à l'état d'oxide rouge rend les chaux grasses lentes à s'éteindre.

Depuis long-temps les meilleurs chimistes ont cherché quelles étaient les substances qui donnaient à la chaux la propriété de durcir dans l'eau.

Bergman, chimiste suédois, est, je crois, le premier qui ait donné l'analyse d'une pierre à chaux hydraulique. Il a trouvé que celle de Léna en Suède contenait sur 100 parties les substances suivantes : chaux, 90 ; oxide de manganèse, 6 ; argile, 4. Ce chimiste paraît avoir attribué la propriété des chaux hydrauliques à l'oxide de manganèse, et cette opinion a été admise pendant long-temps. On trouve, d'un autre côté, dans la *Bibliothèque britannique* de 1796, tome 3, page 202, que Smeaton, ingénieur anglais, qui fit construire le phare d'Edystone, en 1757, avait attribué la propriété des chaux hydrauliques à l'argile : car il dit que c'est une question curieuse qu'il laisse à décider aux chimistes et aux naturalistes que de savoir pourquoi la présence de l'argile dans le tissu de la pierre calcaire rend la chaux propre à se durcir dans l'eau, l'argile ajoutée à la chaux ordinaire ne produisant pas cet effet.

M. Guyton de Morveau, dans un mémoire publié en l'an 9, a annoncé qu'il avait reconnu la présence de l'oxide de manganèse dans toutes les pierres à chaux qui ont la propriété de durcir dans l'eau ; il a de plus annoncé qu'en faisant calciner ensemble 90 parties de pierre à chaux ordinaire pulvérisée, 4 parties d'argile et 6 parties d'oxide noir de manganèse, on obtenait une excellente chaux *maigre artificielle.* On a dit ci-dessus que l'on donnait, à cette époque, le nom de *chaux maigre* à la chaux qui avait la propriété de durcir dans l'eau : le chimiste français est donc le premier qui ait fait de toute pièce de la chaux hydraulique ; mais il s'est trompé en pensant, comme Bergmann, que la présence de l'oxide de manganèse était nécessaire pour obtenir ce résultat. Il l'aurait obtenu en calcinant sa pierre à chaux pulvérisée avec l'argile seule.

M. de Saussure dit, dans son *Voyage des Alpes*, que la propriété qu'ont certaines chaux de durcir dans l'eau n'est due qu'à la silice et à l'alumine (c'est-à-dire à de l'argile) combinées dans de certaines proportions.

M. Vitalis, chimiste de Rouen, a fait en 1807 l'analyse des pierres à chaux de Senonches et de Ste-Catherine, près Rouen; elle se trouve dans le mémoire que M. Gratien le père, ingénieur des ponts et chaussées, a publié en 1807 sur les schistes de Cherbourg (page 58). Cette pierre à chaux contient, d'après M. Vitalis, sur 100 parties, les substances suivantes : eau, 12; carbonate de chaux, 68; alumine, 12; sable, 6; oxide de fer, 2. En adressant ces résultats à M. Gratien le père, M. Vitalis s'exprime ainsi : « Il résulte de cette analyse que les pierres à « chaux de Senonches et de Ste-Catherine sont de vraies marnes calcaires, dans « lesquelles la craie prédomine il est vrai, mais où l'argile joue un rôle très impor- « tant. C'est cette portion d'argile qui, suivant moi, rend *maigre* la chaux de ces « deux espèces de pierre : d'où il suit que la présence de l'oxide de manganèse n'est « pas du moins la seule condition pour obtenir une chaux de cette espèce, puisque « cette analyse prouve que les pierres dont il s'agit ne contiennent point d'oxide « de manganèse, qui aurait coloré le verre en violet. » J'ai dit ci-dessus qu'à cette époque on appelait chaux *maigres* celles qui avaient la propriété de durcir dans l'eau ; on voit que l'analyse de ces pierres a confirmé l'opinion de M. Saussure, qui avait attribué à l'argile seule la propriété qu'ont certaines chaux de durcir dans l'eau. Tomson, chimiste anglais, avait aussi la même opinion.

M. Descotils, ingénieur des mines, a aussi fait l'analyse de la pierre à chaux de Senonches ; cette analyse se trouve dans le *Journal des Mines* de 1813, page 308. Il en résulte que la pierre à chaux de Senonches contient un quart de silice disséminée en particules très fines, et seulement une si petite quantité de fer et d'alumine, que ces subtances ne peuvent avoir aucune influence sur la chaux : d'où cet ingénieur conclut que la propriété hydraulique de cette pierre à chaux est due à la silice. On a cependant vu plus haut que, d'après M. Vitalis, elle contenait deux fois autant d'alumine que de silice. M. Berthier a également inséré dans le *Journal des Mines* une analyse de la pierre de Senonches, qu'on trouvera plus bas, et d'après laquelle cette pierre à chaux contient très peu d'alumine. Cette contradiction n'est point encore expliquée. Peut-être existe-t-il dans les carrières de cet endroit des pierres à chaux de différentes natures. Dans ce cas, il serait important de connaître quelle est la composition de celle qui est la meilleure.

L'analyse de la pierre à chaux de Senonches a fourni à M. Descotils l'occasion de faire une remarque bien importante sur la silice contenue dans les pierres à chaux : c'est que la silice contenue dans ces pierres ne se dissout point dans les acides avant leur calcination, tandis qu'elle s'y dissout après. Ce fait prouve que la silice est dénaturée par sa calcination avec la chaux, et qu'elle se combine par la voie sèche avec cette substance.

M. Vicat, ingénieur des ponts et chaussées, a publié en 1818 un mémoire très important sur les mortiers hydrauliques. Cet ingénieur est parti de l'opinion, qui était généralement admise à cette époque, que c'était l'argile qui donnait à la chaux la propriété singulière de durcir dans l'eau. Il a en conséquence pris de la chaux commune, qu'il a mélangée avec diverses parties d'argile, d'après le procédé suivant, qui est extrait de la page 7 : « L'opération que nous allons décrire (dit cet « ingénieur) est une véritable synthèse, qui réunit d'une manière intime, par l'ac- « tion du feu, les principes essentiels que l'analyse sépare dans les chaux hydrauli- « ques. Elle consiste à laisser se réduire spontanément en poudre fine, dans un en- « droit sec et couvert, la chaux que l'on veut modifier; à la pétrir ensuite, à l'aide « d'un peu d'eau, avec une certaine quantité d'argile grise ou brune, ou simple- « ment avec de la terre à brique, et à tirer de cette pâte des boules qu'on laisse « sécher pour les faire cuire ensuite au degré convenable.

« On conçoit déjà qu'étant maître des proportions, on l'est également de donner « à la chaux factice le degré d'énergie que l'on désire, et d'égaler ou de surpasser à « volonté les meilleures chaux naturelles.

« Les chaux communes très grasses peuvent comporter 0,20 d'argile pour 1,00 ; « les chaux moyennes en ont assez de 0,15 ; 0,10 et même 0,06 suffisent pour celles « qui ont déjà quelque qualité hydraulique. Lorsqu'on force la dose jusqu'à 0,33 « ou 0,40, la chaux que l'on obtient ne fuse point ; mais elle se pulvérise facile- « ment, et donne, lorsqu'on la détrempe, une pâte qui prend corps sous l'eau très « promptement. »

Tel est le procédé indiqué par M. Vicat. Mais cet ingénieur ne s'est point borné à faire des expériences en petit : un atelier a été établi par ses soins auprès de Paris, et l'on y a fabriqué en grand de la chaux hydraulique artificielle ; il a en outre fait tous ses efforts pour répandre l'usage des mortiers hydrauliques dans tous les pays, et il y a réussi. Il a donc rendu en cela un grand service à l'art des construc- tions, et je lui ai rendu cette justice dans les notices que j'ai publiées précé- demment.

En 1818, M. le docteur John, de Berlin, a présenté à la société hollandaise des sciences un mémoire qui a été publié en 1819. Ce mémoire, couronné en 1818, par la société hollandaise, répondait à la question suivante, mise au concours par cette société : « Quelle est la cause chimique en vertu de laquelle la chaux de « pierre fait en général une maçonnerie plus solide et plus durable que la chaux de « coquilles, et quels sont les moyens de corriger à cet égard la chaux de co- « quilles ? » Le docteur John a remarqué que les coquilles demandent à être plus fortement calcinées que les pierres à chaux ordinaires ; il pense que cela tient à ce que les coquilles sont un carbonate de chaux plus pur que les pierres à chaux or- dinaires, qui contiennent des substances terreuses qui facilitent le dégagement de l'acide carbonique. En faisant l'analyse de diverses pierres à chaux, il a reconnu que celles qui étaient propres à fournir de la chaux hydraulique contenaient de l'argile, de l'oxide de fer, etc. Il appelle *ciment* les parties étrangères qui donnent à la chaux la propriété de durcir dans l'eau, et il dit qu'il est possible d'améliorer les chaux qui ne contiennent point le *ciment* en l'y introduisant par la voie sèche. C'est d'après ces considérations qu'il a fait les expériences suivantes. Il a mêlé de la poudre de coquilles d'huîtres 1° avec $\frac{1}{12}$ de sable siliceux, 2° avec diverses proportions d'argile qu'il a fait varier entre $\frac{1}{16}$ et $\frac{1}{2}$, 3° avec $\frac{1}{36}$ d'oxide de manganèse. Il a pétri ces mélanges avec de l'eau, les a moulés en boules, les a fait sécher à l'air, et enfin il les a fait chauffer dans un four à chaux pendant quatre-vingt-seize heures. Voici les résultats qu'il a obtenus : le premier mélange était agglutiné, mais friable, et ne lui a pas offert un bon résultat; les seconds mélanges lui ont présenté de bons résultats; enfin il n'a obtenu aucune propriété particulière avec le troisième mélange. L'auteur a conclu que l'argile était la partie qui donnait aux chaux ordinaires la propriété de durcir dans l'eau, et il dit que rien ne sera plus facile que de procurer de bonnes chaux hydrauliques, soit avec des coquilles, soit avec des pierres calcaires pures, en suivant le procédé qu'il a indiqué; il ajoute que c'est aux constructeurs à déterminer le meilleur mélange à faire dans chaque circonstance.

Le mémoire du docteur John renferme l'analyse de plusieurs mortiers anciens, et contient plusieurs observations importantes dont j'aurai l'occasion de parler.

On trouve dans la troisième livraison des *Annales des Mines* de 1822 un mémoire très intéressant de M. Berthier, ingénieur en chef des mines; il contient l'analyse de différentes pierres à chaux et plusieurs vues nouvelles qui contribueront à perfectionner la théorie des mortiers. J'aurai occasion plus d'une fois de citer les expériences qu'il a faites, et son opinion sur plusieurs faits importants.

M. Raucourt, ingénieur des ponts et chaussées, a publié à Pétersbourg, en 1822, un ouvrage dans lequel il rapporte les expériences qu'il a faites d'après le procédé dont s'est servi M. Vicat, et il en a ajouté plusieurs qui lui sont propres. M. le chef de bataillon du génie Bergère en a fait une analyse qui se trouve dans le tome 9 des *Annales des Mines* de 1824.

En 1825, M. Hassenfratz a aussi publié un mémoire sur les mortiers. Cet ouvrage, qui est volumineux, renferme beaucoup de détails pratiques sur la calcination des pierres à chaux dans différents pays, et rapporte l'état de nos connaissances sur l'art de fabriquer les mortiers jusqu'à l'époque où il a écrit.

Pour terminer de citer les ouvrages qui ont été faits jusqu'à ce jour sur les mortiers hydrauliques, je ferai mention d'un fait entièrement nouveau, qui a été rapporté par M. Girard de Caudemberg, ingénieur des ponts et chaussées, dans une notice qu'il a publiée en 1827. Cet ingénieur rapporte que les propriétaires des moulins situés sur la rivière d'Isle, dans le département de la Gironde, ont découvert par hasard des espèces de sables fossiles auxquels on donne le nom d'*arènes*, et qui ont la propriété singulière de pouvoir être employés à former, avec les chaux grasses, des mortiers qui prennent corps dans l'eau, et qui y acquièrent une assez grande dureté sans que l'on soit obligé de faire subir aucune préparation à ces produits naturels. J'aurai occasion de revenir sur ce fait important, et de rapporter ce qu'en dit M. Girard, ainsi que d'indiquer les principales expériences qui ont déjà été faites sur d'autres points, où l'on a rencontré des produits tout-à-fait semblables.

J'ai été employé à Strasbourg depuis 1816 jusqu'en 1825 ; on ne se servait point de chaux hydrauliques dans cette place. J'appris qu'il en existait dans les environs. Presque toutes les manœuvres d'eau de la place étaient à refaire, parce qu'elles avaient été mal construites du temps de Vauban. Vingt-cinq ans d'expérience m'avaient fait connaître la grande supériorité des mortiers hydrauliques, tant pour les constructions à l'air que pour celles dans l'eau, où elles sont indispensables. Je fis donc l'essai des chaux hydrauliques qui se trouvaient dans les environs de Strasbourg, et je les trouvai très bonnes : elles ont, en conséquence, été employées tant pour les travaux dans l'eau que pour les constructions à l'air. Tous les revêtements qui ont été construits depuis la porte de Pierre jusqu'au pont Royal, et qui ont un développement de 1,500 mètres, ont été refaits ou réparés avec du mortier hydraulique. Il en est de même de toutes les manœuvres d'eau ; elles ont été refaites ou réparées avec la chaux hydraulique des environs. Un ingénieur qui ferait usage de la chaux commune, même pour les constructions à l'air, lorsqu'il y a aux environs de ses travaux des chaux hydrauliques naturelles, serait très blâmable, attendu que la dépense est à peu près la même, et qu'il y a une différence très grande dans la bonté et dans la durée des maçonneries, en faveur de celles qui sont faites avec du mortier hydraulique. Mais dans les pays où l'on ne trouve que de la chaux hydraulique très médiocre, et dans ceux où l'on n'en rencontre pas du tout, quel parti doit-on prendre ? Doit-on alors employer le procédé de M. Vicat, qui consiste à faire de la chaux hydraulique artificielle ? Je répondrai positivement que je ne le pense pas : je crois que dans ce cas, qui arrive très souvent, il est préférable de faire directement du mortier hydraulique ainsi que je va s l'indiquer.

Il y a deux moyens d'obtenir du mortier hydraulique : le premier consiste à faire un mélange de chaux hydraulique naturelle ou artificielle avec du sable ; le second moyen consiste à mélanger de la chaux grasse ordinaire avec certaines substances, telles que la pouzzolane, le trass, certaines cendrées de houille et certains ciments. Je ne puis m'empêcher de relever une assertion tout-à-fait inexacte qui a été avancée à cet égard par M. Gautey, inspecteur des ponts et chaussées ; cet ingénieur dit, dans son excellent *Traité de la construction des ponts* (tome II, page 278) ce qui suit : « La chaux grasse est très propre aux constructions qui se font hors de l'eau ; « mais elle ne peut servir à la composition des bétons qui sont plongés sous l'eau, « et les mortiers où on l'emploie en le mélangeant même avec la pouzzolane, jetés « dans l'eau au moment où ils viennent d'être faits, ne prennent point de consi- « stance et restent pulvérulents. » Ce que dit M. Gautey est bien loin d'être

exact : car de la chaux grasse mêlée avec de la pouzzolane forme un mortier qui
durcit très vite dans l'eau, et qui acquiert en peu de temps une très grande consistance. Ce fait était même connu des anciens, car Vitruve en parle, ainsi qu'on le
verra plus bas. Je ne relèverais pas l'erreur dans laquelle M. Gautey est tombé à
cet égard, s'il ne jouissait pas d'une réputation justement méritée. Mais, son ouvrage
étant très estimé, et se trouvant entre les mains de tous les ingénieurs, il serait à
craindre que ce qu'il dit empêchât plusieurs constructeurs de faire directement du
mortier hydraulique en employant de la chaux commune et des substances analogues à la pouzzolane. La suite de mes expériences fera voir que, lorsque l'on se
trouve dans un pays où il n'y a pas de chaux hydraulique, il est préférable, au
lieu d'employer le moyen proposé par M. Vicat, de faire directement du mortier
hydraulique en mélangeant la chaux commune avec des substances analogues à la
pouzzolane. On verra également que la chaux grasse est loin d'être toujours très
propre aux constructions qui se font hors de l'eau, ainsi que M. Gautey le dit au
commencement de sa phrase.

CHAPITRE II.

DE L'EXTINCTION DE LA CHAUX; MANIÈRE DE FAIRE LE MORTIER; OBSERVATIONS
SUR L'HYDRATE DE CHAUX.

Il y a trois moyens d'éteindre la chaux. Le premier consiste à jeter sur de la
chaux vive, sortant du four, une quantité d'eau suffisante pour la réduire en pâte
claire. Ce procédé est celui qui est généralement employé pour les chaux communes. Presque toujours on la délaie trop. On lui donne généralement assez
d'eau pour la réduire à l'état de consistance laiteuse. C'est dans cet état qu'on la
coule dans des fosses qui sont quelquefois revêtues sur les côtés. Au bout de quelque temps, cette chaux s'épaissit, et on la couvre alors d'une couche de sable ou
de terre pour la préserver du contact de l'air, qui ferait passer assez promptement
la partie supérieure à l'état de carbonate. On est généralement dans l'opinion que,
plus la chaux est anciennement coulée, mieux elle vaut. La suite des expériences
que j'aurai occasion de citer fera voir que cela n'est pas, ou qu'au moins cela n'est
pas général, puisque les chaux communes anciennement coulées, dont je me
suis servi, ne m'ont donné à l'air que de très mauvais résultats lorsque le mortier
était fait avec cette chaux et du sable seulement.

L'épaississement de la chaux dans les fosses tient à trois causes : la première est
sans doute la filtration à travers les terres d'une partie de l'eau avec laquelle on
a éteint la chaux; la seconde est l'évaporation; mais il y en a une troisième,
car cet épaississement, qui est assez prompt, a également lieu lorsque les fosses
sont construites dans un terrain humide, et lorsque la saison est pluvieuse. Cette
troisième cause me paraît tenir à ce que la chaux, ayant une grande affinité pour
l'eau, solidifie très promptement les premières parties qu'on lui en donne; mais,
lorsqu'elle en a reçu une certaine quantité, elle demande alors un temps assez long
pour s'en saturer complétement. Les portions de chaux qui ont été trop chauffées
et celles qui ne l'ont pas été assez sont aussi plus lentes à s'éteindre. Voici l'expérience que j'ai faite pour m'assurer de ce que je viens d'avancer ci-dessus : j'ai pris
une portion de chaux grasse qui était coulée dans une fosse depuis quatre ans; elle
était assez épaisse; je lui ai ajouté un peu d'eau pour la réduire à la consistance
de sirop, et j'ai placé cette chaux dans un vase de grès. J'ai pris une égale portion
de chaux commune que j'ai éteinte à sa sortie du four, en la réduisant, comme

ci-dessus, à la consistance de sirop, et en la plaçant dans un vase semblable. Au bout de peu de temps, cette seconde chaux est devenue très épaisse, tandis que la première avait conservé sa consistance de sirop : j'ai alors ajouté un peu d'eau à la seconde chaux pour la ramener de nouveau à l'état de sirop comme la première. L'épaississement a encore eu lieu, mais il a été plus lent que la première fois. Il m'a fallu ajouter ainsi de l'eau à plusieurs reprises, avant que cette seconde chaux se maintînt à la consistance de sirop qu'elle avait en premier lieu. Il résulte de cette expérience que de la chaux commune qu'on éteint à sa sortie du four, quoique réduite en pâte claire, n'en conserve pas moins la faculté d'absorber de l'eau pendant assez long-temps.

La seconde manière d'éteindre la chaux consiste à la plonger vive dans l'eau pendant quelques secondes. On la retire avant le commencement de la fusion ; alors elle s'éteint et finit par tomber en poudre. On la conserve dans un lieu sec. L'opération de la plonger dans l'eau se fait au moyen de paniers dans lesquels on met la chaux, que l'on a concassée de la grosseur d'un œuf. Ce fut M. de Lafaye qui, en 1777, proposa ce moyen d'éteindre la chaux comme un secret retrouvé des Romains ; cela fit beaucoup de bruit dans le temps, mais l'expérience ne justifia pas les grands résultats qu'on s'en était promis. A Strasbourg, on a employé pour les chaux hydrauliques un procédé un peu différent, mais qui au fond revient au même que celui de M. de Lafaye. Je l'indiquerai en rapportant les premières expériences que j'ai faites avec les chaux hydrauliques des environs de cette place. Le procédé proposé par M. de Lafaye s'appelle extinction par immersion.

Le troisième procédé consiste à soumettre la chaux vive à l'action de l'air. Sa grande affinité pour l'eau fait qu'elle enlève à l'air une grande partie de celle qu'il tient en dissolution. La chaux exposée ainsi à l'air s'éteint lentement sans donner beaucoup de chaleur, et finit par tomber en poussière. Cette manière d'éteindre la chaux s'appelle extinction à l'air ou extinction spontanée. Elle est employée dans plusieurs pays ; on en parle dans plusieurs ouvrages de construction, et elle est généralement blâmée. Cependant M. Vicat paraît lui donner la préférence, car, à la page 20 de son mémoire, il dit ce qui suit : « Telles sont les trois « manières d'éteindre la chaux : la première est généralement usitée ; la seconde « n'a guère été employée que par forme d'essai sur divers travaux ; la troisième « est proscrite, et représentée dans tous les traités de construction comme privant « la chaux de toute énergie, tellement qu'on regarde comme perdue celle que l'air « a éventée au point de la réduire tout-à-fait en poussière. Nous ne parlerons pas « dans ce moment des procédés de MM. Rondelet, Fleuret et autres, parce qu'ils « ne diffèrent pas assez de ceux que nous venons de décrire pour en être séparés. « Nous verrons plus tard, relativement à l'extinction spontanée, combien il faut « se défier de ces assertions banales, nées de fausses observations et accréditées par « des auteurs qui, ne sachant douter de rien, répètent sans examen les erreurs

« d'autrui » M. Vicat a annoncé qu'un mortier fait avec du sable et de la chaux
grasse qui avait été éteinte spontanément a parfaitement résisté, au bout de dix
ans, à l'épreuve indiquée par M. Brard pour reconnaître les pierres gélisses ; il dit
à ce sujet : « Avis à ceux qui ont tant écrit et tant parlé contre la chaux éteinte
« à l'air, et contre l'opinion desquels j'ai eu à lutter tout seul, sans pouvoir invo-
« quer à mon aide d'autre expérience que la mienne. » Les résultats que j'ai obtenus avec les chaux éteintes à l'air sont loin de confirmer ce que dit M. Vicat,
ainsi qu'on aura occasion de le voir par les expériences qui se trouvent rapportées
ci-après.

M. Vicat donne, à la page 20 de son mémoire, des expériences qu'il a faites
pour connaître le foisonnement des chaux grasses et des chaux hydrauliques en
employant les trois modes d'extinction. Il a trouvé que le premier mode était celui
qui donnait le plus grand volume de chaux à l'état de pâte pour les deux espèces de
chaux. En comparant les résultats obtenus par le second et par le troisième
moyens, on trouve que, pour les chaux grasses, l'extinction spontanée a donné un
plus grand volume de chaux en pâte que l'extinction par immersion, et que c'est
l'inverse pour les chaux hydrauliques.

On a essayé d'employer en grand, à Strasbourg, le moyen d'extinction par
immersion indiqué par M. de Lafaye ; mais on a trouvé que ce moyen donnait
quelques embarras et présentait quelques inconvénients. En effet, il faut avoir des
paniers et concasser les grosses pierres ; il faut obtenir des ouvriers qu'il ne laissent la chaux plongée dans l'eau qu'un nombre de secondes déterminé, ce qui
n'est pas facile ; il se perd une portion de chaux, qui tombe au fond de
la cuve dans laquelle on fait l'immersion ; lorsque la chaux est réduite en
poudre, il faut la mesurer avant d'en faire du mortier, et, pour peu qu'il
fasse du vent, on en perd beaucoup. Les inconvénients ci-dessus ont fait renoncer à ce procédé pour adopter celui que je vais décrire, et qui revient
au même. Il est fondé sur l'observation suivante : si l'on plonge de la chaux
vive dans de l'eau, elle en absorbe au bout d'un certain nombre de secondes une
quantité suffisante pour bien se réduire en poudre. On aura donc un résultat semblable en jetant sur la même quantité de chaux une quantité d'eau égale à celle
qu'elle a pu absorber lorsqu'on l'a plongée dans l'eau ; on a donc préféré jeter sur la
chaux la quantité d'eau nécessaire pour bien la réduire en poudre sèche, et l'on a
évité les inconvénients que l'on éprouve en la plongeant dans l'eau. C'est le procédé qui est employé à Strasbourg depuis 1817, et l'on opère sur des masses de
chaux considérables. On fait à proximité des constructions une petite baraque, dont
les côtés et le dessus sont bien couverts en planches ; cette baraque sert à mettre à
couvert de la pluie la chaux hydraulique, que l'on a soin de ne pas faire arriver en
grande quantité à la fois, mais à mesure des besoins ; lorsque la saison est pluvieuse, on couvre le magasin à chaux avec une toile goudronnée ; à côté de ce ma-

gasin on construit un hangar plus grand, dont le dessus est couvert en planches; mais dont tout le pourtour est ouvert; on construit une aire en madriers sous ce hangar, afin de mélanger le mortier; on a une mesure qui contient les $\frac{1}{4}$ d'un mètre cube, et qui est sans fond; on la place sous le hangar, et l'on apporte du magasin qui est à côté les morceaux de chaux vive dont on remplit la mesure; cette première opération faite, on se sert de la même caisse pour mesurer le sable, que l'on place autour de la chaux, sans la recouvrir; on a de grands arrosoirs de fer-blanc, dont on a mesuré la capacité, et l'on verse sur la chaux une quantité d'eau égale au quart à peu près du volume de la chaux; les ouvriers savent qu'ils ne doivent verser qu'un tel nombre d'arrosoirs d'eau, et la chaux étant découverte, ils sentent d'eux-mêmes qu'ils doivent humecter davantage les parties du tas où il se trouve de gros morceaux de chaux. Tant que la chaux est en pleine fusion, on la laisse tranquille; lorsque les vapeurs ont cessé, on retourne un peu la chaux avec une pelle, ou bien on y enfonce un bâton ferré; et, s'il se trouve des morceaux de chaux qui soient encore entiers, soit parce qu'ils n'ont point reçu assez d'eau, soit parce qu'ils ont été un peu trop calcinés, alors on verse encore un peu d'eau sur ces morceaux. Cela fait, on donne au tas de chaux une forme régulière, et on le presse légèrement avec le dos de la pelle; on recouvre alors la chaux avec le sable que l'on avait disposé autour du tas avant de l'éteindre. Cette opération se fait le soir, et l'on fait de la même manière autant de tas de chaux que l'on présume pouvoir en employer le lendemain pendant toute la journée. En laissant ainsi la chaux en tas du soir au matin, il résulte que l'extinction se complète; les portions qui ont eu trop d'eau en cèdent aux voisines qui en manquent, et de cette manière l'eau se distribue d'elle-même dans le tas d'une manière uniforme. Le lendemain matin, on mélange le sable d'un des tas avec sa chaux, et on le passe une couple de fois au rabot, sans lui donner d'eau : on s'aperçoit mieux de cette manière s'il se trouve dans le mélange des pierres ou des parties de chaux qui n'ont point été bien éteintes, et on les rejette. On verse alors sur le mélange la quantité d'eau nécessaire pour l'amener à l'état de pâte très molle : de cette manière le mortier se mélange mieux, et l'on diminue la main-d'œuvre. Les expériences qui suivront feront voir que c'est à tort que l'on prétend que le mortier doit être fait avec la sueur des ouvriers : il suffit que le sable soit bien mélangé avec la chaux, et ce mélange s'opère mieux et d'une manière beaucoup plus économique lorsque le mortier est en pâte un peu claire que lorsqu'il est épais; il n'y a d'ailleurs aucun inconvénient à le faire un peu clair, attendu qu'il devient souvent plus épais qu'il ne le faut lorsque les maçons l'emploient, parce que, comme je l'ai dit ci-dessus, la chaux vive qu'on réduit en pâte claire conserve assez long-temps la faculté de solidifier de l'eau. Si la chaux a été cuite à point, l'opération que je viens de décrire donne toujours un mortier bien homogène et qui n'est point grenu; quand il est fait, on n'y aperçoit point une multitude de petits points blancs, qui sont des particules de chaux qui ont été mal éteintes. On a toujours eu à Strasbourg la précaution de ne faire le mortier qu'avec un ou deux tas de chaux à la fois, afin qu'il ne séchât pas trop vite, et que les maçons pussent venir le prendre en pâte dans le tas où on le déposait après l'avoir bien mélangé. On a encore l'avantage, en ne faisant du mortier qu'au fur et à mesure des besoins, de ne pas être obligé de le rebattre dans le cas assez fréquent où de la pluie forcerait d'interrompre les travaux : il vaut donc mieux employer les tas de chaux qui sont éteints en poudre sèche à mesure des besoins. Cette chaux peut se conserver de cette manière pendant huit à dix jours sans perdre de sa qualité; si tous les tas de chaux ont été employés, on fait, à la fin de la journée, de nouveaux tas pour le lendemain, et si le mauvais temps n'a pu en faire employer qu'une partie, on se borne à les compléter. Cette manière d'éteindre la chaux et de faire le mortier a donné de très bons résultats à Strasbourg et dans les autres places voisines où elle a été employée. On voit que c'est une méthode analogue à celle par immersion recommandée par M. de Lafaye; mais, en jetant sur la chaux la quantité d'eau seulement nécessaire pour la bien réduire en poudre, on évite bien des inconvénients et des embarras, surtout lorsqu'on opère sur de grandes quantités de chaux. On a eu occasion de se convaincre de la bonté du mortier qui a été fait par cette méthode, attendu que, deux ans après la construction d'un revêtement, on s'est trouvé dans le cas de le percer pour faire une poterne : le mortier avait déjà acquis une si grande consistance, que les outils avaient beaucoup de peine à entamer la maçonnerie.

Lorsque les travaux sont considérables, il serait bien avantageux, sous le rapport de l'économie, de faire le mortier au moyen d'une machine. Divers essais ont été faits dans ce but, et celui qui a le mieux réussi est un manège à deux chevaux, proposé et exécuté par M. Saint-Léger, ancien capitaine du génie. Je vais en conséquence décrire ce procédé :

L'appareil se compose d'une fosse circulaire, faite en maçonnerie, ayant les deux côtés inclinés; la section de cette fosse donne un trapèze qui a $0^m,60$ au fond, 1^m dans le haut et $0^m,40$ de profondeur; le cercle intérieur de la fosse a $1^m,40$ de rayon; au centre, il y a un noyau en maçonnerie, dans lequel est fixé un axe vertical en bois, qui a 2^m de longueur sur $0^m,20$ d'équarrissage, et qui est engagé dans la maçonnerie d'environ $1^m,50$; cet axe se termine à sa partie supérieure par un tourillon de $0^m,13$ de diamètre et de $0^m,15$ de hauteur, autour duquel s'adapte un collier en fer coulé, portant latéralement deux tourillons horizontaux de $0^m,08$ de diamètre et de $0^m,12$ de longueur; une pièce de bois de 8^m de longueur est encastrée par son milieu dans le collier sur le poteau vertical. (Au lieu d'une seule pièce de bois on peut en prendre deux de 4^m en les garnissant de fortes armatures en fer à leur jonction sur l'axe vertical.) Cette pièce est placée horizontalement et à environ $0^m,33$ d'équarrissage de son milieu; elle va ensuite en s'amincissant vers les deux extrémités, de manière à servir d'essieu à deux roues verticales à large jante, ayant 1^m,80 de diamètre et 0^m,15 de largeur de jante ; ces deux roues posent au fond de la fosse circulaire de manière à ce que l'une rase le talus intérieur et l'autre le talus extérieur de la fosse. A chacune des extrémités de la barre est attaché un cheval dont l'effort fait mouvoir les deux roues dans le bassin. Contre la barre horizontale sont adaptées, au moyen de deux charnières, deux espèces de socs inclinés en sens contraire du mouvement, et dont l'extrémité inférieure est à 0^m,05 du fond de la fosse. Ces socs sont placés l'un à droite et l'autre à gauche du centre de rotation, de manière à ce que l'un d'eux rase le talus intérieur et l'autre le talus extérieur de la fosse, pendant que les roues circulent au pied du talus opposé aux socs.

Voici comment on fait le mortier. On jette dans le bassin un mètre cube de chaux en pâte, puis on met les chevaux en mouvement ; on ajoute un peu d'eau si cela est nécessaire, et lorsque la pâte est réduite en bouillie bien liquide et bien homogène, on y jette à la pelle le sable que l'on croit devoir mettre dans le mortier, sans arrêter le mouvement ; au bout de 20 à 25 minutes le mélange est bien fait, et on retire le mortier. On voit dans le mouvement de la machine que l'effet des deux roues et des deux socs est de bien mélanger le mortier. On peut, avec cette machine, faire 12 bassinées de 3 mètres cubes chacune en 10 heures de travail ; et les agents nécessaires pour le travail sont 4 manœuvres, 2 chevaux avec leurs conducteurs, et 1 maçon, chef d'atelier, pour diriger la fabrication. La façon d'un mètre cube de mortier ne revient, à Paris, qu'à 0 fr. 53 c., ce qui présente une économie considérable. Il serait donc à désirer qu'on fît un fréquent usage de cette machine dans les places où il y a des constructions importantes. La description que je viens de donner est extraite du devis-modèle du corps du génie, qui a été rédigé par M. le lieutenant-colonel du génie Bergère.

On a vu ci-dessus qu'à Strasbourg on commence par éteindre en poudre sèche la chaux que l'on veut employer à faire du mortier, et qu'on la laisse dans cet état de poudre pendant douze heures au moins avant de lui donner la quantité d'eau nécessaire pour la réduire en pâte. J'ai, en conséquence, fait les expériences suivantes avec les chaux des environs de Strasbourg, pour connaître le volume qu'on obtenait tant en poudre qu'en pâte, lorsqu'on y versait la quantité d'eau nécessaire pour les amener à ces deux états.

TABLEAU.

TABLEAU N.º 1.

DÉSIGNATION des chaux dont le volume est pris pour unité.	VOLUME d'eau versée pour l'éteindre d'abord en poudre sèche.	VOLUME produit à l'état de poudre sèche.	VOLUME d'eau versée en tout pour les réduire en pâte.	VOLUME produit à l'état de pâte.
Chaux de marbre blanc . . .	1/2	2 1/2	1 6/10	1 1/2
Chaux grasse de Strasbourg.	1/2	3 1/2	2	1 1/3
Chaux jaune d'Obernai . . .	1/2	2	» 3/4	1
Chaux bleue d'Obernai . .	1/2	2 1/3	1 1/2	1 1/8
Chaux de Brunstat	1/2	2 1/4	1 1/6	1 1/6
Chaux de Villé	1/2	3 1/3	1 1/4	1 1/6
Chaux d'Altkirch	1/2	1 3/8	» 4/5	1
Chaux de Verdt	1/2	2 1/4	1	1
Chaux de Metz	1/2	2 1/3	1 1/6	1 1/20
Galets de Boulogne	1/3	1 1/3	» 5/6	» 3/4

Toutes les chaux du tableau ci-dessus ont été employées à leur sortie du four ; je les ai réduites en poudre dans un mortier, et j'ai pris pour mesure un litre que j'ai rempli de ces chaux vives passées au tamis. Ainsi, par exemple, j'ai pris un litre de chaux vive de marbre, j'y ai versé un demi-litre d'eau, et j'ai obtenu deux litres et demi de chaux éteinte en poudre sèche, que j'ai mesurée après le refroidissement. La quantité d'eau versée se trouve dans la deuxième colonne, et la quantité de chaux en poudre que j'ai obtenue se trouve dans la troisième. J'ai été obligé de verser encore sur cette chaux en poudre un demi-litre et six dixièmes d'eau pour la réduire en pâte. En ajoutant cette dernière quantité d'eau au demi-litre que j'avais versé en premier lieu, il se trouve que cette chaux a absorbé 1 6/10 d'eau avant de se réduire en pâte : c'est ce qui est indiqué dans la quatrième colonne. Enfin, la cinquième colonne fait voir que j'ai obtenu un litre et demi de chaux en pâte. J'ai suivi le même procédé pour toutes les chaux du tableau ci-dessus, et je les ai amenées, en y versant de l'eau peu à peu, à avoir la même consistance en pâte. L'expérience m'a fait connaître que ces chaux se réduisent en poudre sèche lorsqu'on y verse le cinquième de leur volume d'eau, et que l'on peut y verser jusqu'à la moitié de leur volume d'eau sans qu'elles cessent de former une poudre sèche ; passé ce terme, on obtient une poudre humide. On voit à la fin du tableau que les galets de Boulogne sont les seuls sur lesquels je n'ai versé d'abord que le tiers du volume d'eau : c'est que cette chaux se réduit en poudre humide

lorsqu'on y verse la moitié de son volume d'eau. J'ai donc été obligé de me borne r
à n'y verser qu'un tiers. Ce tableau fait voir que ces différentes chaux ont produit
en poudre des volumes de chaux bien différents pour la même quantité d'eau qui
a été versée d'abord ; on voit aussi que les quantités d'eau absorbées pour se
réduire en pâte sont très inégales, et qu'enfin les volumes que l'on a obtenus à
l'état de pâte diffèrent beaucoup. Les expériences qui suivent feront voir que les
chaux qui sont les plus hydrauliques dans ce tableau sont celles qui ont absorbé
le moins d'eau pour passer à l'état de pâte, et que ce sont elles qui ont donné le
moindre volume, tant à l'état de poudre sèche qu'à celui de pâte. Les chaux de ce
tableau qui ne sont point hydrauliques sont celles qui ont donné les plus grands
volumes dans l'état de poudre sèche et dans celui de pâte. On voit qu'il y a dans
le tableau deux espèces de chaux d'Obernai, l'une jaune, et l'autre bleue : c'est la
même chaux, mais cuite à différents degrés. Lorsque cette chaux est cuite à point,
elle est d'un jaune fauve ; lorsqu'elle est un peu plus calcinée, elle prend une couleur d'un gris cendré ; enfin, lorsqu'elle est trop fortement calcinée, elle devient
d'un bleu prononcé. Ce sont les deux degrés extrêmes de calcination sur lesquels
j'ai fait les expériences qui se trouvent dans le tableau ci-dessus : elles font voir que
le degré de calcination influe aussi d'une manière sensible sur le foisonnement de
cette chaux hydraulique.

Le foisonnement des chaux qui se trouve dans le tableau ci-dessus ayant été
obtenu avec de petites quantités, et avec de la chaux vive réduite en poudre, j'ai
fait faire des expériences en grand sur les ateliers avec de la chaux grasse et avec
de la chaux d'Obernai, qui sont les deux espèces de chaux que l'on emploie communément sur les travaux. Voici les résultats qui ont été obtenus. On a pris de la
chaux grasse sortant du four, et on l'a mesurée dans les caisses ordinaires sur
l'atelier ; on a eu soin de concasser une partie des pierres de chaux vive, afin de
remplir les intervalles des grosses pierres, et d'avoir la mesure bien pleine ; on a alors
versé sur cette chaux la quantité d'eau nécessaire pour la réduire de suite en pâte
de consistance de mortier, et on a mesuré la pâte que l'on a obtenue. En procé-
dant de la sorte, il est arrivé que 1 mètre cube de chaux grasse sortant du four a
exigé 2 mètres cubes d'eau pour passer à l'état de pâte, et a produit dans cet état
$1^m,83$ cube, ce qui diffère peu du résultat du tableau n° 1, qui est $1^m,75$
On a fait la même opération avec la chaux d'Obernai, après avoir rejeté les morceaux vitrifiés, et ceux qui n'étaient pas assez calcinés : on a trouvé que 1^m cube
de cette chaux a absorbé $1^m,3o$ cube d'eau pour se réduire en pâte, et que
dans cet état on a eu $1^m,3oo$ cube de chaux. La différence est un peu plus grande
que le résultat du tableau n° 1. Elle peut provenir de ce que, dans les expériences
de ce tableau, la chaux a été broyée et éteinte en deux fois, tandis que, dans la
seconde expérience, la chaux n'a pas été broyée, et a été éteinte en une seule fois.
Le degré de cuisson peut aussi y avoir influé.

Beaucoup d'oxides métalliques sont susceptibles d'absorber et de solidifier une certaine quantité d'eau : ils forment alors des composés qui jouissent de propriétés particulières. C'est à ces composés qu'on donne le nom d'hydrate. On a vu ci-dessus que la chaux était un oxide métallique, et que cette substance absorbait et solidifiait rapidement une grande quantité d'eau ; mais on ne connaît pas bien exactement la quantité d'eau qui est absorbée par la chaux pour former son hydrate. M. Berzelius prétend que les hydrates sont formés d'eau et d'oxides en proportions telles que la quantité d'oxygène contenue dans l'oxide est égale à la quantité d'oxygène contenue dans l'eau ; mais M. Thénard n'admet pas cette loi : il dit que les expériences sur lesquelles elle est fondée ne sont ni assez multipliées ni assez précises, pour que l'on puisse l'admettre définitivement. Il est certain toutefois, dit ce célèbre chimiste, que, parmi les hydrates qui ont été examinés jusqu'ici, ceux qui contiennent le plus d'eau sont aussi ceux dont les oxides contiennent le plus d'oxygène. D'après M. Berzelius, l'hydrate de chaux s'obtient en versant sur la chaux vive assez d'eau pour la réduire en bouillie, et en exposant cette bouillie dans un creuset d'argent ou de platine à la chaleur de la lampe à esprit de vin. Après avoir fait sécher de cette manière l'hydrate de chaux, on le pèse, et on reconnaît la quantité d'eau qui avait été absorbée par l'augmentation du poids. M. Berzelius a fait deux expériences, l'une avec 10 grammes de chaux, et l'autre avec 30 grammes. Il a trouvé dans la première expérience que la chaux avait augmenté en poids de 32,1 pour cent, et dans la seconde, de 32,5 : dans cette seconde expérience il y a donc une augmentation de 4 dixièmes de plus que dans la première. Ce chimiste l'attribue à une absorption d'acide carbonique, et il n'admet comme bonne que la première expérience, dans laquelle 100 parties de chaux pure qui contenaient 28,16 parties d'oxygène se seraient combinées avec 32,1 parties d'eau, lesquelles contiennent 28,3 parties d'oxygène : d'où M. Berzelius conclut que l'eau absorbée par la chaux pure contient une quantité d'oxygène égale à celle contenue dans la chaux.

J'ai répété l'expérience de M. Berzelius en opérant sur 20 grammes de chaux pure, et en me servant comme lui d'une lampe à esprit de vin et d'un creuset de platine. J'ai été surpris de n'obtenir qu'une augmentation de 22,5 pour cent. J'ai répété l'expérience plusieurs fois, en diminuant successivement l'épaisseur de la mèche, et alors la chaux a retenu plus d'eau. J'ai donc pensé que l'hydrate de chaux se décomposait à une faible chaleur, et que, si M. Berzelius avait obtenu un résultat plus fort dans la seconde expérience que dans la première, cela n'était point dû à une absorption d'acide carbonique, attendu que cette opération dure peu de temps ; mais que cette différence provenait de ce qu'il avait chauffé également deux volumes d'hydrate de chaux dont l'un était triple de l'autre, et que le volume le plus faible a dû perdre plus d'eau par la chaleur. Voici du reste un fait qui prouve la facilité avec laquelle 'hydrate de chaux abandonne une partie de son eau. Tous ceux qui ont fait du mortier avec de la chaux nouvellement éteinte ont été à même de voir qu'il devient très sec en peu de temps. Si on le triture dans cet état pendant quelque temps sans y ajouter d'eau, on le ramène à peu près au même état de mollesse qu'il avait auparavant, et l'on voit distinctement des gouttes d'eau sur le mortier. On obtient un résultat semblable avec la chaux seule. Il résulte de ce fait que le simple frottement décompose l'hydrate de chaux, et qu'une faible chaleur produit le même effet. Pour connaître la quantité d'eau qui entre dans l'hydrate de chaux, il me paraît donc qu'il faudrait employer un moyen de dessèchement autre que le feu.

Nous n'employons les diverses espèces de chaux dans les constructions qu'après les avoir réduites à l'état d'hydrates : il n'est donc pas indifférent de connaître tout ce qui tient aux propriétés de ce composé. Il n'y a encore que peu d'expériences de faites pour connaître les quantités d'eau qu'il convient de donner à la chaux pour en faire du mortier. Je me proposais d'entreprendre plusieurs expériences sur ce sujet ; mais le temps m'a manqué. Il serait à désirer qu'on s'en occupât, parce que les avis sont partagés, faute d'expériences précises.

Voici les propriétés principales de l'hydrate de chaux : il est blanc, pulvérulent et beaucoup-moins caustique que la chaux vive ; il abandonne facilement au feu les premières portions d'eau, mais il faut une haute température pour lui faire abandonner toute l'eau qui entre dans sa composition. Cet hydrate absorbe l'acide carbonique ; les expériences qui suivent feront voir qu'il a aussi la propriété d'absorber de l'oxygène, et que les chaux éprouvent des modifications importantes par suite de cette absorption. D'après l'opinion des chimistes, la chaux n'est plus susceptible d'absorber une nouvelle quantité d'oxygène ; mais, suivant mes observations, il n'y a aucun doute que l'hydrate de chaux en absorbe une assez grande quantité. Je rapporterai, dans le chapitre suivant, les expériences que j'ai faites à cet égard.

CHAPITRE III.

EXPÉRIENCES SUR DIVERSES CHAUX HYDRAULIQUES DES ENVIRONS DE STRASBOURG,
SUR LA CHAUX DE METZ ET LES GALETS DE BOULOGNE.

Lorsque j'ai été envoyé à Strasbourg, en 1816, on ne se servait que de chaux grasse dans cette place. Un des deux bâtardeaux qui forment le canal de navigation de la place au Rhin, dans son passage à travers le fossé du corps de place, étant à réparer, j'ai été à même de remarquer qu'il avait les deux parements en pierre de taille, mais que tout l'intérieur était formé d'un massif de béton qui était dans un très bon état, tandis que les parements en pierre de taille étaient disjoints des deux côtés; malgré cela, il ne passait pas une goutte d'eau à travers le massif des bâtardeaux, qui, comme je l'ai dit, était en béton. En examinant le mortier de ce béton, j'ai reconnu qu'il avait une grande dureté, et il ne me paraissait point avoir été fait avec du ciment : je pensai donc que le béton avait été composé avec de la chaux hydraulique, et je fis des recherches à cet égard. J'appris que les meuniers des bords de la Bruche se servaient depuis bien long-temps pour les réparations de leurs usines d'une espèce particulière de chaux qu'ils appellent *wasser calck*, ce qui signifie chaux pour l'eau; ils la tirent d'un village situé au pied des Vosges, appelé Obernai (1). M. Mossère, ingénieur des ponts et chaussées, me dit qu'il avait fait usage de cette chaux pour les travaux du canal Monsieur, et qu'il en avait été satisfait; j'en fis l'essai, et je trouvai qu'elle était éminemment hydraulique; elle me parut ne le céder en rien à la chaux de Metz, que j'avais vu employer avec succès en 1800 et 1801 dans cette place. Dans d'autres résidences, j'avais plusieurs fois fait des mortiers hydrauliques avec de la chaux commune et des ciments. Aux grands travaux de Vésel, où j'ai été employé pendant trois ans, on avait fait un emploi considérable de trass, qu'on faisait venir d'Andernach par le Rhin. D'après l'expérience que j'avais acquise sur les chaux hydrauliques, j'introduisis l'emploi de la chaux

---

(1) Ce village est situé entre Schelestadt et Strasbourg ; sur la carte de Cassini il est écrit Ober-Ehnheim, mais il se prononce Obernai, et est écrit de la sorte sur quelques cartes.

d'Obernai dans toutes les constructions de la place de Strasbourg, tant pour les travaux dans l'eau que pour ceux à l'air. J'ai déjà dit que tous les revêtements compris
entre la porte de Pierre et le pont Royal, qui offrent un développement d'environ
1,500 mètres, ont été faits avec de la chaux hydraulique. De nouvelles recherches
m'ont appris qu'on rencontrait au pied des Vosges des chaux hydrauliques depuis la
hauteur de Belfort jusque auprès de Vissembourg. Je présenterai les expériences
que j'ai faites sur les chaux hydrauliques d'Altkirch, d'Obernai, de Rouxviller,
d'Ingviller, d'Oberbronn, de Verdt, etc.

On n'a pas de moyen certain pour reconnaître à l'inspection d'une pierre à chaux
si elle donnera de la chaux hydraulique ou de la chaux grasse, car il y a des pierres
à chaux hydrauliques de plusieurs couleurs : celles d'Alsace sont généralement d'un
bleu d'ardoise comme celles de Metz, mais celles d'Altkirch et la craie hydraulique de
Vitry sont blanches; les galets de Boulogne et la pierre anglaise connue sous le nom
de ciment parker sont rouges. Je dirai cependant que, lorsqu'une pierre à chaux
est bleue, c'est une présomption pour qu'elle fournisse de la chaux hydraulique.
Il est en effet remarquable que, dans les pierres à chaux grasses, l'oxide de fer soit
rouge, tandis qu'il reste au premier degré d'oxidation dans une grande quantité de
pierres à chaux hydrauliques, lors même qu'on les laisse pendant long-temps exposées à l'air; la même chose a lieu dans les bonnes ardoises : cela me paraît tenir à
la présence de l'argile contenue dans la chaux hydraulique et dans les ardoises,
avec laquelle le fer est probablement à l'état de combinaison. Ainsi que je l'ai dit,
les galets de Boulogne et le ciment parker font une exception; mais cela peut tenir
à quelque cause particulière; les eaux de la mer peuvent avoir influé sur l'oxidation
du fer contenu dans les galets de Boulogne.

Toutes les pierres à chaux hydrauliques de couleur bleue que j'ai fait calciner
ont donné une couleur d'ocre jaune lorsque le degré de chaleur n'a pas été fort.
Lorsque j'ai continué la calcination, la couleur a passé successivement au fauve, au
gris cendré, et enfin au bleu d'ardoise lorsque le degré de chaleur a été très grand.
Je ne puis me rendre compte de la couleur bleue que prennent les chaux par une
forte calcination, parce qu'il faudrait supposer que cet effet a été de ramener le fer
à son premier degré d'oxidation, ce qui est possible; mais cela ne me paraît pas
facile à expliquer.

Un effet semblable a lieu par la calcination des argiles qui contiennent de l'oxide
de fer. On fait quelquefois calciner des argiles qui sont noirâtres, parce que le fer
s'y trouve au premier degré d'oxidation; à un certain degré de calcination, le fer
passe à l'état d'oxide rouge, et l'argile prend la couleur prononcée que l'on remarque ordinairement aux briques; si l'on augmente le degré de calcination, la couleur
rouge s'affaiblit et devient ensuite fauve ou couleur de paille; enfin, si l'on pousse la
calcination à un haut degré, l'argile devient d'une couleur cendrée et ensuite d'un
bleu d'ardoise très prononcé : le fer a donc perdu une grande partie de son oxygène.

Si l'on calcine en même temps des ardoises et les argiles dont je viens de parler, le fer passera bien plus difficilement à l'état d'oxide rouge dans les ardoises que dans ces argiles. Le degré de chaleur qui aura été nécessaire pour faire passer le fer des ardoises à l'état d'oxide rouge aura déjà fait parcourir à celui contenu dans l'argile tous les degrés d'oxidation dont j'ai parlé, et aura amené ces argiles à la couleur bleue. Ces différents phénomènes tiennent-ils à ce que, dans les ardoises, le fer se trouverait combiné avec l'alumine ou avec le silice, tandis que cela n'aurait pas lieu pour les argiles dont j'ai parlé? Dans les argiles que l'on fait fortement calciner, l'alumine aurait-elle la propriété d'enlever l'oxygène du fer? Ce serait à la chimie à nous éclairer sur ces diverses questions.

M. Berthier a indiqué le moyen suivant pour reconnaître la pierre à chaux hydraulique : « On broie sa pierre, et on passe la poussière au tamis de soie ; on « met 10 grammes de cette poussière dans une capsule, et on verse dessus, peu à « peu, de l'acide muriatique étendu d'une petite quantité d'eau. (A défaut d'acide « muriatique, on peut employer de l'acide nitrique ou du vinaigre.) On agite con-« tinuellement avec une baguette de verre ou de bois; on cesse d'ajouter de l'acide « lorsqu'il ne se fait plus d'effervescence; alors on évapore la dissolution à une « douce chaleur, jusqu'à ce que le tout soit réduit à l'état pâteux; on délaie la « matière dans environ un demi-litre d'eau et on la filtre ; l'argile reste sur le filtre ; « on fait sécher cette substance au soleil ou devant le feu, et on la pèse, ou, ce « qui vaut mieux, on la calcine au rouge dans un creuset de terre ou de métal « avant de la peser; on verse de l'eau de chaux bien limpide dans la dissolution, « tant qu'il s'y forme un précipité; on recueille le plus promptement possible ce « précipité, qui est de la magnésie (quelquefois mêlée de fer et de manganèse), « sur un filtre; on le lave avec de l'eau pure, on le dessèche le plus fortement que « l'on peut, enfin on en prend le poids. »

Le poids de l'argile resté sur le filtre, comparé à celui de la pierre à chaux, indique si cette substance donnera de la chaux hydraulique. Mais il pourrait arriver que ce qui reste sur le filtre fût du sable seulement; on peut s'en assurer avant de l'avoir fait calciner : car, si ce n'est que du sable, il sera dur au toucher, tandis qu'il formera une pâte douce et ductile si c'est de l'argile, c'est-à-dire un mélange de silice et d'alumine. D'ailleurs, par la calcination qui a été indiquée, on verra si l'on obtient un corps compact, ainsi que cela a lieu avec l'argile fortement chauffée, ou bien si l'on n'a qu'une substance pulvérulente, ce qui indique qu'il n'y a point ou presque point d'alumine. Du reste, nous ne connaissons pas encore bien dans quelle proportion la silice et l'alumine doivent se trouver pour former la meilleure chaux hydraulique. La meilleure manière de connaître si une chaux est hydraulique, c'est d'employer le procédé suivant : on prendra de la chaux vive sortant du four et calcinée à un degré convenable ; on la réduira en pâte épaisse avec de l'eau, et on en placera un peu au fond d'un verre, en l'étendant et en n'en mettant que jusqu'au tiers on jusqu'à la moitié du verre ; trois ou quatre heures après, on versera de l'eau sur cette chaux jusqu'à en remplir le verre, et on laissera reposer le tout ; au bout de deux ou trois jours on touchera légèrement cette chaux avec le doigt, pour voir si elle commence à prendre un peu de fermeté : si elle est très hydraulique, elle aura pris au bout de huit à dix jours une consistance telle, qu'en la pressant fortement avec le pouce, on ne fera aucune impression sur la chaux. On s'assure qu'il n'y a eu aucune impression de faite en jetant l'eau et lavant la surface de chaux, qui se trouve couverte d'une légère couche de chaux en bouillie, provenant des particules de chaux en contact immédiat avec l'eau. Si l'on n'obtient le résultat ci-dessus qu'au bout de vingt, trente ou quarante jours, c'est que la chaux n'est que faiblement hydraulique ; enfin, si au bout de ce temps la chaux n'a pris aucune consistance, c'est qu'elle n'est point du tout hydraulique. Ce procédé, qui est très simple, est celui dont je me suis toujours servi, et il a été indiqué par M. Vicat.

Avant de rapporter les premières expériences que j'ai faites, je vais expliquer les procédés que j'ai employés tant pour faire les mortiers que pour les rompre, afin de connaître leur tenacité. En commençant mes expériences, je faisais le dosage de mes mortiers en éteignant la chaux en poudre sèche avec le cinquième d'eau du volume de la chaux, et en mesurant cette chaux en poudre. Plus tard, j'ai mesuré la chaux en pâte, afin de me rapprocher de ce qui se fait ordinairement pour les chaux grasses lorsqu'on opère en grand. J'aurai soin d'indiquer chaque fois lequel de ces deux procédés j'aurai suivi. Lorsque j'ai eu fait le dosage d'une partie de chaux contre un certain nombre de parties de sable ou d'autres substances, j'ai bien mélangé ces substances avec de l'eau pour les réduire à la consistance de miel, et je les ai passées sept à huit fois sous la truelle. Après cela, j'ai placé les mortiers dans de petites caisses de sapin qui avaient 0^m,15 de longueur et 0^m,07 de largeur sur autant de profondeur. Ces mortiers ont été laissés à l'air pendant douze heures, afin de leur faire prendre une demi-consistance. Au bout de ce temps, on les a placés dans une grande cuve remplie d'eau qui se trouvait dans une cave. De temps à autre, j'ai examiné ces mortiers, et j'ai noté combien de jours ils ont mis à durcir. Je dis qu'un mortier est dur lorsqu'en le pressant fortement avec le pouce il ne reste aucune impression sur la surface. Tous les mortiers ont été laissés un an dans l'eau ; au bout de ce temps, je les ai retirés, et j'ai fait gratter les quatre faces avec un ciseau de tailleur de pierre ; après avoir enlevé près d'un centimètre sur chacune, on les a usés sur une pierre, de manière à les réduire à des parallélipipèdes de 0^m,15 de longueur sur 0^m,05 d'équarrissage. On les a tous réduits bien exactement à la même dimension, et ayant les quatre faces bien d'équerre, au moyen d'un patron en bois dans lequel on les faisait passer. On voit que j'ai fait enlever en tout un centimètre sur chaque face, afin de ne soumettre à la rupture que la partie qui n'avait point été en contact avec l'eau. Je dois dire qu'en faisant cette opération il m'est souvent arrivé de trouver que les mortiers étaient plus durs à la surface que dans l'intérieur; quelquefois c'est le contraire qui a eu lieu. En enlevant un centimètre sur chacune des faces, j'ai rejeté tout ce qui avait pu recevoir une cause de durcissement différente de celle de l'intérieur.

Pour connaître la ténacité des mortiers, voici le procédé que j'ai employé : J'ai fait adapter deux étriers pendants à une poutre horizontale. (Voy. la planche, fig. 1re.) Ils étaient fixés parallèlement l'un à l'autre, à la distance d'un décimètre, et les parties inférieures étaient bien de niveau. On plaçait sur ces étriers les parallélipipèdes de mortiers soumis à l'épreuve, et en les posant on les passait dans un collier en fer de forme rectangulaire, un peu plus large que le mortier, et terminé vers le bas par un crochet. Le collier exerçait sa pression sur les mortiers par une barre de fer dont la coupe avait la forme d'un coin arrondi, et en l'appuyant contre un tasseau il se trouvait placé au milieu des deux étriers. Alors on suspendait au crochet du collier un plateau ordinaire de balance que l'on chargeait de poids jusqu'à ce que le parallélipipède de mortier se rompît, ce qui avait lieu avec éclat. On comptait ensuite les poids, et l'on y ajoutait chaque fois 10 kilogrammes représentant le poids du plateau, des cordes et du collier en fer. Dans les commencements, je versais du sable dans une caisse posée sur le plateau, mais j'ai renoncé à ce moyen, attendu qu'il était long. Je me suis aperçu qu'il était nécessaire de rompre promptement le mortier soumis à l'expérience : il m'est en effet plusieurs fois arrivé de voir le mortier se rompre, après avoir retiré de dessus le plateau un poids de 5 kilogrammes pour en placer un plus fort, lorsqu'il avait supporté pendant quelque temps une charge approchant de celle qui pouvait le faire rompre. En taillant les mortiers, je jugeais à peu près la charge qu'ils pouvaient soutenir, et je faisais placer de suite le nombre de poids approchant de cette charge ; après cela, je mettais des petits poids les uns après les autres, jusqu'à ce que le mortier se rompît. Lorsque les mortiers devaient résister à une grande pression, j'ajoutais des poids de 5 kilogrammes les uns aux autres, parce que c'est alors une petite quantité par rapport au poids total, et qu'il était important de les rompre promptement. Tel est le moyen que j'ai employé, et qui me paraît préférable à tous ceux que j'ai vus décrits dans divers auteurs. On a en effet indiqué de les charger de poids pour les écraser ; mais le moment où ils commencent à céder est bien difficile à juger, parce que les angles s'écrasent souvent avant le centre, et qu'on ne voit pas bien lorsque la substance qui est soumise à l'épreuve a réellement cédé au poids. On a aussi indiqué de placer le corps dont on veut connaître la résistance au bout d'une forte table, où on l'assujettit en le serrant ; on suspend alors un plateau à l'extrémité du corps qui déborde la table d'une quantité déterminée, et l'on charge de poids jusqu'à ce que la rupture ait lieu ; mais il est à craindre qu'on ne fasse déborder les mortiers ou les pierres qui sont soumises à l'expérience, tantôt un peu plus ou tantôt un peu moins ; les poids agiraient ainsi à l'extrémité de bras de leviers qui ne seraient pas égaux, et, dans ce cas, on obtiendrait des résultats biens différents pour des substances qui auraient la même tenacité ; il est aussi à craindre qu'en serrant plus ou moins les mortiers, on n'influe sur leur résistance.

M. Vicat a employé, pour juger la résistance des mortiers, le moyen suivant, qui se trouve rapporté aux pages 34 et 35 de son mémoire : il laisse tomber d'une hauteur de 5 centimètres sur la surface de ses mortiers une tige d'acier légèrement conique, et terminée à son extrémité par une petite surface plane de $0^{cent},166$ de diamètre ; cette tige, chargée d'un poids de $0^{kil},9961$, s'enfonce d'une certaine quantité dans les mortiers, et il obtient ainsi leur dureté relative.

Comme c'est la résistance que les mortiers opposent à des forces mortes qu'il est important de connaître, il a cru pouvoir conclure, d'après quelques expériences qu'il a rapportées, que « les carrés des nombres qui expriment les enfoncements « de la tige sont réciproquement proportionnels aux résistances à la force qui tend « à les casser. » C'est d'après ce principe qu'il a transformé par le calcul les enfoncements de la tige en nombres proportionnels aux résistances. Mais je ferai à ce sujet les observations suivantes :

1° Il est difficile d'apprécier exactement l'enfoncement de la tige ; 2° il ne me paraît point prouvé, d'après le petit nombre d'expériences que M. Vicat a rapportées, que les carrés des nombres qui expriment les enfoncements soient toujours réciproquement proportionnels aux résistances ; 3° si la tige tombe sur un grain de gravier, sur un fort grain de sable, ou enfin sur un grain de chaux, on sera exposé à déduire de l'enfoncement de la tige des conclusions tout-à-fait inexactes sur la résistance des mortiers ; 4° on laisse tomber la tige sur la surface des mortiers, et il arrive souvent, ainsi que je l'ai dit, que la surface d'un mortier diffère beaucoup de l'intérieur.

Toutes ces causes d'erreurs réunies ont conduit M. Vicat à des conclusions qui sont quelquefois tout-à-fait contraires aux résultats que j'ai obtenus par mes expériences ; j'aurai soin de les indiquer à mesure qu'elles se présenteront. On voit que, pour connaître la résistance de mes mortiers, je n'ai fait aucun calcul ; par le moyen que j'ai employé, ils étaient parfaitement libres, et je me suis borné à mettre dans les tableaux le nombre de kilogrammes qu'ils ont supportés avant de se rompre (1).

---

(1) Depuis que j'ai écrit cette première partie de mon mémoire, j'ai eu connaissance d'un nouveau mémoire de M. Vicat dans lequel cet ingénieur dit, page 147 : « Nous avions cru pouvoir « conclure d'un certain nombre d'expériences exposées dans notre premier ouvrage que les « carrés des nombres qui expriment les enfoncements d'une tige animée d'une force vive sont « réciproquement proportionnels aux résistances relatives ou absolues de cette matière ; et, d'a- « près ce principe les enfoncements avaient été transformés par le calcul en nombre proportion-

Je vais faire connaître le premier résultat des expériences que j'ai faites avec la chaux d'Obernai et avec les autres chaux hydrauliques des environs de Strasbourg. La chaux d'Obernai étant celle qui est le plus souvent employée dans la place, j'en ai envoyé un échantillon à M. Berthier, qui en a fait l'analyse que voici : chaux, 0,422 ; magnésie et fer, 0,050 ; silice, 0,105 ; alumine, 0,043 ; acide carbonique et eau, 0,380. Cette pierre à chaux diffère peu de celle de Metz, qui contient ce qui suit : chaux, 0,445 ; manganèse et fer, 0,067 ; silice, 0,053 ; alumine, 0,013 ; acide carbonique et eau, 0,412 ; perte, 0,010.

« nel à ces résistances. Mais, d'après les observations très judicieuses de M. l'ingénieur
« Vauthier, nous nous sommes décidé à en revenir aux nombres qui expriment les enfon-
« cements. »

J'observerai encore que c'est la ténacité des mortiers soumis à des forces mortes qu'il est important de connaître, et qu'on ne l'obtiendra pas par les nombres qui expriment les enfoncements d'une tige soumise à une force vive.

TABLEAU.

TABLEAU Nᵒ 2.

NUMÉROS des MORTIERS.	COMPOSITION DES MORTIERS.			NOMBRE de jours qu'ils ont mis à durcir dans l'eau.	POIDS qu'ils ont supporté avant le se rompre.
	Briques communes de Strasbourg			. . . .	210 kil.
	Briques réfractaires de Sufflenheim			. . . .	260
1	Chaux jaune d'Obernai seule, en pâte (1)			8	169
2	Chaux jaune d'Obernai, éteinte en poudre et mesurée *idem* (2) . . . . 1 Sable ordinaire. 1½		} 2½	10	102
3	Chaux *idem*. . . . . 1 Sable *idem*. 2		} 3	12	115
4	Chaux *idem*. . . . . 1 Sable *idem*. 2½		} 3½	12	80
5	Chaux *idem*. . . . . 1 Sable *idem*. 3		} 4	14	42
6	Chaux *idem*. . . . . 1 Sable *idem*. . . . . 1 Trass. 1		} 3	4	195
7	Chaux *idem*. . . . . 1 Trass. 2		} 3	4	136
8	Chaux grise d'Obernai seule, en pâte			8	161
9	Chaux grise d'Obernai, éteinte en poudre et mesurée *idem*. . . . . 1 Sable ordinaire. 1½		} 2½	10	182
10	Chaux *idem*. . . . . 1 Sable *idem*. 2		} 3	10	192
11	Chaux *idem*. . . . . 1 Sable *idem*. 2½		} 3½	12	65
12	Chaux *idem*. . . . . 1 Sable *idem*. 3		} 4	15	48
13	Chaux *idem*. . . . . 1 Sable *idem*. . . . . 1 Trass. 1		} 3	4	215
14	Chaux *idem*. . . . . 1 Trass. 2		} 3	4	149
15	Chaux bleue d'Obernai seule, en pâte.			20	125
16	Chaux bleue d'Obernai, éteinte en poudre et mesurée *idem*. . . . . 1 Sable ordinaire. 1½		} 2½	14	62
17	Chaux *idem*. . . . . 1 Sable *idem*. 2		} 3	15	70
18	Chaux *idem*. . . . . 1 Sable *idem*. 2½		} 3½	16	53
19	Chaux *idem*. . . . . 1 Sable *idem*. 3		} 4	18	56
20	Chaux *idem*. . . . . 1 Sable *idem*. . . . . 1 Trass. 1		} 3	5	173
21	Chaux *idem*. . . . . 1 Trass. 2		} 3	5	154

(1) La chaux des hydrates nᵒˢ 1, 8 et 15 est d'une autre fournée que celle employée dans les mortiers du même tableau.

(2) Je préviens que par l'expression *chaux éteinte en poudre*, que l'on rencontrera souvent dans les tableaux, on

Pour faire les mortiers ci-dessus, j'ai pris de la chaux sortant du four, et je l'ai éteinte en poudre sèche, en y versant le cinquième de son volume d'eau ; je l'ai laissée dans cet état pendant douze heures, et alors j'ai fait le mesurage en poudre, et j'ai donné à la chaux la quantité d'eau nécessaire pour la réduire en pâte ; j'ai ensuite ajouté à la chaux les diverses quantités de sable et de trass qui sont indiquées au tableau, et j'ai mélangé le tout jusqu'à ce que j'aie obtenu un mortier bien homogène, ce qui a exigé qu'il fût mélangé à la truelle six à huit fois. Les mortiers ont été faits de consistance de miel, et je les ai placés dans les petites caisses de sapin dont j'ai déjà parlé ; j'ai laissé ces mortiers à l'air pendant douze heures ; je les ai légèrement comprimés avec la truelle et à la main : ils avaient alors acquis une demi-consistance, et c'est dans cet état que je les ai placés dans une grande cuve remplie d'eau, qui était dans une cave ; j'ai eu soin de les visiter de temps à autre, et j'ai noté le nombre de jours qu'ils avaient mis à durcir, c'est-à-dire à passer à un état tel, qu'en les pressant fortement avec le pouce, il ne restait aucune impression sur le mortier. Au bout d'un an, j'ai retiré les mortiers de l'eau, et je les ai rompus de la manière qu'il est dit à la page 24. Afin d'avoir une comparaison entre la résistance de mes mortiers et les matériaux du pays, j'ai rompu de la même manière des parallélipipèdes de briques qui avaient les mêmes dimensions : la moyenne des briques communes des environs de Strasbourg m'a donné pour résultat 210, ainsi que cela est exprimé au tableau ; mais les briques réfractaires de Sufflenheim ont une résistance beaucoup plus grande et m'ont donné 260 kilogrammes.

Ainsi que je l'ai dit précédemment, la chaux d'Obernai est jaune lorsqu'elle n'est pas tout-à-fait assez calcinée ; lorsqu'elle l'est un peu plus, elle devient d'un jaune sale ; puis elle passe à un gris couleur de cendre ; et enfin, lorsqu'elle est trop calcinée, elle devient d'une couleur bleu d'ardoise, on trouve souvent des morceaux de chaux qui sont vitrifiés. La chaux étant calcinée avec du bois, il est bien difficile d'obtenir une cuisson homogène : il y a toujours des morceaux de chaux qui sont trop calcinés et d'autres qui ne le sont point assez. On a soin de rejeter les morceaux de chaux qui se trouvent dans ces deux états extrêmes ; mais, malgré cela, le mortier que l'on fait en grand sur les ateliers contient toujours des chaux des trois couleurs dont j'ai parlé. Les chaufourniers devraient calciner leur chaux un peu plus long-temps, et donner un coup de feu moins fort ; cela ne consommerait pas plus de bois, et l'on obtiendrait un meilleur résultat. Mais il est difficile de changer les habitudes.

Le but des expériences du tableau n° 2 a été de connaître l'état de cuisson qui est le meilleur et la quantité de sable qu'il convient de mélanger avec la chaux. Dans

doit entendre de la chaux qui a été éteinte à sa sortie du four avec une petite quantité d'eau pour la réduire seulement en poudre sèche. Quant à la chaux qui s'est réduite en poudre en la laissant s'éteindre d'elle-même à l'air, je dirai *chaux éteinte à l'air.*

Je me suis aussi servi quelquefois dans les tableaux du signe + pour dire *plus,* et du signe — pour dire *moins.*

le tableau n° 1, où j'ai opéré sur diverses chaux, je les ai éteintes en poudre sèche, avec la moitié du volume d'eau de la chaux; mais la chaux d'Obernai se réduit bien en poudre avec le cinquième de son volume d'eau. Avec cette quantité on obtient encore, à peu de chose près, le même volume de chaux en poudre que lorsqu'on l'éteint avec la moitié de son volume d'eau, ainsi que je l'ai fait pour le tableau n° 1. En effet, $0^m,005$ de chaux jaune d'Obernai réduite en poudre et éteinte avec le cinquième de son volume d'eau ont donné $0^m,0105$ de chaux en poudre, et par conséquent 1 partie en donne 2,10, résultat peu différent de celui du tableau n° 1.

Le tableau n° 2 fait voir que la pierre à chaux qui est calcinée de manière à produire de la chaux légèrement grise est celle qui donne le meilleur résultat; celle qui est bleue est lente à s'éteindre; lorsqu'on l'a réduite en pâte, elle produit avec le sable et le trass un mortier qui est susceptible de se gonfler beaucoup, attendu qu'elle conserve, même dans cet état, la propriété d'absorber encore de l'eau pendant long-temps. Toutes les caisses qui contenaient les mortiers faits avec de la chaux bleue ont été totalement disjointes par l'extension que le mortier avait prise. Dans les commencements, je ne connaissais point cet effet, et j'ai fait faire un crépissage à la maison de la direction avec de la chaux d'Obernai mêlée de sable: ce crépissage, qui a maintenant plus de six ans, est très dur, et a très bien résisté à toutes les intempéries des saisons; mais, au bout de cinq à six mois, j'ai été surpris de remarquer que sur différents points du crépissage il se formait de petites bosses de la grandeur d'une pièce de deux francs; ces portions ont fini par tomber, et l'on voyait qu'elles avaient été poussées par de petits morceaux de chaux bleue qui se trouvaient dessous, et qui étaient de la grosseur d'un pois. Ces petits morceaux n'avaient pas eu le temps nécessaire pour bien s'éteindre, et comme la chaux mal éteinte a une grande avidité pour l'eau, ils en ont pris à l'air et se sont gonflés. Il faut que la force ait été bien grande pour rompre les portions du mortier qui les recouvraient, et qui était très dur. On peut dans quelques circonstances se servir de cette propriété qu'ont les chaux hydrauliques trop calcinées de se gonfler beaucoup après qu'on en a fait du mortier: s'il s'agit, par exemple, de remplir des lézardes existantes dans d'anciens murs, où la main ne saurait atteindre, ou bien d'affouillements produits sous d'anciennes fondations, alors le mortier fait avec des chaux hydrauliques trop calcinées peut être employé avec avantage, parce que ce mortier en se gonflant remplira mieux les cavités. Mais il faut bien se garder de faire des constructions neuves avec cette chaux trop calcinée, car on se trouverait exposé à éprouver de funestes accidents. On rapporte que, deux écluses ayant été faites, il y a peu de temps, avec de la chaux qui n'avait pas été suffisamment éteinte, le mortier s'est gonflé à tel point que toutes les pierres de taille ont été déplacées, et qu'il a fallu les refaire. Cet accident est arrivé aux travaux de la navigation de la Vésère.

Le tableau n. 2 apprend encore que la chaux jaune et la chaux bleue ont produit seules une plus grande résistance qu'avec du sable; mais je dois observer que l'on ne peut en tirer aucune conclusion, attendu que les trois expériences qui ont été faites sur ces hydrates l'ont été avec des morceaux de chaux différents de ceux que l'on a employés pour les mortiers qui les suivent. A l'époque où j'ai commencé mes expériences, j'étais loin de me douter qu'il existât une aussi grande différence entre les mortiers faits avec des morceaux de chaux qui paraissent avoir éprouvé le même degré de calcination. Les meilleurs résultats que j'aie obtenus avec les chaux d'Obernai seules sont 169 kil. pour la chaux jaune, 161 pour la grise et 125 pour la bleue. Je regrette de n'avoir pas prévu ce résultat, mais j'étais loin de m'y attendre : sans cela, après avoir fait mes expériences avec les chaux seules, j'aurais fait les mortiers en y ajoutant successivement $\frac{1}{4}$, $\frac{1}{2}$, $\frac{3}{4}$, etc. de sable, afin de mieux juger de l'effet du sable ; mais ce n'est qu'en rompant les mortiers au bout d'un an que j'ai pu connaître les résultats, et j'en ai souvent obtenu qui m'ont surpris ; ils m'ont souvent conduit à faire de nouvelles expériences, ce qui demandait encore une année avant d'en connaître le résultat.

On voit que, passé une certaine quantité de sable, ces mortiers perdent beaucoup de leur ténacité, et que pour les trois degrés de calcination le trass a considérablement augmenté la résistance. Il est remarquable que les mortiers faits avec de la chaux, du sable et du trass, soient en général meilleurs que ceux dans lesquels il n'entre que du trass ; j'ai cependant trouvé quelques exceptions. M. Vicat pense que les pouzzolanes peu énergiques conviennent mieux aux chaux hydrauliques. Je ne puis partager son avis, d'après toutes les expériences que j'ai faites : car le trass dont je me suis servi est très énergique, et l'on verra que j'ai toujours eu de bien bons résultats en l'employant avec des chaux très hydrauliques. Si j'ai obtenu dans le tableau ci-dessus de meilleurs résultats avec de la chaux d'Obernai, du sable et du trass, qu'avec de la chaux et du trass seulement, on verra par les expériences qui suivent que j'ai trouvé des résultats semblables avec les chaux communes. Dans le 7ᵉ numéro du *Mémorial de l'officier du génie*, j'ai avancé que dans les constructions importantes il n'est pas prudent d'employer les chaux hydrauliques sans un peu de trass. M. Vicat n'est point de cet avis : car on trouve dans les *Annales des mines*, tome x, page 5o1, une note dans laquelle il dit que le succès qu'on a obtenu en employant les chaux hydrauliques pour différents travaux qu'il cite doit suffire pour détromper les personnes qui partageraient mes craintes sur l'insuffisance des chaux hydrauliques employées sans trass à des constructions importantes. Cependant j'ai été à même de voir les bétons qui ont été faits au canal de Saint-Martin, à Paris, et au bassin du Palais-Royal, avec la chaux hydraulique fabriquée par M. de Saint-Léger, et ils sont beaucoup moins durs que ceux faits à Strasbourg. Je ne doute pas cependant que le béton employé au canal Saint-Martin ne suffise pour bien remplir son objet ; on a été obligé de bétonner tout le fond de ce canal, qui a une étendue de 4,000 mètres, dans le but d'empêcher les eaux de filtrer dans les caves des habitants. On aurait beaucoup augmenté la dépense en ajoutant à ce mortier des ciments analogues aux trass. A Strasbourg on a fait plusieurs fois des bétons avec les seules chaux d'Obernai et du sable, pour les fondations des revêtements et de piles de ponts, etc.; mais par constructions importantes j'ai entendu des écluses et des bâtardeaux qui ont une grande pression d'eau à soutenir, et qui peuvent être dans le cas de la supporter long-temps. Il n'y a pas de doute que, si un pareil travail était exécuté avec de la chaux grise semblable à celle du tableau ci-dessus, on n'aurait aucune crainte à avoir; mais, pour cela il faudrait rejeter une grande partie de la fournée, ce qui rendrait cette chaux choisie fort chère : on ne peut rebuter que les chaux extrêmes, et celle que l'on emploie est un mélange des trois qualités. Si l'on prend le terme moyen des trois espèces de mortiers qui sont sous les n°s 3, 10 et 17, on trouve pour résultat 125, tandis que le terme moyen des trois n°s 6, 13 et 20 est 194. Il est vrai que j'ai bien souvent obtenu des résultats beaucoup plus faibles que ceux du tableau ci-dessus, ainsi qu'on le verra par les expériences suivantes. J'ai même eu occasion de remarquer que des chaux hydrauliques provenant de la même carrière et qui paraissaient calcinées à peu près au même degré m'ont cependant donné des résultats bien différents: dans ces cas, les chaux qui, mêlées avec du sable, ne m'ont donné qu'une faible résistance, m'ont toujours donné de très bons mortiers lorsque je les ai faits avec chaux, sable et trass. Je suis convaincu que, terme moyen, les derniers mortiers ont donné une résistance plus que double des premiers: je persiste donc à croire que, dans les constructions importantes, telles qu'écluses et bâtardeaux, qui ont constamment de fortes pressions d'eau à soutenir, il est prudent de mettre un peu de trass ou de substances analogues dans les mortiers, lors même qu'on se sert de chaux hydrauliques semblables à celles de Strasbourg, qui sont cependant de bonne qualité. C'est à l'ingénieur qui fait le travail à examiner la qualité des chaux qu'il emploie, afin de déterminer la quantité de ces matières qu'il convient de mettre dans le mortier. Je pense qu'un gouvernement ne doit point regarder à faire une légère dépense de plus pour obtenir de bonnes constructions qui dureront un temps considérable sans avoir besoin de réparations; malheureusement le système contraire est souvent suivi, et je crois que c'est une fort mauvaise méthode.

Je dois prévenir que, dans les expériences que je rapporterai, je m'abstiendrai de tirer des conclusions trop générales. J'ai souvent observé des résultats opposés avec les chaux d'Alsace, et même, comme je l'ai dit, avec celles d'une même carrière. Nous n'avons point encore recueilli assez de faits pour pouvoir établir une théorie générale; ce qui sera vrai pour un pays pourra ne pas l'être pour l'autre. Je donne les résultats que j'ai obtenus. Il est à désirer que les ingénieurs qui ont un peu de loisir fassent des expériences : ce n'est que lorsqu'on en aura réuni un grand nombre qu'on pourra déduire quelques principes généraux; ceux que je serai dans le cas de donner ne seront relatifs qu'aux chaux dont je me suis servi. Je vais maintenant rapporter d'autres essais sur d'autres chaux des environs de Strasbourg.

TABLEAU N° 3.

NUMEROS des MORTIERS.	COMPOSITION DES MORTIERS.		NOMBRE de jours qu'ils ont mis à durcir dans l'eau.	POIDS qu'ils ont supporté avant le se rompre.
1	Chaux d'Altkirch, seule en pâte.		10	122 kil.
2	Chaux d'Altkirch, éteinte en poudre et mesurée *idem*. . . . . 1 Sable ordinaire. 2	} 3	12	79
3	Chaux *idem*. . . . . 1 Sable. . . . . 1 Trass. 1	} 3	4	245
4	Chaux *idem*. . . . . 1 Trass. 2	} 3	4	243
5	1re chaux de Villé seule, en pâte.		25	54
6	1re chaux de Villé, éteinte en poudre et mesurée *idem*. . . . . 1 Sable. 2	} 3	28	31
7	1re Chaux *idem*. . . . . 1 Sable. . . . . 1 Trass. 1	} 3	4	215
8	1re Chaux *idem*. . . . . 1 Trass. 2	} 3	4	215
9	2e Chaux de Villé seule, en pâte.		25	50
10	2e Chaux de Villé, éteinte en poudre et mesurée *idem*. . . . . 1 Sable. 2	} 3	28	52
11	2e Chaux *idem*. . . . . 1 Sable. . . . . 1 Trass. 1	} 3	4	180
12	2e Chaux *idem*. . . . . 1 Trass. 2	} 3	4	216
13	Chaux de Rosheim, seule en pâte.		6	220
14	Chaux de Rosheim, éteinte en poudre et mesurée *idem*. . . . . 1 Sable. 2	} 3	14	95
15	Chaux *idem*. . . . . 1 Sable. . . . . 1 Trass. 1	} 3	4	210
16	Chaux de Hochfeld, seule en pâte.		12	94
17	Chaux de Hochfeld, éteinte en poudre et mesurée *idem*. . . . . 1 Sable. 2	} 3	22	62
18	Chaux *idem*. . . . . 1 Sable. . . . . 1 Trass. 1	} 3	4	195
19	Chaux de Verdt seule, en pâte.		8	220
20	Chaux de Verdt, éteinte en poudre et mesurée *idem*. . . . . 1 Sable. 2	} 3	10	127

NUMÉROS des MORTIERS.	COMPOSITION DES MORTIERS.			NOMBRE de jours qu'ils ont mis à durcir dans l'eau.	POIDS qu'ils ont rapporté avant de se rompre.
21	Chaux de Verdt *idem.* Sable. Trass.	1 1 1	} 3	4	232
22	Chaux *idem.* Trass.	1 2	} 3	4	141
23	Chaux d'Oberbronn seule, en pâte.			10	120
24	Chaux d'Oberbronn, mesurée en pâte. Sable.	1 2	} 3	10	100
25	Chaux *idem.* Sable.	1 2½	} 3½	8	160
26	Chaux jaune de Bouxviller seule, en pâte.			10	136
27	Chaux grise *idem.*			30	45
28	Chaux bleue *idem.*			40	36
29	Chaux jaune de Bouxviller, mesurée en pâte Sable.	1 2	} 3	10	130
30	Chaux *idem.* Sable.	1 2½	} 3½	10	85
31	Chaux *idem.* Sable.	1 2½	} 3½	10	75
32	Chaux *idem.* Sable.	1 2½	} 3½	12	60
33	Chaux *idem.* Sable.	1 3	} 4	12	45
34	Chaux grise de Bouxviller, mesurée en pâte. Sable.	1 2	} 3	25	35
35	Chaux bleue *idem.* Sable.	1 2	} 3	30	30
36	Chaux jaune de Bouxviller, mesurée en pâte Sable. Trass.	1 1 1	} 3	5	185
37	Chaux de Metz, seule en pâte.			15	77
38	Chaux de Metz, éteinte en poudre et mesurée *idem.* Sable.	1 1½	} 2½	16	142
39	Chaux *idem.* Sable.	1 2	} 3	16	119
40	Chaux *idem.* Sable.	1 2½	} 3½	16	80
41	Chaux *idem.* Sable.	1 3	} 4	18	65
42	Chaux *idem.* Sable. Trass.	1 1 1	} 3	4	212
43	Chaux *idem.* Trass.	1 2	} 3	4	119
44	Chaux *idem.* Trass.	1 3	} 4	4	175

La chaux d'Altkirch provient d'une pierre à chaux qui est d'une couleur grisâtre. Toutes les autres chaux proviennent de pierres qui sont bleues comme celles d'Obernai et de Metz. Toutes ont été éteintes en poudre avec le cinquième de leur volume d'eau, et on les a laissées dans cet état pendant vingt-quatre heures avant d'en faire des mortiers. Plusieurs étant trop éloignées pour pouvoir être employées dans les places de la direction, je me suis borné à faire sur elles quelques expériences pour connaître leur degré d'hydraulicité. On voit que la chaux d'Altkirch est assez bonne. Le morceau de chaux qui m'a été apporté était peut-être sorti du four depuis plusieurs jours, ce qui influe beaucoup sur les résultats, ainsi qu'on le verra bientôt. Il est possible que cette chaux soit meilleure que l'expérience ne l'indique. Deux espèces de chaux différentes m'ont été apportées de Villé; on m'avait dit qu'elle était aussi bonne que la chaux d'Obernai. La première de ces chaux était brune, et la seconde grisâtre : on voit que les résistances ont été faibles. Les chaux de Rosheim, de Hochfeld, de Verdt, d'Oberbronn et de Bouxviller, m'ont donné de très bons résultats, soit en mortiers, soit employées seules. On voit encore que, pour les chaux mesurées en poudre éteinte, les mortiers qui n'ont que du sable ont généralement supporté des poids moindres que les chaux seules. Il est possible que ces mortiers aient eu trop de sable. J'étais parti de ce précepte, généralement admis par plusieurs ingénieurs, qu'il vaut mieux pécher par excès de sable que par excès de chaux; mais il paraît que cela n'a pas toujours lieu, car les expériences des tableaux n°° 2 et 3 font voir que, lorsque les mortiers ont eu un peu trop de sable, leur résistance a beaucoup diminué. Il est possible aussi que quelques chaux hydrauliques restent plus dures seules qu'en y mêlant du sable, dans quelque proportion que ce soit.

La chaux d'Oberbronn a été mesurée en pâte; on voit qu'avec deux parties et demie de sable elle a donné un meilleur résultat qu'avec deux parties seulement, et que ce résultat est supérieur à celui qu'on a obtenu avec cette chaux toute seule.

La chaux de Bouxviller pouvant être employée à Strasbourg, je l'ai traitée avec plus de détail. On voit que cette chaux perd beaucoup de ses qualités lorsqu'elle est un peu trop calcinée, et qu'elle ne peut supporter autant de sable que celle d'Oberbonn; enfin on voit que toutes ces chaux ont présenté des résistances beaucoup plus grandes lorsque les mortiers ont été faits avec du sable et du trass. Ce serait donc une erreur de croire que les pouzzolanes énergiques ne conviennent pas aux bonnes chaux hydrauliques. Les tableaux n°° 2 et 3 font voir que les différentes chaux comportent des quantités de sable très inégales. Ainsi que je l'ai dit ci-dessus, diverses expériences me portent à croire que les morceaux de chaux d'une même carrière donnent des résultats bien différents, quoique calcinés au même degré. Le degré de cuisson paraît aussi exiger des quantités de sable diverses : il devient donc difficile de déterminer au juste la quantité de sable qu'il convient de mettre dans le mortier. Les expériences ci-dessus n'étaient qu'un premier essai ; je me proposais d'en faire d'autres avec le mélange de chaux calcinées à divers degrés, et répéter ces expériences sur différentes fournées, afin de pouvoir ensuite prendre une moyenne. A Strasbourg, on s'est arrêté au dosage d'une partie de chaux contre deux et demie de sable. Il en résulte un bon mortier, mais il est possible que ce ne soit pas le meilleur qu'on puisse se procurer. En supposant que les meilleures proportions fussent une partie de chaux vive contre deux de sable, il resterait encore à savoir si ce sont celles que l'on doit adopter : car, si en mettant un peu plus de sable on a un résultat peu différent, on ne doit pas hésiter à l'adopter, s'il donne une économie sensible. Mon intention était de faire ces expériences sur différentes chaux des environs de Strasbourg, lorsque j'ai été dans le cas de quitter cette place, par suite des nouvelles fonctions auxquelles j'ai été appelé.

La fin du tableau comprend des expériences faites avec la chaux de Metz. On voit qu'une partie de chaux en poudre contre une partie et demie de sable est le mélange qui m'a donné le meilleur résultat et qu'il est plus fort que celui que j'ai obtenu avec cette chaux toute seule. Le durcissement a été lent ; cependant ces mortiers ont été faits au mois de juin, et l'expérience apprend que le mortier durcit plus vite dans cette saison qu'en hiver. La comparaison des n⁰ˢ 42, 43 et 44, fait voir que, comme pour les chaux hydrauliques d'Alsace, on a un meilleur résultat avec du sable et du trass qu'avec cette substance seulement. Le n⁰ 44, qui est fait avec une partie de chaux en poudre, montre que cette chaux peut comporter beaucoup de trass sans perdre beaucoup de sa résistance.

Dans le tableau ci-dessus, les résultats des chaux seules et des mortiers de même espèce proviennent de la même pierre à chaux.

Je terminerai mes observations sur le tableau n° 3 par dire que, dans le cours de mes expériences, j'ai eu plus d'une fois occasion d'observer que j'obtenais des résultats différents lorsque je prenais de la chaux qui avait été éteinte depuis plusieurs jours. Lorsque je fis avec la chaux d'Oberbronn les expériences sous les n⁰ˢ 23, 24 et 25, je mis de côté une portion de la chaux en poudre qui avait servi à les faire. Au bout de quinze jours, je répétai avec la même chaux les expériences qui sont sous les n⁰ˢ 23 et 25 ; pour le n° 23, qui est de la chaux seule, le durcissement a exigé trente jours au lieu de dix qu'il avait fallu à cette même chaux employée de suite. Au bout d'un an, le morceau de chaux hydraulique s'est rompu sous le poids de 70 kilogrammes, tandis que le n° 23, qui a été fait immédiatement, a supporté avant de se rompre un poids de 120 kilogrammes. Pour le mortier fait avec une partie de chaux mesurée en pâte, contre deux parties et demie de sable, ce qui était le même mortier que le n° 25, le durcissement a demandé vingt-quatre jours au lieu de huit, et le mortier s'est rompu sous le poids de 70 kilogrammes, tandis que celui du n° 25, qui a été fait immédiatement, a supporté

160 kilogrammes avant de se rompre. J'avais mis cette chaux de côté pendant quinze jours, afin de voir si un ancien *dicton* des maçons, qui dit que la chaux *s'évente* à l'air, avait quelque fondement. Cette expérience me convainquit que *le dicton* était vrai au moins pour les chaux hydrauliques que je traitais; mais je voulus voir quel serait le résultat que j'obtiendrais avec des mortiers faits de la même manière et avec le même morceau de pierre à chaux, mais à différentes époques. Je fis en conséquence les expériences suivantes :

TABLEAU N° 4.

Numéros des ordres.	COMPOSITION DES MORTIERS.		fait immédiatement		fait au bout d'un mois et demi.		fait au bout de deux mois et demi.	
			durcissement.	poids supportés.	durcissement.	poids supportés.	durcissement.	poids supportés.
1	Chaux jaune d'Obernai, éteinte en poudre, et mesurée *id.* 1 Sable. . . . . 2 } 3		9 jours	85 kil.	15 jours	20 kil.	25 jours	—10 kil.
2	Chaux *idem.* . . . . 1 Sable. . . . . 1 } 3 Trass. 1		6	185	6	185	6	185

Observations sur les expériences du tableau n° 4.

Pour faire les expériences ci-dessus, j'ai pris de la chaux jaune d'Obernai ; je l'ai éteinte en poudre sèche en y versant le cinquième de son volume d'eau. Je lui ai donné le temps de se refroidir, et alors j'ai fait deux mortiers : l'un avec une partie de chaux mesurée en poudre et deux parties de sable; l'autre mortier a été fait avec une partie de cette chaux en poudre, une partie de sable et une de trass. Les mortiers ont reposé à l'air pendant douze heures, et je les ai alors mis dans l'eau, où ils sont restés un an ; au bout de ce temps je les ai rompus. Le tableau fait voir que le mortier qui n'a que du sable a durci dans l'espace de neuf jours, et a supporté 85 kilogrammes avant de se rompre; on voit aussi que le mortier qui contient du sable et du trass a durci dans six jours, et a supporté 185 kilogrammes avant de se rompre. Au bout d'un mois et demi, j'ai répété la même expérience en me servant de la même chaux en poudre, qui avait servi à faire ma première expérience, et que j'avais placée dans un vase ouvert. J'ai suivi pour cette seconde expérience le même procédé que pour la première; le tableau fait voir que, pour le mortier qui ne contient que du sable, le durcissement a été plus lent, et la résistance beaucoup moindre ; tandis que, pour le mortier qui contient du trass, le résultat a été le même; enfin , au bout de deux mois et demi, j'ai encore répété la même expérience, toujours avec la même chaux éteinte en poudre. Le tableau fait voir que le durcissement a encore été plus lent, et que la résistance a été très faible pour le mortier qui n'a que du sable ; car le chiffre —10 indique qu'il n'a pas pu supporter le poids du plateau et du collier, qui était de 10 kilogrammes. On voit aussi que le mortier qui contient du trass a éprouvé une diminution sensible dans sa résistance, quoique le durcissement ait été le même ; mais cette diminution n'est pas aussi grande que pour le mortier qui n'a pas de sable.

Je suis entré ici dans quelques développements afin qu'il ne reste aucun doute sur la manière dont j'ai opéré ; pour les tableaux qui suivront, je me dispenserai de donner autant de détails. J'ai répété cette expérience dans le tableau qui suit, en me servant d'un autre morceau de chaux.

TABLEAU N° 5.

N° de l'essai	COMPOSITION DES MORTIERS.	fait immédiate-ment		au bout de 15 jours.		au bout de 1? jours.		au bout de 35 jours.		au bout de 4? jours.		au bout de deux mois.	
		D.	P.	D.	P.	D.	P.	D.	P.	D.	P.	D.	P.
1	Chaux d'Obernai, éteinte en poudre, et mesurée *id.* . . . 1 } 3 Sable 2	25	120	11	55	15	55	18	40	18	35	20	40
2	Chaux *idem.* . . . . 1 Sable . . . . 1 } 3 Trass . . . . ?	12	215	5	150	6	135	10	130	12	138	12	136

J'ai fait les expériences ci-dessus de la même manière que ce qui a été dit pour le tableau n° 4 ; mais on voit que j'ai rapproché les époques auxquelles j'ai fait les mortiers. Chaque expérience du tableau ci-dessus est divisée en deux colonnes : la première contient le nombre de jours que le mortier a mis à durcir, et elle est marquée d'un D ; chaque seconde colonne marquée de P exprime le nombre de kilogrammes que le mortier a supportés avant de se rompre. J'adopterai désormais cet ordre pour tous les tableaux qui suivront, lorsqu'ils contiendront beaucoup de colonnes.

Le morceau de chaux dont je me suis servi pour faire cette expérience était une corne d'Ammon pétrifiée, qui avait 0ᵐ,50 de diamètre. On voit, d'après le tableau, que, pour le premier mortier de chaux et de sable, le durcissement a été assez lent, ce qui peut tenir à ce que ce mortier a été fait au mois d'octobre. Il est remarquable que le durcissement ait été moins lent pour le suivant, fait quinze jours après l'extinction. Quant à la résistance, elle a été la plus grande pour le mortier qui a été fait immédiatement. Celui fait au bout de quinze jours d'extinction a perdu la moitié à peu près de sa force ; passé ce terme, les mortiers ont offert une résistance qui a varié entre 35 et 40 kilogrammes, et le durcissement a été plus lent.

38

Si l'on considère les mortiers contenant du sable et du trass, on remarquera que la résistance a été aussi la plus forte pour celui fait immédiatement, et qu'elle a ensuite été en diminuant, mais en se soutenant à un degré assez élevé; on voit enfin que c'est le mortier fait au bout de quinze jours dont le durcissement a été le plus prompt.

En faisant les expériences du tableau ci-dessus, j'avais mis de côté un morceau de la même chaux afin de la laisser s'éteindre à l'air; au bout de deux mois, j'en ai fait du mortier; voici le résultat que j'ai obtenu : le durcissement n'a eu lieu qu'au bout de vingt-cinq jours, et ce mortier s'est rompu sous le poids de 25 kilogrammes, tandis que le tableau fait voir que le mortier fait avec la même chaux éteinte en poudre, et qu'on a laissée dans cet état pendant le même temps, a supporté un poids de 40 kilogrammes avant de se rompre; ce résultat m'a fait recommencer l'expérience avec un autre morceau de chaux. Voici comment j'ai procédé : j'ai partagé le morceau de chaux en deux parties; j'ai éteint une de ces parties en poudre sèche en y versant le cinquième de son volume d'eau, et j'ai laissé l'autre morceau s'éteindre de lui-même à l'air; j'ai fait immédiatement deux mortiers avec la chaux que j'avais éteinte en poudre; dans l'un je n'ai mêlé que du sable avec la chaux, et dans l'autre j'ai mis du sable et du trass, et à différentes époques j'ai répété la même expérience. Ce n'est qu'au bout de quinze jours que le morceau de chaux que j'avais laissé s'éteindre à l'air m'a donné assez de chaux en poudre pour faire deux mortiers semblables. Le tableau ci-dessous fait connaître les résultats que j'ai obtenus.

TABLEAU N° 6.

Numéro des séries	Composition des mortiers		fait immédiatement		au bout de 15 jours		au bout de 1 mois		au bout de 2 mois		au bout de 3 mois		au bout de 4 mois	
			D.	P.	D.	P.	D.	P.	D.	P.	D.	P.	D.	P.
1	Chaux d'Obernai, éteinte en poudre, et mesurée *idem*. . 1 — Sable 2	3	10	55	6	61	4	60	5	53	5	32	6	50
2	Chaux *idem*, éteinte à l'air, et mesurée en poudre. . . 1 — Sable 2	3	»	»	·40	35	·40	20	·40	15	+40	-10	+40	+10
3	Chaux d'Obernai, éteinte en poudre, et mesurée *idem*. . 1 — Sable. . . . . 1 — Trass. 1	3	2	95	2	(1)	2	77	2	60	2	44	3	125
4	Chaux *idem*, éteinte à l'air, et mesurée en poudre. . . 1 — Sable. . . . . 1 — Trass. 1	3	»	»	»	»	6	60	6	45	6	125	6	107

(1) Ce mortier a été rompu en le taillant ; il était très dur, mais je n'ai pas pu connaître sa résistance.

Ce tableau fait d'abord voir que le morceau de chaux avec lequel j'ai fait cette expérience n'était pas de première qualité; j'avais cependant choisi, pour faire les expériences des tableaux n°˚ 4, 5 et 6, des morceaux de chaux d'un jaune fauve, et qui paraissaient avoir éprouvé le même degré de calcination. Les expériences des tableaux n°˚ 4 et 5 ont été commencées au mois d'octobre, tandis que celles du tableau n° 6 l'ont été au mois de juin: ainsi, on ne peut point attribuer la faiblesse du premier résultat à l'influence de la mauvaise saison; on ne peut pas non plus l'attribuer à la chaleur, car les expériences du tableau du n° 2, dont les résultats sont bons, ont été faites au mois de juin. Il faut donc croire, ainsi que je l'ai déjà dit, que les morceaux de pierres à chaux d'une même carrière sont bien loin d'avoir tous le même degré de bonté.

Le premier mortier, dans lequel on n'a mis que du sable, a un peu augmenté de résistance au bout de quinze jours d'extinction, et sa prise a été beaucoup plus prompte au bout d'un mois. Passé ce terme, le temps de la prise a été en augmentant, et la résistance a été en diminuant d'une manière sensible, comme dans le tableau n° 5. On voit que, pour le mortier fait de la même manière avec de la chaux éteinte à l'air, le durcissement a été très lent: je l'ai suivi pendant quarante jours, et ces mortiers n'étaient pas encore durs. Le tableau fait voir qu'au bout de quinze jours ce mortier a donné une résistance beaucoup moindre que celui dont la chaux avait été éteinte en poudre, et que leur résistance est allée en diminuant. Enfin, elle a été telle, qu'au bout de trois et quatre mois, ces mortiers n'ont pas pu supporter le plateau et le collier, dont le poids était de 10 kilogrammes, ainsi que je l'ai dit; les mortiers avaient cependant acquis un peu de consistance, mais elle était si faible qu'on pouvait les broyer facilement avec les doigts.

Ce même tableau montre encore que le mortier fait avec de la chaux éteinte en poudre avec de l'eau, et dans lequel on a mis du trass, a toujours durci promptement. Sa résistance a été moins grande pour le premier mortier, qui a été fait immédiatement; mais elle a ensuite augmenté, puis diminué, et enfin le dernier a offert une résistance beaucoup plus grande. Je ne sais à quoi attribuer les anomalies qu'on remarque dans les résistances de ces mortiers. La dernière série, faite avec de la chaux éteinte à l'air et dans laquelle il entre une partie de trass, a donné un bon résultat et le durcissement a aussi été prompt, mais la résistance a toujours été un peu moindre que celle du mortier dont la chaux a été éteinte en poudre. On voit aussi que ce dernier mortier a présenté au bout de quatre mois une anomalie; je n'ai pas pu l'expliquer.

On voit, par les expériences des trois tableaux 4, 5 et 6, que la présence du trass a corrigé les inconvénients qui étaient résulté de l'exposition des chaux à l'air après les avoir éteintes de l'une ou l'autre manière. La chaux éteinte à l'air avait

40

perdu presque toutes ses propriétés hydrauliques; mais en y mêlant du trass, elle a cependant donné de très bons mortiers : cela n'est point étonnant, puisqu'il paraît que l'exposition à l'air n'a d'autre effet que de faire passer les chaux hydrauliques à l'état de chaux communes, et que celles-ci donnent de très bons mortiers, lorsqu'on les mélange avec du sable et du trass.

L'intérêt de ces résultats m'a engagé à faire des expériences semblables avec de la chaux de Metz ; elles se trouvent consignées dans le tableau qui suit.

TABLEAU N° 7.

N.os des séries.	COMPOSITION DES MORTIERS.		Faits immédiatement.		Au bout de 1 mois.		Au bout de 2 mois.		Au bout de 4 mois.	
			D.	P.	D.	P.	D.	P.	D.	P.
			jours.	kil.	jours.	kil.	jours.	kil.	jours.	kil.
1	Chaux de Mets, éteinte en poudre et mesurée *idem*............1 Sable.........................2	} 3	20	53	30	20	30	10	9	—10
2	Chaux *idem*, éteinte à l'air et mesurée en poudre.............1 Sable.........................2	} 3	»	»	55	40	15	36	9	4 o
3	Chaux *idem*, éteinte en poudre et mesurée *idem*............1 Sable.......................1 Trass.......................1	} 3	5	82 (*)	5	142	11	145	11	175
4	Chaux *idem*, éteinte à l'air et mesurée en poudre.............1 Sable.......................1 Trass.......................1	} 3			13	160	9	95 (*)	7	200

Observations sur les expériences du Tableau N° 7.

J'ai fait les expériences ci-dessus comme celles du tableau précédent. Si l'on compare le premier mortier avec celui n° 39 du tableau n° 3, on voit que la chaux dont je me suis servi pour faire les mortiers du tableau ci-dessus était beaucoup moins bonne que celle du tableau n° 3, car ces chaux paraissaient cuites au même degré. Les expériences de ces deux tableaux ont été faites au milieu de l'été, les quantités de sable et toutes les autres circonstances sont les mêmes; cependant le premier mortier du tableau n° 7 n'a offert qu'une résistance de 53 kilogrammes, tandis que le mortier n° 39 du tableau n° 3, qui est le même, en a présenté une de 119 kilogrammes.

(*) Ces mortiers étaient fendus dans leur milieu.

On voit que la première série, dans laquelle il n'entre que du sable, a présenté la plus grande résistance lorsque le mortier a été fait immédiatement, et que cette résistance est allée en diminuant rapidement. Au bout de quatre mois, ce mortier n'a pas pu supporter le poids du plateau, et il se broyait facilement entre les doigts. On voit donc que, pour la chaux de Metz éteinte en poudre, le résultat a été le même que pour les chaux d'Obernai et d'Oberbronn.

La seconde série a été commencée, comme on le voit, au bout d'un mois, avec la même chaux, qu'on avait laissée s'éteindre d'elle-même à l'air : les résultats ont varié entre 36 et 40 kil., résistance inférieure à celle que l'on a obtenue en faisant le mortier immédiatement ; mais en comparant ces résultats avec ceux du tableau n° 6, on voit que la chaux de Metz éteinte à l'air a produit de meilleurs mortiers que lorsqu'elle a été éteinte en poudre ; tandis que c'est le contraire pour la chaux d'Obernai, qui forme les deux premières séries du tableau n° 6. Il est aussi remarquable que le durcissement ait été de plus en plus prompt pour la chaux de Metz, tandis qu'il a constamment exigé plus de quarante jours par la chaux d'Obernai.

Quant aux deux séries d'expériences du tableau n° 7, faites avec du sable et du trass, on voit que l'on a obtenu de bons résultats, soit que la chaux ait été éteinte en poudre avec de l'eau, soit qu'on l'ait laissée s'éteindre d'elle-même à l'air ; dans les deux cas, la résistance a été en augmentant, et les mortiers dont la chaux a été éteinte à l'air ont donné de meilleurs résultats que lorsqu'elle a été éteinte en poudre, tandis que c'est le contraire dans le tableau n° 6.

Il est fâcheux que, dans la première expérience du tableau ci-dessus, faite avec du sable et du trass, le mortier se soit trouvé fendu et séparé en deux parties. J'ai remis les morceaux avant de le rompre ; mais cette circonstance a dû diminuer de sa force, et il n'a produit qu'une résistance de 82 kilogrammes. La dernière série présente également un mortier qui a soutenu un poids de 95 kilogrammes, et qui forme anomalie en le comparant avec celui qui précède et celui qui suit : ce mortier était aussi fendu, mais les morceaux n'étaient point séparés.

On voit, d'après toutes les expériences rapportées dans les tableaux n° 4, 5, 6 et 7, que le *dicton* des maçons, d'après lequel la chaux *s'évente* à l'air, n'est pas sans fondement pour les chaux hydrauliques. Toutes celles que j'ai traitées ci-dessus ont fini par passer à l'état de chaux communes au bout de quelques mois lorsqu'on les a éteintes avec de l'eau, et la chaux d'Obernai a produit le même résultat lorsqu'on l'a laissée s'éteindre d'elle-même à l'air. J'ai cherché quelle était la cause qui pouvait transformer les chaux hydrauliques en chaux communes. La chimie nous apprend que la chaux n'a pas la propriété d'absorber une nouvelle quantité d'oxygène ; mais ce n'est pas avec de la chaux proprement dite que nous faisons le mortier, c'est avec de l'hydrate de chaux, c'est-à-dire avec de la chaux éteinte avec de l'eau qui entre en combinaison avec elle, et qui, formant un corps nouveau, peut avoir de nouvelles propriétés. J'ai donc pensé que l'hydrate de chaux, c'est-à-dire la chaux éteinte, pouvait absorber de l'oxygène. Pour vérifier mes conjectures à cet égard, je ne pouvais pas employer de la chaux hydraulique, parce que celles que j'avais à ma disposition contenaient toutes des substances métalliques susceptibles de s'oxider. J'ai procédé en conséquence de la manière suivante : j'ai pris un morceau de marbre blanc, et je me suis assuré qu'il ne contenait presque point de fer ; je l'ai fait calciner dans un four à chaux ; aussitôt sa sortie du four, je l'ai pulvérisé, et j'ai divisé cette chaux en poudre en deux parties égales : l'une de ces parties a été éteinte avec un peu d'eau, et j'ai laissé l'autre à l'état de chaux vive. J'ai mis la chaux vive et la chaux éteinte chacune à part dans un de ces vases cylindriques en verre dont on se sert pour peser les liqueurs ; j'ai placé chacun de ces vases sur une assiette au fond de laquelle il y avait un peu d'eau ; j'ai ensuite recouvert les deux vases qui contenaient la chaux par deux autres vases de même espèce, mais un peu plus larges ; les extrémités des deux vases qui recouvraient les premiers plongeaient dans l'eau. De cette manière, la chaux n'était plus en contact avec l'atmosphère, et elle ne communiquait avec l'eau qu'au moyen de la colonne d'air qui se trouvait entre les deux verres. Au bout de cinq à six jours, l'eau a monté d'une manière sensible entre les deux verres qui contenaient la chaux éteinte, et au bout de vingt jours elle s'était élevée d'un décimètre. Il est à remarquer que l'eau n'avait au bout de ce temps monté que très peu entre les deux verres qui contenaient la chaux vive. J'ai répété plusieurs fois cette expérience, et j'ai toujours obtenu les mêmes résultats. Il m'a donc paru qu'il y avait eu une grande absorption d'oxygène par la chaux éteinte en poudre, et une faible par celle qui était vive. J'ai fait part des résultats que j'avais obtenus à M. Coze, professeur de pharmacie à l'académie de Strasbourg, et je l'ai prié de déterminer la quantité d'oxygène qui avait été absorbée dans les deux cas. Pour cela, on a pris un cylindre de verre gradué ; on y a introduit une mesure d'air atmosphérique et deux mesures de deutoxide d'azote (gaz nitreux). Aussitôt l'air renfermé dans le cylindre est devenu rouge, et l'eau y ayant monté, le résidu a marqué 112 à l'échelle du tube. On a fait la même expérience avec l'air qui avait été en contact avec la chaux vive : il s'est également manifesté une couleur rouge, et le résidu a marqué 117 à l'échelle du tube. Enfin on a fait une expérience semblable avec l'air qui avait été en contact avec la chaux éteinte : la couleur rouge a été très faible, et le résidu a marqué 132 à l'échelle du tube. Dans le dernier cas, il y a donc eu une grande quantité de gaz absorbée par la chaux qui avait été éteinte avec un peu d'eau. On s'est convaincu que c'était de l'oxygène qui avait été absorbé, en mêlant du gaz hydrogène avec le gaz restant ; et en soumettant le mélange à l'étincelle électrique, on a vu qu'il n'y avait point de détonation, d'où il résulte que presque tout l'oxygène avait été absorbé par l'hydrate de chaux (1). Si la chaux vive n'a

---

(1) On voit d'après cela que c'est avec raison que l'on défend d'habiter des maisons qui sont nouvellement construites, et combien elles doivent être malsaines.

absorbé que peu d'oxygène ; cela tient sans doute à ce que l'hydrate de chaux n'a
pu se former que lentement en absorbant l'eau qui était dans l'assiette au moyen
de la colonne d'air qui établissait une communication entre la chaux et l'eau. Il me
paraît donc que c'est à cette absorption d'oxygène que l'on doit attribuer le résultat
singulier que l'on obtient en laissant exposées au contact de l'air des chaux hydrauliques que l'on a éteintes avec un peu d'eau. On a vu que toutes les chaux ci-dessus
ont fini au bout de peu de temps par perdre presque toute leur propriété hydraulique, et par passer à l'état de chaux commune.

Il me paraît difficile d'expliquer pourquoi la chaux de Metz qui a été éteinte à
l'air a donné au bout de quatre mois un meilleur résultat que la chaux qui avait
été éteinte en poudre, tandis qu'on a obtenu des résultats contraires avec la chaux
d'Obernai. Cette différence ne tiendrait-elle pas à ce que la chaux de Metz contient de l'oxide de manganèse, tandis que celle d'Obernai n'en contient point ? On
sait que, lorsqu'on chauffe l'oxide de manganèse, une grande partie de l'oxygène se
dégage, et qu'ensuite il en absorbe à l'air. Lorsque l'on calcine de la chaux qui en
contient, il est donc possible que cet oxide empêche la chaux d'absorber l'oxygène
en s'en emparant lui-même. Il serait curieux de savoir si la même chose a lieu
avec toutes les chaux hydrauliques qui contiennent de l'oxide de manganèse.

L'on voit par les expériences ci-dessus combien il est important de ne point laisser pendant long-temps exposées à l'air des chaux hydrauliques que l'on a éteintes
en poudre avant de s'être bien assuré qu'elles ne sont pas de la même nature que
celles dont je viens de parler, qui finissent par passer à l'état de chaux communes.
La même observation doit s'appliquer aux chaux hydrauliques éteintes spontanément à l'air ; on doit s'assurer si elles n'éprouveront pas le même effet que les chaux
d'Obernai du tableau n° 6. Sans cette précaution, on se trouverait exposé à faire
de très mauvais mortiers avec de très bonnes chaux, et à manquer tout-à-fait des
constructions importantes qui peuvent avoir coûté fort cher. Si l'on a obtenu de
bons résultats dans les tableaux n° 6 et 7 avec les mortiers de trass dont la chaux a
été éteinte depuis long-temps, soit en poudre avec de l'eau, soit à l'air, cela tient à
ce que les chaux communes donnent toujours de bons mortiers avec le trass, de
quelque manière que la chaux soit éteinte, ainsi qu'on le verra plus bas. L'expérience ci-dessus sur l'absorption de l'oxygène par l'hydrate de chaux se trouve con-
signée dans un mémoire sur les mortiers hydrauliques, que j'ai adressé au comité des
fortifications, au mois d'octobre 1823 ; un extrait de ce mémoire a été imprimé en
1824, et inséré dans le 7° numéro du *Mémorial de l'officier du génie*.

Il me reste pour terminer ce chapitre à parler des galets de Boulogne, dont j'avais
entendu parler. J'en ai fait venir à Strasbourg ; mais avant de rapporter les expériences que j'ai faites à cet égard, je dois parler de l'espèce de chaux qui lui ressemble beaucoup, et qui est très connue en Angleterre.

En 1796, MM. Parker et Wyatts ont obtenu à Londres une patente pour fabriquer une chaux particulière qu'ils ont appelée d'abord *ciment aquatique*, et à laquelle ils ont donné ensuite le nom impropre de *ciment romain*. On fait maintenant en Angleterre un grand commerce de ce ciment, et on en envoie jusque dans les Indes. Cette substance a la propriété de se solidifier presque instantanément comme le plâtre lorsqu'on l'emploie à l'air, et il prend très vite une forte consistance dans l'eau. On le mêle avec 2, 3, 4 à 5 parties de sable contre 3 de ce ciment, suivant les usages auxquels on veut l'employer.

M. le capitaine du génie Le Sage a fait connaître une substance semblable à la pierre anglaise : elle a été trouvée par hasard sur la plage de Boulogne, il y a environ vingt ans, par un Anglais; on en trouve la description dans le second volume du *Mémorial de l'officier du génie*. Cette substance est jetée par la mer sur la plage sous la forme de cailloux; ils ne pèsent guère plus d'un kilogramme. Leur couleur est en général d'un jaune gris et sale; plusieurs de ces cailloux ont à leur surface, et jusqu'à deux millimètres de profondeur, une couleur de rouille; ces pierres sont d'un grain très fin, et elles sont dures. On ne les trouve que çà et là, et en petite quantité, ce qui ne permet d'en faire usage qu'à Boulogne même, où on les emploie avantageusement pour les travaux à la mer. M. Drapier a fait l'analyse de cette pierre, et M. Berthier a fait celle de la pierre anglaise; il résulte de la comparaison de ces deux analyses, présentées par M. Berthier dans un même tableau, qu'après avoir déduit l'acide carbonique et l'eau qui se trouvent évaporés par la calcination, il reste pour les substances que l'on emploie comme chaux, savoir : pour la pierre anglaise, chaux 0,554; argile, 0,360; oxide de fer, 0,086; et pour la pierre de Boulogne : chaux, 0,540; argile, 0,310; oxide de fer, 0,150. Je dois ajouter que l'analyse a donné pour la pierre anglaise quelques millièmes de carbonate de magnésie et de manganèse qui ne se trouvent point dans la pierre de Boulogne ; mais, ces quantités étant très petites, on voit que les deux pierres d'Angleterre et de Boulogne sont les mêmes. Je vais maintenant présenter le tableau des expériences que j'ai faites avec les galets de Boulogne.

TABLEAU.

TABLEAU N° 8.

N°ˢ des mortiers.	COMPOSITION DES MORTIERS.	Nombre de jours qu'ils ont mis à durcir dans l'eau.	Poids qu'ils ont supporté avant de se rompre.
1	Galets de Boulogne seuls, cuits à l'ordinaire....	» $\frac{1}{2}$	49
2	Galets *idem*.	1 $\frac{1}{4}$	60
3	Galets *idem*.	1 $\frac{3}{4}$	72
4	Galets *idem* 2 / Sable 1 } 3	20	17
5	Galets *idem* 2 / Sable 2 } 3	22	15
6	Galets *idem* 1 / Sable 1 } 2	»	10
7	Galets *idem* 1 / Sable 2 } 3	»	—10
8	Galets *idem* 1 / Sable 1 / Trass 1 } 3	»	10
9	Galets *idem* 1 / Trass 2 } 3	»	12
10	Galets seuls, éteints à l'air depuis un mois....	15	22
11	Galets *idem*, éteints depuis un mois avec $\frac{1}{2}$ de leur volume d'eau.	»	—10
12	Galets seuls, fortement calcinés..........	12	150

Observations sur les expériences du tableau n° 8.

Les chaux des onze premiers numéros du tableau n° 8 ont été calcinées dans un four à chaux, en les plaçant avec les pierres calcaires qui produisent de la chaux grasse : ainsi elles ont reçu le coup de feu nécessaire pour bien calciner la chaux commune. Les trois premiers numéros ne contiennent que de la chaux provenant des galets : on est obligé de pulvériser les galets à leur sortie du four, attendu qu'en y jetant de l'eau ils l'absorbent et la solidifient sans se réduire en poudre, ainsi que cela a lieu pour les chaux grasses et les chaux hydrauliques ordinaires. Les galets ne produisent point de vapeurs par l'extinction, et ils donnent très peu de chaleur. Cette chaux exige moins d'eau que les chaux hydrauliques ordinaires pour se réduire en pâte. Dans les expériences ci-dessus, la chaux des galets a été réduite en pâte un peu plus ferme que pour les chaux hydrauliques ordinaires, parce qu'on s'est aperçu qu'il lui fallait moins d'eau. Les trois premiers numéros ont été faits de la même manière; ils diffèrent seulement en ce que le premier numéro a été mis dans l'eau après trois heures d'exposition à l'air lorsqu'il a été réduit en pâte; le deuxième numéro a été mis dans l'eau une heure après sa confection, et le troisième a été mis immédiatement dans l'eau : on voit que c'est celui qui a présenté la plus grande résistance, mais que celui qui en a présenté le moins a durci le plus vite, ce qui tient à ce-qu'il avait déjà acquis à l'air un commencement de consistance assez marqué. On voit donc que, lorsqu'on se sert de ces chaux pour les constructions dans l'eau, il est important de n'en préparer qu'une petite quantité à la fois, afin de pouvoir l'employer de suite. Les numéros depuis 4 jusqu'à 9 inclus sont des mélanges de la chaux provenant des galets avec du sable dans diverses proportions, et les numéros suivants contiennent du trass. Le durcissement a été si lent que je n'ai pas pu les observer tous. On voit que la résistance de tous ces mortiers a été très faible. Il est assez singulier que le trass, qui produit de si bons résultats avec toutes les chaux hydrauliques que j'ai essayées, m'en ait donné d'aussi faibles avec la chaux des galets de Boulogne; il paraît que cette chaux ne comporte avec avantage aucun mélange. Les galets du n° 10 ont été broyés et laissés à l'air pendant un mois; ceux du n° 11 ont été exposés pendant le même temps à l'air après qu'on y eut versé ½ de leur volume d'eau. On voit que la chaux dont l'extinction s'est faite à l'air a produit un bien faible résultat, et que celle qui a été éteinte avec de l'eau a produit un résultat plus faible encore, puisqu'elle n'a pas pu supporter le poids du plateau et du collier, qui était de 10 kilogrammes.

La faiblesse des résistances obtenues avec les premiers numéros du tableau ci-dessus m'a donné l'idée de faire une autre expérience en chauffant davantage les galets; j'en ai en conséquence exposé une portion dans le four à chaux vis-à-vis un des conduits destinés à répartir la chaleur dans le four : les galets y ont été fortement calcinés; ils avaient pris une couleur de rouille foncée, tandis que ceux qui étaient moins calcinés avaient une couleur d'un jaune fauve. Le n° 12 dont j'ai fait l'expérience avec cette chaux très calcinée a été traité comme le n° 2, et a été laissé à l'état de pâte à l'air pendant une heure avant de le mettre dans l'eau. On voit que la résistance a été très bonne, puisque ce numéro a supporté une résistance de 130 kilogrammes avant de se rompre, mais le durcissement a été beaucoup plus lent. Cette expérience a été faite avec le reste de mes galets; sans cela j'aurais fait plusieurs autres essais pour voir si, en mélangeant cette chaux fortement calcinée avec du sable et du trass, j'aurais obtenu de meilleurs résultats que ceux que j'ai eus avec de la chaux moins cuite.

En somme, les expériences du tableau n° 8 font voir que la chaux provenant des galets de Boulogne est une chaux hydraulique qui présente dans plusieurs points des différences très grandes avec les autres chaux hydrauliques que j'ai traitées. Les chaux hydrauliques ordinaires dont j'ai déjà parlé ne demandent que le même degré de chaleur nécessaire pour calciner les chaux grasses, et encore conviendrait-il peut-être de les chauffer un peu moins. Lorsque ces chaux sont peu cuites, elles font assez bien corps avec le sable, et donnent de très bons résultats avec du trass; si on leur faisait éprouver un degré de calcination semblable à celui que les galets du n° 12 ont subi, elles éprouveraient un commencement de vitrification, et ne donneraient qu'un faible résultat. Une circonstance bien remarquable c'est que ce sont les numéros qui ont durci le plus vite qui ont donné en définitive les moindres résistances, tandis que celui qui a mis le plus de temps à durcir a donné un résultat de beaucoup supérieur aux autres, lorsque j'ai traité ces chaux sans les mélanger avec aucune autre substance. Cependant toutes ces expériences ont été faites dans la même saison, et à l'entrée de l'hiver. Les différences que je viens d'indiquer entre les galets de Boulogne et les chaux hydrauliques ordinaires m'ont fait présumer qu'il pouvait y avoir dans les galets de Boulogne quelque substance qui avait pu échapper à l'analyse qui en a été faite. J'avais d'ailleurs essayé de refaire de toute pièce les galets de Boulogne en faisant un mélange de substances semblables à celles que l'analyse ci-dessus en donne; j'ai fait chauffer ce mélange, et j'ai bien eu de la chaux hydraulique ordinaire, mais je n'ai point obtenu les résultats particuliers que j'avais eus avec les galets de Boulogne. Pour connaître si les galets de Boulogne contenaient quelques substances dont l'analyse ne fait pas mention, j'en ai pris quelques unes de crus, je les ai cassés, et, en examinant leur cassure à la loupe, j'ai remarqué de très petits cristaux qui me semblaient ne pas être de nature calcaire. J'ai pulvérisé ces morceaux, et j'ai fait macérer pendant quelque temps la poudre qui en provenait dans de l'eau distillée; j'ai ensuite filtré et j'ai fait rapprocher la liqueur: elle avait alors une saveur salée très prononcée; en la laissant reposer, j'ai obtenu une assez grande quantité de cristaux de muriate de soude, ce qui avait déjà été observé. Il m'a paru que ce muriate de soude contenait en outre quelques cristaux de carbonate de soude. Cela ne m'a point surpris, puisqu'on sait, d'après la belle observation de M. Berthollet, que le natron qui nous vient d'Egypte est formé de la décomposition du muriate de soude par le carbonate de chaux qui se trouve au fond des lacs situés dans le désert de Thaïat à l'ouest du Delta. On sait qu'en hiver ces lacs se remplissent par de l'eau salée qui vient de leur fond, et qui s'élève à deux mètres de hauteur; au retour des chaleurs, l'eau de ces lacs s'évapore complétement, et laisse sur le fond, qui est calcaire, une couche de natron, qui est un mélange de sel marin, de sulfate et de carbonate de soude, ce qui constitue la soude du commerce; on détache ce natron avec des barres de fer du fond du lac. Le muriate de soude, qui se trouve en assez grande quantité dans les galets de Boulogne, et les cristaux de carbonate de soude que j'ai cru y reconnaître, m'ont engagé à faire plusieurs expériences que je rapporterai bientôt en ajoutant un peu de soude et de potasse au mélange de chaux et d'argile, que j'ai ensuite fait calciner pour obtenir de la chaux hydraulique artificielle.

M. Pitot du Helles, ancien officier du génie, retiré à Morlaix, m'a adressé dernièrement une substance singulière, qui fournit de la chaux très hydraulique, et qui m'a paru avoir de l'analogie avec les galets de Boulogne. Cette substance paraît provenir des débris d'une espèce de madrépores dont on ne connaît pas bien le gisement, mais qui paraît exister en dehors de la rade de Morlaix; ces débris sont apportés par les courants, et forment des dépôts considérables dans la rade, où ils sont retirés à la drague par les mariniers; les cultivateurs en font un grand usage pour améliorer certaines terres, et ils ont donné le nom de *merle* à cette substance. Elle est par fragments très petits et tout contournés; sa couleur est d'un blanc sale; elle est légère. M. Grimm, pharmacien en chef de la marine à Brest, a fait l'analyse de cette substance, qui contiendrait: carbonate de chaux, 5,25; sable, 1,35; eau et matière organique, 3,3o; oxide de fer et phosphate de chaux, traces; pertes, o,10. M. Pitot fait faire de la chaux avec cette matière, et j'ai fait quelques essais avec l'échantillon qu'il m'a envoyé.

Lorsqu'on jette de l'eau sur le *merle* calciné, il se passe près d'un quart d'heure avant qu'il se manifeste aucune chaleur, et elle est si faible que c'est à peine si l'on aperçoit quelques vapeurs. Cette chaux ne se réduit pas bien en poudre par l'effet de l'extinction; elle aurait besoin d'être réduite dans cet état au moyen de pilons : on voit qu'elle présente les mêmes particularités que les galets de Boulogne. J'ai réduit une portion de cette chaux en pâte avec de l'eau, et je l'ai placée au fond d'un verre que j'ai rempli d'eau : le durcissement a été complet au bout de six jours, quoique l'expérience ait été faite à la fin de novembre. J'ai mélangé une portion de cette chaux avec une partie égale de sable : le durcissement a été de huit jours, et il m'a paru que cette chaux ne pouvait pas supporter beaucoup de sable. Je n'ai pas été à même de pouvoir connaître la ténacité du mortier fait avec cette chaux; mais d'après la manière dont elle durcit, et le degré de dureté qu'elle acquiert en peu de temps, je suis porté à croire que c'est une très bonne chaux hydraulique, et qu'elle sera d'un grand avantage pour toutes les constructions hydrauliques qui se feront sur les côtes de Bretagne. Je suis étonné qu'on n'ait pas trouvé d'alumine dans cette chaux éminemment hydraulique.

CHAPITRE IV.

DES CHAUX HYDRAULIQUES ARTIFICIELLES.

J'ai rapporté dans le chapitre premier que, pendant long-temps, on avait attribué la propriété que certaines chaux ont de durcir dans l'eau à la présence de l'oxide de manganèse et du fer, mais qu'on avait trouvé plusieurs pierres à chaux très hydrauliques qui ne contenaient point d'oxide de manganèse, et qui ne renfermaient que peu de fer. On a observé ensuite que presque toutes les pierres à chaux hydrauliques contenaient de 1 à 3 dixièmes d'argile. On a donc pensé que, lorsqu'une certaine portion d'argile se trouvait disséminée dans la pierre calcaire, elle se combinait par la calcination avec la chaux, et lui donnait la propriété de durcir dans l'eau. J'ai dit que M. Vicat, ingénieur des ponts et chaussées, avait publié en 1818 un mémoire intéressant sur les mortiers hydrauliques, et qu'il a annoncé qu'en faisant recuire de la chaux grasse avec une certaine quantité d'argile, il avait obtenu de très bonne chaux hydraulique. J'ai dû dire aussi qu'à la même époque M. le docteur John, de Berlin, avait présenté à la société des sciences de la Hollande un mémoire qui a été couronné en 1818, et qui a été publié l'année suivante. Il y donne l'analyse de beaucoup de pierres à chaux communes et hydrauliques, ainsi que de beaucoup de mortiers anciens, et il y fait voir que la propriété hydraulique de la chaux est due à une portion d'argile qui se combine avec elle par l'effet de la calcination, et qu'il appelle le *ciment* de la chaux.

Le ministre de la guerre envoya le mémoire de M. Vicat dans les places où l'on exécutait quelques travaux, et il engagea à répéter les expériences qui étaient annoncées par cet ingénieur. On était alors occupé à Strasbourg à refaire les principales écluses et autres manœuvres d'eau de la place qui avaient été mal construites, et on se servait déjà des chaux hydrauliques d'Obernai. J'avais fait venir d'Andernach du trass que j'avais déjà eu occasion d'employer aux grands travaux de Vésel en 1806, 1807 et 1808, et dont j'avais été à même de reconnaître la bonté pour les constructions dans l'eau. Dans la construction des écluses de Strasbourg, nous faisions le mortier avec de la chaux hydraulique d'Obernai, du sable et du trass; mais cette dernière substance revenant à un prix élevé, j'avais commencé quelques essais pour la remplacer par des ciments lorsque le mémoire de M. Vicat nous fut envoyé. Je fis d'abord répéter les expériences annoncées dans cet ouvrage, par un officier du génie qui se servit d'une argile dont on fait les briques dans les environs de Strasbourg: il n'obtint aucun résultat satisfaisant. Un second officier fut chargé de recommencer l'expérience, et il ne fut pas plus heureux que le premier. Je la répétai alors moi-même, et je mis beaucoup de soin à faire le mélange de l'argile avec la chaux ; je fis recuire le tout, et j'obtins enfin un résultat, mais il était bien faible. Je recommençai encore en me servant de différentes autres terres argileuses plus grasses, et j'obtins des résultats beaucoup meilleurs. Ce sont les mortiers faits avec ces chaux hydrauliques artificielles que je vais présenter dans le tableau qui suit.

TABLEAU N° 9.

NUMÉROS des MORTIERS.	COMPOSITION DES MORTIERS.		NOMBRE de jours qu'ils ont mis à durcir dans l'eau.	POIDS qu'ils ont supporté avant de se rompre.
1	Chaux commune recuite avec $\frac{1}{16}$ de terre à brique, éteinte en poudre et mesurée *id.* . . . . 1 Sable. 2	5	28ᵉ	90ᵏ
2	Chaux *idem* recuite avec $\frac{1}{16}$ d'argile de Holsheim *idem*. . . . . 1 Sable. 2	5	3o	48
3	Chaux *idem* recuite avec $\frac{1}{12}$ d'argile de Holsheim *idem*. . . . . 1 Sable. 2	5	20	85
4	Chaux *idem* recuite avec $\frac{1}{14}$ d'argile de Holsheim *idem*. . . . . 1 Sable. 2	5	»	— 10
5	Chaux de marbre blanc recuite avec $\frac{1}{11}$ d'argile de Holsheim *idem*. . . . . 1 Sable. 2	5	55	25
6	Chaux *idem* recuite avec $\frac{1}{16}$ d'argile de Holsheim *idem*. . . . . 1 Sable. 2	5	27	79
7	Chaux *idem* recuite avec $\frac{1}{16}$ d'argile de Holsheim *idem*. . . . . 1 Sable. 2	5	36	59
8	Chaux commune recuite avec $\frac{1}{16}$ de terre à pipe, et mesurée en pâte. . . . . 1 Sable. 2	5	10	60
9	Chaux *idem* recuite avec $\frac{1}{16}$ d'argile de Holsheim *idem*. . . . . 1 Sable. 2	5	10	98
10	Chaux *idem* recuite avec $\frac{1}{16}$ d'ocre jaune *id.* 1 Sable. 2	5	15	41

Suite du Tableau n° 9.

NUMÉROS des MORTIERS.	COMPOSITION DES MORTIERS.		NOMBRE de jours qu'ils ont mis à durcir dans l'eau.	POIDS qu'ils ont supporté avant de se rompre.
11	Chaux *idem* recuite avec $\frac{1}{10}$ de sanguine *id.* 1 Sable. 2	} 3	251	20
12	Chaux *idem* recuite avec $\frac{1}{12}$ d'argile de Sufflenheim *idem* 1 Sable. 2	} 3	17	50
13	Chaux *idem* recuite avec $\frac{1}{10}$ d'argile de Francfort *idem*. 1 Sable. 2	} 3	17	55
14	Chaux *idem* recuite avec $\frac{1}{10}$ de terre à pipe, mais plus fortement calcinée que la chaux du n° 8 *idem*. 1 Sable. 2	} 3	16	85
15	Chaux *idem* recuite avec $\frac{1}{10}$ de terre à pipe *idem*. 1 Trass. 2	} 3	5	140
16	Chaux de marbre blanc recuite avec $\frac{1}{10}$ d'alumine *idem*. 1 Sable. 2	} 3	»	»
17	Chaux *idem* recuite avec $\frac{1}{10}$ d'alumine, et $\frac{1}{15}$ de sable blanc *idem*. 1 Sable. 2	} 3	»	»
18	Chaux *idem* recuite avec $\frac{1}{10}$ de sable blanc broyé fin *idem*. 1 Sable. 2	} 3	»	»
19	Chaux commune recuite avec $\frac{1}{10}$ de sable blanc broyé fin *idem*. 1 Sable. 2	} 3	21	23
20	Chaux *idem* recuite avec $\frac{1}{10}$ de sable ordinaire broyé fin *idem*. 1 Sable. 2	} 3	28	16
21	Chaux *idem* recuite avec $\frac{1}{10}$ de magnésie *id.* 1 Sable. 2	} 3	»	»
22	Chaux *idem* recuite avec diverses proportions d'oxide de manganèse *idem*. 1 Sable. 2	} 3	»	»
23	Chaux *idem* recuite avec diverses proportions de limaille de fer et d'oxide de ce métal à divers degrés *idem*. 1 Sable 2	} 3	»	»

Observations sur les expériences du Tableau n° 9.

Les chaux hydrauliques de ce tableau ont été fabriquées d'après le procédé indiqué par M. Vicat; on a eu soin de laisser détremper dans l'eau les argiles dont on s'est servi, et on a fait les mélanges lorsqu'elles étaient réduites à la consistance de sirop bien homogène. Si on ne faisait pas détremper les argiles, le mélange ne s'opérerait pas aussi bien avec la chaux. Le mélange de la chaux et des argiles a été fait en prenant une partie de chaux commune mesurée en pâte contre les proportions d'argile qui sont indiquées dans le tableau. Toutes ces chaux ont été recuites en les plaçant dans de grands creusets de Hesse, au milieu d'un four à chaux; il n'y a eu d'exception que pour celle du n° 14, qui, comme je le dirai plus bas, a été plus fortement calcinée que les autres chaux. Tous les mortiers ont été faits aussitôt que ces chaux hydrauliques artificielles sont sorties du four. Le dosage des sept premiers mortiers a été fait en prenant une partie de chaux en poudre contre deux parties de sable. Quelques essais m'ayant fait connaître que, dans ce dosage, il y avait trop de sable, celui des mortiers, depuis le n° 8 jusqu'au n° 23, a été fait en prenant une partie de chaux en pâte contre deux parties de sable.

Le n° 1 contient de la chaux commune recuite avec $\frac{1}{5}$ de terre à brique des environs de Strasbourg; cette terre ne m'a pas donné un bon résultat, ainsi qu'on le voit par la dernière colonne du tableau.

Les n°° 2, 3 et 4, ont eu pour objet de faire un essai avec l'argile tirée du village de Holsheim près Strasbourg. On a mêlé la chaux successivement avec 1, 2 et 3 dixièmes de cette terre; on voit que le meilleur résultat est le mélange qui avait $\frac{1}{5}$; le mélange où il y avait $\frac{3}{10}$ d'argile a produit un mortier qui n'a pas pu supporter le poids du plateau, et il se broyait facilement entre les doigts. L'argile de Holsheim est rougeâtre et grasse au toucher. Je donnerai plus bas sa composition.

Les n°° 5, 6 et 7, sont une répétition des trois expériences qui précèdent, avec cette différence que l'on a employé de la chaux provenant d'un marbre blanc au lieu de chaux commune du pays. La plus forte résistance que j'aie obtenue est en mélangeant cette chaux avec $\frac{1}{5}$ d'argile. Il est remarquable qu'avec $\frac{3}{10}$ d'argile j'aie obtenu un résultat passable, tandis que le n° 4, qui a la même proportion d'argile, et qui ne diffère du n° 7 que par la chaux, ne m'a donné qu'un très mauvais résultat. J'ignore à quoi cela peut tenir.

Le n° 8 a été fait avec de l'argile grasse et très blanche que l'on fait venir des environs de Cologne à Strasbourg pour faire des pipes. Cette argile a produit un résultat passable.

Le n° 9 est la répétition du n° 3; il n'y a de différence que dans le dosage du mortier. Le n° 3 a été dosé en prenant une partie de chaux réduite en poudre après sa seconde cuisson, contre deux parties de sable, tandis que pour le n° 9 on a pris une partie de chaux réduite en pâte après la seconde cuisson, contre deux parties de sable : ainsi ce mortier contient moins de sable que le n° 3, et il a donné un meilleur résultat. On a vu par les tableaux n°° 2 et 3 que les chaux hydrauliques naturelles des environs de Strasbourg ne comportent pas une grande quantité de sable, et je crois qu'en général les chaux hydrauliques en demandent moins qu'on ne le croit communément.

Le n° 10 a été fait avec l'ocre jaune que l'on vend dans le commerce, et le n° 11 avec la substance connue sous le nom de sanguine : on voit que les résultats ont été faibles, surtout pour le n° 11.

Le n° 12 a été fait avec de la terre de Sufflenheim dont on se sert pour faire des briques réfractaires très estimées dans le pays, et que l'on emploie pour la fonderie de canons à Strasbourg. Le n° 13 contient de l'argile qu'on fait venir des environs de Francfort à Strasbourg pour faire de l'alun, attendu qu'elle ne contient presque point de fer. Les résultats obtenus avec ces deux argiles ne sont pas bien satisfaisants.

Le n° 14 est confectionné de la même manière et avec les mêmes proportions que le n° 8; il n'en diffère qu'en ce que sa chaux avait été chauffée plus fortement. Le résultat a été meilleur. Il serait possible que chaque espèce d'argile exigeât un degré de cuisson différent; cela tient peut-être aussi à ce que l'argile et la chaux ne contiennent que peu de fer, qui paraît faciliter la vitrification.

La chaux du n° 15 a été calcinée comme celle du n° 8; mais au lieu de faire le mortier avec du sable, on l'a fait avec du tras : on voit qu'on a obtenu un résultat beaucoup supérieur.

Le n° 16 est fait avec $\frac{2}{7}$ d'alumine et de la chaux de marbre blanc. Je n'ai obtenu aucun résultat; le mortier n'avait aucune espèce de consistance.

Le n° 17, qui est fait avec de la chaux de marbre blanc et une argile factice composée de parties égales de silice broyée très fin et d'alumine, n'a pas produit de meilleur résultat. Le mauvais résultat du n° 16 m'avait d'abord porté à conclure que l'alumine seule n'avait point la propriété de rendre la chaux hydraulique; mais un mélange de sable siliceux et d'alumine n'ayant pas produit de meilleur résultat, quoiqu'il formant une argile factice, j'ai pensé que cela pouvait tenir à la circonstance suivante : l'alumine dont je me suis servi a été extraite d'une quantité d'alun que j'ai décomposé; cet alun avait été fabriqué avec de l'argile de Francfort, dont je donnerai plus bas l'analyse. Pour faire cet alun, on calcine l'argile avant de la dissoudre dans l'acide sulfurique. Il est possible que cette calcination ôte à l'alumine la propriété de se combiner avec la chaux par la voie sèche. On ne peut donc point conclure de l'expérience n° 16 que l'alumine n'a pas la propriété de rendre la chaux hydraulique; mais seulement que, quand elle a été calcinée, elle n'a pas cette propriété. Ce qui me fait penser que la calcination a enlevé à l'alumine la propriété de se combiner par la voie sèche avec la chaux, c'est que j'ai fait calciner une partie de chaux commune avec $\frac{2}{7}$ de pouzzolane, et je n'ai obtenu aucun résultat. Pour connaître si l'alumine a la propriété de rendre la chaux hydraulique, il faudrait se servir de cette substance sans qu'elle ait été calcinée, ni traitée par aucun acide. Il existe de l'alumine pure dans quelques contrées; mais elle est rare, et je n'en avais pas à ma disposition.

Les n⁰ˢ 18 et 19 sont des mélanges de chaux de marbre et de chaux commune avec du sable blanc et du sable ordinaire broyés très fin. Il est remarquable que j'aie obtenu un résultat avec la chaux commune, et que je n'en aie obtenu aucun avec la chaux de marbre. J'ignore à quoi on peut attribuer cette différence; elle provient peut-être de ce que la chaux commune dont je donnerai l'analyse plus bas contient de l'oxide rouge de fer qui faciliterait la combinaison de la chaux avec le sable blanc, qui est entièrement siliceux.

Le n° 20, fait avec de la chaux commune et du sable ordinaire qui est granitique et coloré par de l'oxide rouge de fer, a donné un résultat à peu près semblable au n° 19. Je regrette de n'avoir pas fait une quatrième expérience avec la chaux de marbre et le sable ordinaire, afin de constater davantage que l'oxide de fer facilite la combinaison des sables siliceux et granitiques avec la chaux, ainsi que cela paraît résulter de la comparaison des n⁰ˢ 18 et 19.

Le n° 21 a été fait pour connaître l'influence de la magnésie : celle que j'ai employée dans cette expérience avait été calcinée pour en dégager l'acide carbonique. On voit que je n'ai obtenu aucun résultat. J'ai répété l'expérience en me servant de carbonate de magnésie, afin d'éviter d'employer une substance ayant déjà éprouvé une calcination : la chaleur du four à chaux a dû chasser l'acide carbonique de magnésie, et celle-ci était libre de se combiner la chaux; cependant je n'ai obtenu aucun résultat.

Le n° 22 a été fait pour vérifier si l'oxide de manganèse donnait à la chaux quelque propriété. J'ai mélangé successivement une partie de chaux commune avec 1, 2 et 3 dixièmes d'oxide de manganèse, et j'ai fait calciner le tout : je n'ai pas remarqué que la chaux eût éprouvé le moindre changement. Il est bien étonnant que l'on ait cru pendant si long-temps que c'était à l'oxide de manganèse que les chaux hydrauliques devaient la propriété qu'elles ont de durcir dans l'eau : il eût suffi de mélanger de la chaux commune avec cet oxide métallique pour se convaincre que la chaux n'acquérait aucune propriété nouvelle.

Le n° 23 indique que j'ai fait diverses expériences avec du fer. J'ai pris une partie de chaux commune que j'ai mélangée successivement avec diverses proportions de limaille de fer sortant de chez le serrurier, et que j'ai réduites en poudre très fine; j'ai fait la même chose avec de l'oxide noir de fer, avec de l'oxide brun à divers degrés d'oxidation, enfin avec de la limaille d'acier; j'ai fait cuire ces divers mélanges au four à chaux, et j'en ai ensuite composé du mortier avec du sable : la chaux n'a acquis aucune propriété hydraulique; mais j'ai eu occasion de remarquer que l'oxide de fer avait cependant une action marquée sur la chaux. On sait que, si l'on prend de la chaux de marbre blanc, et qu'on y jette de l'eau à sa sortie du four, aussitôt elle entre en fusion, en répandant beaucoup de chaleur et de vapeur. En faisant les expériences ci-dessus avec le fer, j'ai remarqué que, plus il était oxidé, moins la chaux donnait de vapeur et de chaleur lorsqu'on y jetait de l'eau, et qu'elle n'entrait en fusion que quelque temps après avoir été mouillée; la chaux qui avait été calcinée avec 3 dixièmes d'oxide brun de fer ne donnait plus aucune vapeur; j'y ai placé un thermomètre de Réaumur; et au bout d'une demi-heure il ne s'est élevé que de 5 à 6 degrés. Les galets de Boulogne contiennent, comme je l'ai dit, une assez grande quantité de fer à l'état d'oxide brun : c'est sans doute ce qui fait que, lorsqu'on jette de l'eau sur les galets à leur sortie du four, ils ne donnent que peu de chaleur et point de vapeur, ils ne tombent point en poudre, et l'on est obligé de les réduire à cet état au moyen de pilons. La chaux commune de Strasbourg contient aussi une certaine quantité de fer à l'état d'oxide brun; la pierre à chaux a un aspect de rouille très prononcé dans plusieurs parties; lorsqu'elle est calcinée et qu'on y jette de l'eau, elle reste quelque temps avant d'entrer en fusion.

Une grande partie des argiles employées dans le tableau ci-dessus a été analysée à l'école des mines par les soins de M. Berthier. Je vais en conséquence indiquer les substances qu'elles contiennent, et donner l'analyse de la pierre à chaux commune des environs de Strasbourg. Cette pierre contient les substances suivantes, savoir : carbonate de chaux, 0,964; oxide de fer, 0,020; eau et perte, 0,016. On voit qu'après la calcination, qui fait évaporer l'acide carbonique et l'eau, ce qu'on a employé est de la chaux mêlée d'environ 2 centièmes d'oxide de fer.

Voici l'analyse faite par M. Berthier des différentes argiles que j'ai employées :

	ARGILES de					
	Holzheim.	Vissembourg.	Francfort.	Cologne.	Geffleuheim.	Kolbsheim.
Silice.	0,430	0,687	0,500	0,670	0,724	0,442
Sable quartzeux mélangé.	0,365	0,015	»	»	»	0,010
Alumine.	0,095	0,182	0,327	0,240	0,118	0,112
Magnésie	0,014	0,006	0,015	0,012	0,020	0,020
Oxide de fer	0,030	0,016	trace	0,012	0,048	0,048
Chaux	»	»	»	»	»	0,164
Eau (1)	0,056	0,092	0,160	0,066	0,078	0,202
	0,990	0,998	1,002	1,000	0,988	0,998

J'ai employé dans mes expériences deux espèces de sable. Celui que j'ai désigné sous le nom de sable blanc est entièrement siliceux, et l'on s'en sert pour faire les cristaux à la manufacture de Saint-Louis dans les Vosges; il est fin et très blanc.

____

(1) Le nombre 0,202 comprend acide carbonique et eau.

Le sable qui n'a point de désignation dans les tableaux, ou que j'ai appelé quelquefois sable ordinaire, pour le distinguer du sable blanc, est celui qui est ordinairement employé dans la place de Strasbourg ; il se tire d'une plaine située au sud-est de la place, entre le Rhin et l'Ill. Ce sable est assez fin ; il est mélangé de petits graviers et est très peu terreux ; il est très coloré en rouge par l'oxide de fer. Ce sable est en grande partie granitique, mêlé d'un peu de silice.

Les expériences ci-dessus, faites avec le fer et l'oxide de manganèse, confirment l'opinion où l'on était déjà depuis long-temps que ces deux métaux ne donnent à la chaux aucune propriété hydraulique. Ces résultats ont été publiés en 1822, ainsi que celui concernant la silice. A la même époque, M. Berthier a publié dans le tome 7 des *Annales des Mines* plusieurs expériences intéressantes dont je vais rendre compte. Cet ingénieur a reconnu, comme moi, que le fer et l'oxide de manganèse ne donnent à la chaux aucune propriété hydraulique.

Il dit ensuite : « Divers mélanges de craie et de sable ordinaire ayant été cuits
« dans un four à chaux, l'on n'a obtenu que des chaux maigres non hydrauliques,
« et l'on a reconnu que la vingtième partie seulement du sable avait été attaquée et
« rendue soluble par les alcalis.

« En substituant le sable d'Aumont, préparé pour la manufacture de porcelaine
« de Sèvres, c'est-à-dire réduit en farine sous des meules, au sable ordinaire, la
« combinaison s'est mieux faite ; mais toute la matière siliceuse n'a pas encore été
« attaquée, et il en est resté environ le tiers, qui n'a pas pu se dissoudre dans les
« alcalis. On a ensuite calciné pendant une heure, dans un creuset de platine, à la
« température d'environ 50° pyrométriques, un mélange de 10 grammes de craie
« et de 1,5 de silice gélatineuse, c'est-à-dire de la silice séparée de sa dissolution
« dans les alcalis par les acides. La matière s'est éteinte avec une chaleur assez forte
« et en se gonflant légèrement ; elle a formé une pâte consistante avec l'eau, et au
« bout de deux mois d'immersion cette pâte avait acquis assez de fermeté pour ré-
« sister à l'impression du doigt.

« On a calciné au creuset de platine 10 grammes de craie avec des quantités
« d'hydrate d'alumine correspondantes à 1ᵍ,942 d'alumine dans une expérience, et
« à 2ᵍ,36 dans une autre expérience : les deux mélanges se sont éteints promp-
« tement avec une chaleur très forte, et ils ont éprouvé un gonflement considé-
« rable. On en a fait des pâtes molles, que l'on a mises sous l'eau ; mais au bout de
« deux mois elles n'avaient pas pris la moindre consistance.

« Dix grammes de carbonate magnésien de Paris et 2 grammes de silice gélati-
« neuse ont donné une chaux qui s'est éteinte avec une faible chaleur et un léger
« gonflement, et qui au bout de très peu de temps d'immersion est devenue plus
« dure que la meilleure chaux hydraulique artificielle. Cette chaux devait être
« composée de : chaux, 0,560 ; magnésie, 0,166 ; silice, 0,274.

« Un essai fait en grand avec 4 parties de craie et 1 partie de kaolin de Limoges

« porte à croire qu'il serait avantageux que la quantité d'alumine égalàt la quantité
« de silice. Cette chaux, qui devait être composée de chaux : 0,745, alumine 0,125,
« et silice 0,130 , a pris, très peu de temps après son immersion, une consistance
« plus forte que celle de la chaux artificielle préparée avec 4 parties de craie et
« une partie d'argile de Passy.

« Une chaux préparée en grand avec 4 parties de craie et 1 partie d'ocre jaune
« (en volume), et qui devait contenir : chaux, 0,745; alumine, 0,055; oxide de fer,
« 0,070; silice, 0,130, n'a pris qu'une très faible consistance, même long-temps après
« avoir été immergée. On ne peut pas s'empêcher d'attribuer à l'oxide de fer la mau-
« vaise qualité de cette chaux , puisque avec une quantité d'argile égale à la quan-
« tité d'ocre employée on obtient constamment une chaux éminemment hy-
« draulique.

« On a calciné au creuset de platine 10 grammes de craie , 2,5 de carbonate de
« manganèse et 2,5 de silice gélatineuse. La matière était violacée ; elle s'est éteinte
« avec chaleur. On en a fait une pâte molle , qu'on a placée sous l'eau : au bout de
« deux mois elle n'avait pris aucune consistance, tandis que la craie et la silice seules
« auraient donné une chaux qui se serait promptement durcie. »

M. Berthier pense qu'aucun mélange dont la silice ne fait pas partie ne peut acquérir les propriétés hydrauliques : cela paraît bien probable ; mais , pour pouvoir
l'affirmer positivement, il faudrait faire chauffer des mélanges de chaux et d'alumine ou de magnésie qui n'eussent pas déjà éprouvé une première calcination.
M. Berthier ne dit pas si l'alumine qu'il a mélangée avec sa chaux provient de la décomposition de l'alun , ou si c'est de l'alumine naturelle. Dans le premier cas, il est
probable qu'elle avait déjà éprouvé une première calcination , et alors il n'est pas
étonnant qu'il n'ait obtenu aucun résultat.

M. Berthier conclut de l'expérience qu'il a faite avec 4 parties de craie et 1
partie d'ocre que l'oxide de fer a nui au résultat. L'oxide de fer n'y entre cependant que pour la faible quantité de 0,070; et d'après l'analyse qu'il a donnée de la
pierre anglaise , cette substance y entre pour 0,086, et dans les galets de Boulogne
pour 0,150, ce qui est une quantité plus que double, et cependant ces deux chaux
sont très hydrauliques. On est forcé de convenir qu'il reste encore bien des choses
à expliquer dans les chaux hydrauliques.

On voit que les expériences de M. Berthier et les miennes s'accordent pour le
durcissement. Ce savant professeur n'a point soumis ses mortiers à la pression pour
connaître leur tenacité ; il est probable qu'il aurait obtenu des résultats analogues
aux miens. Je n'ai point fait d'expériences en combinant , ainsi que l'a fait M. Berthier, le carbonate de magnésie avec la silice ; ce qui a produit une chaux qui prend
très promptement. Il serait à désirer qu'on répétât cette expérience , en soumettant
ensuite les mortiers à une pression pour connaître leur tenacité.

Une partie des expériences qui précèdent ayant été imprimées en 1824 dans une petite brochure qui a été envoyée dans les places, et insérée dans le 7ᵉ numéro du *Mémorial de l'officier du génie*, M. Vicat a publié dans le *Bulletin des sciences* de 1825, et dans les *Annales des mines*, tome x, 3ᵉ livraison, page 501, quelques observations sur les résultats que j'ai présentés. Je me propose de répondre aux observations de M. Vicat à mesure que l'occasion s'en présentera. Cet ingénieur commence ses remarques de la manière suivante : « Pour proscrire les chaux hy-« drauliques, M. Treussart ne s'appuie que sur des expériences qui ne paraissent « pas concluantes; dans les mélanges qu'il a faits, tantôt il n'a pas employé l'argile « dans la proportion convenable, et tantôt il s'est servi d'une argile trop alumi-« neuse ou chargée d'une grande quantité d'oxide de fer, et tantôt enfin il a em-« ployé du quartz pilé très fin, comme si le degré de finesse que l'on obtient par « une simple trituration pouvait se comparer à celui de la silice contenue dans une « argile. »

J'ignore ce qui a pu porter M. Vicat à me faire dire que je proscrivais les chaux hydrauliques; voici les expressions qui terminent la brochure dont il est question : « On voit par ce qui précède que l'idée principale de l'auteur (M. Treussart) est « qu'il y aurait beaucoup plus d'avantage à faire *directement* des mortiers hydrau-« liques avec de la chaux commune et des trass ou de la pouzzolane factice que de « chercher à faire d'abord de la chaux hydraulique pour en composer ensuite les « mortiers avec les sables ordinaires. » Cela est bien différent de ce que M. Vicat m'a fait dire. Il y a plus de vingt-cinq ans que j'ai été à même d'apprécier le bon effet des chaux hydrauliques, tant pour les constructions dans l'eau que pour celles à l'air: je les ai employées toutes les fois que j'ai pu m'en procurer; pendant les neuf années que j'ai été à Strasbourg, on a fait pour plus d'un million de maçonne-ries avec de la chaux hydraulique, tant pour les travaux dans l'eau que pour ceux à l'air: j'ai donc employé ces chaux depuis bien long-temps, et je crois que peu d'ingénieurs en ont employé plus que moi; ce serait de ma part une singulière ma-nière de les proscrire. J'ai dû faire voir les précautions que l'on devait prendre en les employant pour ne point être exposé à faire de très mauvais mortiers avec de très bonnes chaux; j'ai dû dire que mes expériences m'ont conduit à penser que, dans les endroits où l'on ne trouvait point de bonnes chaux hydrauliques naturelles, il était préférable, tant sous le rapport de la bonté des mortiers que sous celui de l'économie, de faire directement du mortier hydraulique en employant de la chaux commune et des trass factices, au lieu de chercher à faire de la chaux hydraulique artificielle, pour en composer ensuite les mortiers avec des sables ordinaires ; la suite de mes expériences ne laissera aucun doute à cet égard. Quant aux reproches que M. Vicat me fait d'avoir employé des argiles qui n'étaient pas convenables, je répondrai que l'on se trouve obligé d'employer celles qui se trouvent sur les lieux. J'ai fait différents essais avec les terres argileuses des environs de Strasbourg; et je n'ai pas pu faire autrement. M. Vicat a dit, à la page 7 de son mémoire, que sa méthode consiste « à pétrir la chaux à l'aide d'un peu d'eau, avec une certaine « quantité d'argile grise ou brune, ou simplement avec de la terre à brique. » Il n'a donné aucune autre indication sur la nature des argiles qu'on devait employer. Les expériences que je viens de présenter dans le tableau n° 9 prouvent qu'il n'est pas indifférent d'employer telle ou telle espèce d'argile, attendu que les résultats ne sont pas à beaucoup près les mêmes avec toutes. On ne connaît pas encore bien les proportions que doit avoir une argile pour donner le meilleur résultat. Je n'ai pas compris le reproche d'avoir essayé du sable siliceux broyé très fin. Je sais très bien qu'on ne peut pas comparer nos procédés mécaniques à ceux de la nature ; mais ayant vu que M. Descotils et M. Vitalis donnaient deux analyses différentes pour la chaux de Senonches, j'ai voulu savoir si le sable siliceux très fin donnait un résultat hydraulique : si cela avait eu lieu, j'aurais conclu, quelque faible qu'il eût été, que les pierres à chaux qui ne sont mélangées que de silice pouvaient donner de bonnes chaux hydrauliques. L'objection que M. Vicat m'a faite ne l'a pas empêché d'employer, pour mélanger de l'argile avec de la chaux, un moyen mécanique dont le résultat sans doute ne peut pas se comparer au mélange qui existe dans les pierres à chaux hydrauliques naturelles, et il a eu raison, puisqu'on réussit avec certaines argiles.

Lorsque j'ai vu que les argiles des environs de Strasbourg ne me donnaient que des résultats de beaucoup inférieurs à ceux que j'obtenais avec du mortier fait avec de la chaux commune et de la pouzzolane factice, j'ai prié M. le chef de bataillon du génie Augoyat, qui résidait à Paris, de m'envoyer un peu de chaux hydraulique fabriquée à Paris par M. de Saint-Léger, d'après le procédé de M. Vicat. Elle m'a été expédiée immédiatement après sa sortie du four ; une partie était en pierre, l'autre avait été concassée en petits morceaux, et mise dans une bouteille qui a été bien cachetée. J'ai fait avec cette chaux, aussitôt son arrivée à Strasbourg, des expériences semblables à celles que j'avais faites avec les chaux hydrauliques naturelles et artificielles. Le tableau suivant contient le résultat de ces nouvelles expériences.

TABLEAU.

TABLEAU N° 10.

Numéro des mortiers	COMPOSITION DES MORTIERS.	fait immédiatement		au bout de 1 mois.		au bout de 4 mois.	
		D. (jours)	P. (kil.)	D. (jours)	P. (kil.)	D. (jours)	P. (kil.)
1	Chaux hydraulique de Paris, éteinte en poudre et mesurée *idem*........ 1 Sable..................... 2 } 3	12	85	15	40	»	»
2	Même mortier......................	14	100	»	»	»	»
3	Même mortier......................	16	112	»	»	»	»
4	Chaux *idem* éteinte à l'air et mesurée en poudre............... 1 Sable.. .... 2 } 3	»	»	20	25	»	»
5	Chaux *idem* mesurée en pâte...... 1 Sable..................... 2 } 3	15	115	25	45	50	40
6	Chaux *idem*................... 1 Sable..................... 2¼ } 3½	18	108	»	»	»	»
7	Chaux *idem*................... 1 Sable..................... 2½ } 3½	20	95	»	»	»	»
8	Chaux *idem* mesurée *idem*....... 1 Sable..................... 2 } 3	15	110	»	»	»	»
9	Chaux *idem*................... 1 Sable..................... 2¼ } 3½	18	100	»	»	»	»
10	Chaux *idem*................... 1 Sable..................... 2¼ } 3½	18	85	25	40	»	»
11	Chaux du n° 5 éteinte à l'air et mesurée en pâte................. 1 Sable.................. 2 } 3	»	»	50	40	»	»
12	Chaux du n° 5 éteinte en poudre et mesurée en pâte............. 1 Sable.................. 1 Trass.................. 1 } 3	»	»	»	»	6	155

Observations sur les expériences du Tableau n° 10.

Tous les mortiers ci-dessus ont été faits de la même manière que ceux des tableaux précédents, c'est-à-dire qu'excepté pour les mortiers dont on a laissé la chaux s'éteindre d'elle-même à l'air, on a éteint la chaux en poudre sèche avec le cinquième de son volume d'eau, soit qu'on l'ait employée immédiatement, soit qu'on l'ait conservée jusqu'aux époques indiquées par le tableau. Lorsque les mortiers ont été faits, on les a mis dans les caisses, et on les a laissés reposer à l'air pendant douze heures comme les autres; après cela on les a mis dans l'eau, et au bout d'un an on les a soumis à l'épreuve de la pression.

Les quatre premiers numéros ont été faits au mois d'avril 1823. Le n° 1ᵉʳ est dosé d'une partie de chaux éteinte en poudre contre deux parties de sable; j'en ai fait un mortier immédiatement après l'extinction de la chaux, et je l'ai mis dans l'eau douze heures après sa fabrication: on voit que ce mortier a durci en douze jours, et qu'il s'est rompu sous le poids de 85 kilogrammes. J'avais laissé à l'air le reste de la chaux en poudre, et au bout d'un mois j'en ai fait du mortier de la même manière que pour le premier. On voit que le durcissement a demandé quinze jours, et que ce mortier n'a plus supporté que 40 kilogrammes. Le n° 2 est une répétition de l'expérience n° 1ᵉʳ; elle a été faite avec un autre morceau de chaux en pierre; ce morceau paraît être de meilleure qualité que le premier, puisque ces deux mortiers ont été faits de la même manière, et que le second résultat est sensiblement meilleur.

Ces deux premiers numéros ont été composés avec de la chaux envoyée en pierre sans qu'elle fût préservée du contact de l'air; le n° 3 est encore dosé dans les mêmes proportions, mais il a été fait avec de la chaux concassée envoyée dans une bouteille bien cachetée; ce numéro m'a donné un résultat meilleur que ceux qui précèdent, et je l'attribue à ce que cette chaux s'est trouvée privée du contact de l'air. Il peut s'être passé six à huit jours entre le moment où cette chaux a été tirée du four et celui où l'expérience a été faite. Le n° 4 a été fait avec un morceau de la pierre à chaux dont on avait composé le n° 1ᵉʳ; on a laissé ce morceau de chaux s'éteindre de lui-même à l'air, et au bout d'un mois j'en ai fait du mortier en prenant une partie de cette chaux en poudre contre deux parties de sable. On voit que le durcissement a exigé vingt jours, et que le mortier s'est rompu sous le faible poids de 25 kilogrammes. La chaux du n° 1ᵉʳ, qui avait été éteinte en poudre avec de l'eau, a donné un meilleur résultat au bout du même temps.

Les quatre premiers numéros ont été dosés comme on le voit avec une partie de chaux éteinte en poudre contre deux parties de sable; mais peu de temps après les avoir terminées, j'eus occasion de reconnaître que les chaux hydrauliques ne comportaient pas autant de sable qu'on le croyait communément, ainsi que je l'ai dit plus haut: j'ai en conséquence prié M. Augoyat de m'envoyer de nouvelle chaux hydraulique artificielle de la même fabrique de M. de Saint-Léger. Cette chaux m'a été expédiée comme la première, partie en pierre dans une caisse, et partie concassée et mise dans des bouteilles bien bouchées et cachetées. Cet envoi a eu lieu au mois de mai 1824, et c'est avec cette chaux que j'ai fait toutes les expériences du tableau ci-dessus, qui suivent le n° 4, en prenant pour le dosage une partie de chaux mesurée en pâte contre les parties de sable qui sont indiquées au tableau. Le mortier du n° 5, étant fait avec de la chaux mesurée en pâte, contient beaucoup moins de sable que le mortier n° 1er, dans lequel la chaux est mesurée en poudre. Les n°s 5, 6 et 7 ont été faites avec la chaux qui était venue en bouteille. Le but de ces trois expériences est de connaître la quantité de sable que cette chaux peut comporter. On voit que le mortier fait avec une partie de chaux en pâte contre deux parties de sable est le dosage qui m'a présenté le meilleur résultat. Comme je n'ai point fait d'expériences en mettant moins de sable, j'ignore si ce sont les proportions les plus convenables. Je m'étais attendu que le meilleur résultat se trouverait entre deux parties de sable et deux parties et demie, parce que je partageais l'erreur commune qu'il valait mieux pécher par excès que par défaut de sable. En faisant le n° 5, j'avais éteint une certaine quantité de chaux en poudre sèche, en y versant ¼ de son volume d'eau, et j'en laissai une portion exposée à l'air comme je l'avais fait avec les chaux hydrauliques naturelles des environs de Strasbourg; au bout d'un et deux mois, j'en fabriquai de nouveaux mortiers dosés comme celui qui avait été fait immédiatement. On voit qu'au bout d'un mois, ce mortier avait déjà perdu près des ¾ de sa résistance, et qu'au bout de deux mois elle a été encore moins grande; on voit aussi que le durcissement a été beaucoup plus lent.

Les n°s 8, 9 et 10 sont une répétition des n°s 5, 6 et 7, à cela près que les derniers mortiers ont été faits avec la chaux envoyée dans une caisse, tandis que les n°s 5, 6 et 7 avaient été faits, comme je l'ai dit, avec celle envoyée en bouteille. Le meilleur résultat est encore celui du mortier qui a une partie de chaux en pâte contre deux parties de sable. Si l'on compare les mortiers de ces six expériences, qui ont les mêmes dosages, on voit que les mortiers dont la chaux est venue en bouteille ont toujours donné un résultat meilleur que ceux dont la chaux m'est parvenue sans avoir été garantie du contact de l'air. Il ne s'est cependant passé qu'environ six jours entre le moment où cette chaux est sortie du four et celui où les expériences ont été faites. J'ai déjà fait remarquer que le n° 3, dont la chaux est également venue en bouteille, a donné un meilleur résultat que le n° 2, dont la chaux m'est arrivée étant en contact avec l'air : on voit donc que cette chaux hydraulique artificielle perd promptement une partie de ses propriétés hydrauliques par son exposition à l'air, ainsi que cela a lieu pour les chaux hydrauliques naturelles de l'Alsace.

Le n° 11 est une expérience faite avec la même chaux dont on a fait le n° 5 ; mais, au lieu de l'éteindre en poudre avec ¼ de son volume d'eau, on a laissé cette chaux s'éteindre d'elle-même à l'air pendant un mois. Au bout de ce temps, elle s'était réduite en poudre, et je l'ai alors amenée à l'état de pâte en y ajoutant un peu d'eau afin de faire le dosage comme pour les autres expériences. Le tableau fait voir que le durcissement a demandé trente jours, et que le mortier s'est rompu sous le poids de 40 kilogrammes, tandis que le mortier n° 5, fait avec le même morceau de chaux, mais immédiatement, a durci dans l'espace de quinze jours, et a supporté un poids de 115 kilogrammes avant de se rompre. La comparaison des

nᵒˢ 5 et 10 fait aussi voir qu'au bout d'un mois la chaux qui a été éteinte en poudre
sèche a un peu moins perdu de sa qualité que celle dont la chaux s'est éteinte d'elle-
même à l'air. J'ajouterai que, lorsqu'on m'a envoyé en 1823 la chaux dont j'ai fait
les trois premières expériences, on m'avait envoyé en même temps un peu de chaux
qui s'était réduite d'elle-même en poudre. Je l'ai laissée dans cet état pendant deux
mois, et je présume qu'elle avait alors environ trois mois d'exposition à l'air; j'ai
fait un mortier avec cette chaux en prenant une partie de chaux en poudre contre
deux parties de sable : le mortier qui en est résulté n'a pas pu, au bout d'un an
d'immersion dans l'eau, supporter le poids du plateau, qui était de 10 kilogrammes.

Le numéro 12, qui contient du trass, a été fait avec la même chaux du nᵒ 5 éteinte
en poudre sèche depuis deux mois. On voit que le nᵒ 5, qui a été fait avec une
partie de cette chaux mesurée en pâte contre deux parties de sable, a mis trente
jours à durcir, et s'est rompu sous le faible poids de 40 kilogrammes, tandis que le
nᵒ 12 a durci dans l'espace de six jours, et a supporté 135 kilogrammes avant de
se rompre. On voit donc que le trass a la même influence sur les chaux hydrauliques
artificielles que sur les chaux hydrauliques naturelles, et qu'il leur rend la propriété qu'elles ont perdue par une trop longue exposition à l'air. Je rapporterai en
passant que, l'an dernier, je fus à la maison de campagne d'un des banquiers de la
capitale; il existait une source dans son jardin, et il avait voulu en former une
pièce d'eau. La source étant faible, on fit un bétonage dans le fond du bassin, et on
l'entoura d'un mur. Le tout fut fait avec la chaux hydraulique artificielle de M. de
Saint-Léger. Cependant le bassin, achevé depuis environ une année, laissait
filtrer beaucoup d'eau; j'examinai le mortier, et je trouvai qu'il avait une bien
faible consistance; je questionnai l'architecte sur la manière dont il avait traité
cette chaux, et il me dit qu'il l'avait fait venir en assez grande quantité à la fois, et
qu'il l'avait déposée dans un endroit à couvert de la pluie; que tantôt il l'avait
mise en œuvre immédiatement après sa réception, et tantôt après qu'elle était
tombée d'elle-même en poudre. Cette explication me fit voir que le mal venait de
ce que cette chaux avait été employée trop long-temps après sa calcination et
lorsqu'elle avait déjà perdu une grande partie de ses propriétés hydrauliques.

M. Vicat paraît n'avoir pas observé les mauvais résultats que l'on obtient avec les
chaux hydrauliques qui ont été exposées pendant quelque temps à l'air, soit qu'elles
aient été éteintes en poudre avec de l'eau, soit qu'on les ait laissées s'éteindre d'elle-
même; il paraît même pencher pour le procédé d'extinction à l'air, car, après
avoir donné les trois procédés d'extinction, il dit, page 20 : « Telles sont les trois
« manières d'éteindre la chaux : la première est généralement usitée; la seconde
« n'a guère été employée que par forme d'essai sur divers travaux; la troisième
« est proscrite et représentée dans tous les traités de construction comme privant la
« chaux de toute énergie, tellement qu'on regarde comme perdue celle que l'air a
« éventée au point de la réduire tout-à-fait en poussière. Nous ne parlerons pas dans

64

« ce moment des procédés de MM. Rondelet, Fleuret et autres, parce qu'ils ne
« diffèrent pas assez de ceux que nous venons de décrire pour en être séparés.
« Nous verrons plus tard, relativement à l'extinction spontanée, combien il faut
« se défier de ces assertions banales, nées de fausses observations, et accréditées
« par des auteurs qui, ne sachant douter de rien, répètent sans examen les erreurs
« d'autrui.

A la page 25, M. Vicat dit encore : « Les trois procédés d'extinction rangés
« par ordre de supériorité relativement à la résistance et à la dureté qu'ils commu-
« niquent aux hydrates de chaux communes grasses sont :

« 1° L'extinction ordinaire; 2° l'extinction spontanée; 3° l'extinction par im-
« mersion. Les résistances relatives moyennes, dans ces trois cas, sont comme les
« nombres 2490, 1707, 450, et les duretés comme $0^d,1696$, $0^d,0850$, $0^d,0713$.

« 2° L'ordre change pour les chaux hydrauliques et devient : 1° l'extinction ordi-
« naire; 2° l'extinction par immersion; 3° et l'extinction spontanée.

« Les résistances moyennes relatives sont comme les nombres 864, 392, 245,
« et les duretés comme $0^d,0488$, $0^d,0446$, $0^d,0358$. »

Les expériences ci-dessus de M. Vicat sont faites sur des hydrates de chaux,
c'est-à-dire sur des chaux réduites en pâte avec de l'eau. On voit que l'extinction
ordinaire a donné de meilleurs résultats que l'extinction spontanée, tant pour les
chaux grasses que pour les chaux hydrauliques. Dans son tableau n° 18, qui renferme huit mortiers faits avec diverses chaux hydrauliques et du sable, les cinq
premiers ont présenté des résistances plus grandes lorsque les chaux ont été éteintes
par le procédé ordinaire au lieu de l'être par l'extinction spontanée. Les mortiers
à chaux grasse et sable présentés dans ses tableaux n°ˢ 19, 20 et 21 ont donné, il est
vrai, de meilleurs résultats lorsque ces chaux ont été éteintes spontanément; mais
pour les chaux hydrauliques il a trouvé lui-même des résultats tout-à-fait différents,
puisque le mortier n° 5 du tableau n° 18 a offert une résistance représentée par
4102, lorsque la chaux a été éteinte par le procédé ordinaire, tandis qu'elle n'a
été que de 3082, lorsque la chaux a été éteinte spontanément. Les expériences de
M. Vicat sont donc loin de faire rejeter l'ancien *dicton* des maçons sur les mauvais résultats que l'on obtient avec les chaux éventées, et on ne voit pas ce qui a pu
le porter à traiter ce *dicton* d'assertions banales nées de fausses observations. Cette
ancienne remarque me paraît très fondée pour un grand nombre de chaux hydrauliques. M. Vicat, en présentant ses expériences, n'a point dit pendant combien
de temps il avait laissé à l'air les chaux dont il a fait l'extinction par le second et
le troisième procédés. S'il avait fait des expériences comparatives, il aurait trouvé
des résultats très variables, suivant que les chaux hydrauliques employées eussent
plus ou moins long-temps subi l'influence de l'air.

Tout ce qui précède prouve que les chaux hydrauliques, tant naturelles qu'artificielles, que j'ai traitées, ont beaucoup perdu de leur propriété hydraulique lors-

qu'elles n'ont pas été employées peu après leur calcination. Un seul morceau de chaux, dont on a fait les expériences du tableau n° 6, a donné au bout de quinze jours d'extinction un résultat meilleur que le mortier fait immédiatement après ; mais on voit que la résistance des mortiers faits à des époques plus éloignées de l'extinction a diminué bien rapidement : on peut donc dire de toutes les chaux hydrauliques que j'ai traitées ci-dessus qu'il faut en faire des mortiers peu de temps après leur sortie du four, car je me suis assuré que la même détérioration avait lieu pour les chaux de Bouxviller, Oberbronn, Verdt, etc., mais je n'ai point fait d'expériences aussi détaillées que pour la chaux d'Obernai. Enfin tout me porte à croire que la plupart des chaux hydrauliques sont dans ce cas. Il est donc bien important, avant de les employer, de s'assurer si elles ne perdent pas promptement, par leur exposition à l'air, une grande partie de leurs propriétés hydrauliques (1).

La chaux hydraulique artificielle que M. de Saint-Léger fait fabriquer à Meudon pour les besoins de la capitale est faite avec de la craie que l'on mélange avec $\frac{3}{4}$ d'argile tirée de Vanvres, près Paris. Cette argile contient les substances suivantes : silice, 0,630 ; alumine, 0,282 ; oxide de fer, 0,068. Le mètre cube de cette chaux revient à Paris à la somme de 70 à 74 francs. Si on l'examine, on remarque de petites portions d'argile qui n'ont pas été bien mélangées. C'est un résultat inévitable : car on ne peut, par une opération mécanique, obtenir un mélange aussi intime que celui qui existe dans les pierres à chaux hydrauliques naturelles. Malgré cela, les résultats que j'ai obtenus avec cette chaux sont un peu supérieurs à ceux que j'ai eus avec l'argile de Holsheim, dont les résistances ont varié depuis 85 jusqu'à 98, tandis qu'avec la chaux hydraulique de Paris j'ai obtenu depuis 85 jusqu'à 115. Cela peut tenir à ce que les morceaux de chaux qu'on m'a envoyés ont été choisis. J'ai fait d'ailleurs trop peu d'expériences avec l'argile de Holsheim pour pouvoir affirmer qu'elle soit réellement inférieure à celle des environs de Paris pour fabriquer de la chaux hydraulique artificielle.

M. le capitaine du génie Petitot m'a envoyé de Vitry-le-Français un peu de chaux hydraulique des environs de cette place, dont il avait fait l'essai, et qu'il m'a annoncé comme donnant de bons résultats. Cette chaux provient d'une craie ; elle est très blanche ; lorsqu'on l'arrose à sa sortie du four, elle reste environ cinq minutes avant de commencer à entrer en fusion. Une partie de cette chaux mesurée vive en donne 1.30 lorsqu'elle est réduite en pâte. Je ne connais point le degré de résistance des mortiers faits avec cette chaux ; mais j'ai fait avec elle l'expérience

---

(1) On voit par là combien on doit prendre de précautions avec les chaux hydrauliques. On fait venir par exemple d'Angleterre du ciment Parker qui a été cuit et pulvérisé ; cette chaux peut être très bonne en Angleterre et avoir perdu une grande partie de ses propriétés en arrivant en France. Il faudrait donc en faire l'essai avant de l'employer.

suivante : j'en ai pris une portion qui m'a été envoyée, à sa sortie du four, dans un vase bien bouché ; je l'ai réduite en pâte avec de l'eau, et je l'ai mise dans un vase ; je l'ai laissée reposer à l'air pendant une heure, et au bout de ce temps je l'ai plongée dans l'eau : elle a pris une bonne consistance en très peu de temps, et au bout de quatre jours elle était très dur. Cette chaux durcit donc plus promptement que toutes les chaux hydrauliques d'Alsace et de Metz, ainsi que toutes les chaux hydrauliques artificielles que j'ai examinées. Il n'y a d'exception que pour la chaux d'Obernai, qui se trouve dans le tableau n° 6. Les galets de Boulogne m'ont aussi donné un durcissement plus prompt ; mais il est remarquable que les mortiers qui ont durci promptement ont présenté une faible résistance, tandis que ceux qui ont mis plus de temps à durcir en ont offert une plus grande. La chaux de Vitry m'a paru durcir à la manière des bonnes chaux hydrauliques, et tout me porte à croire qu'on doit obtenir avec elle de très bons mortiers. Cette chaux ne coûte dans le pays que de 25 à 30 francs le mètre cube, tandis qu'on a vu ci-dessus que la chaux de Meudon revient de 70 à 74 francs. Ce serait donc une bonne spéculation de faire venir de Vitry la chaux hydraulique qui est nécessaire pour la consommation de la capitale. La rivière de la Marne, qui est navigable jusqu'à Vitry, donnerait beaucoup de facilité pour faire arriver cette chaux à Paris. Comme le bois est rare dans les environs de Vitry, qu'on ne s'y procure la houille que difficilement, et qu'il y a souvent des inconvénients à ne point employer des chaux hydrauliques peu de temps après leur calcination, il serait peut-être plus avantageux de faire venir à Paris la craie dont on fait cette chaux, et de la calciner avec de la houille au fur et à mesure des besoins ; on profiterait de la saison favorable pour faire un approvisionnement de cette craie.

Les expériences que j'ai faites sur les galets de Boulogne m'ayant porté à penser que la soude pouvait jouer un rôle dans cette chaux ; j'ai fait différentes expériences en faisant recuire de la chaux commune avec un peu d'argile, et en y ajoutant un peu d'eau chargée de soude et de potasse. Je vais donner les résultats que j'ai obtenus.

TABLEAU.

TABLEAU N° 11.

Numéro des mortiers.	COMPOSITION DES MORTIERS.		CHAUX			
			cuites à l'ordinaire.		plus forte-ment cuites.	
			D.	P.	D.	P.
			jours	kil.	jours	kil.
1	Chaux commune, réduite avec $\frac{1}{12}$ de terre à pipe, et mesurée en pâte . . . . 1 } 3 Sable . . . . 2 }		8	60	15	85
2	Chaux *idem*, recuite avec $\frac{2}{12}$ de terre à pipe et $\frac{1}{12}$ d'eau de soude à 5° et mesurée *idem* . . . . . . 1 } 3 Sable . . . . 2 }		8	80	20	95
3	Chaux *idem*, recuite avec $\frac{1}{12}$ de terre à pipe et $\frac{1}{8}$ d'eau de soude à 5° et mesurée *idem*. . . . . . . 1 } 3 Sable . . . . 2 }		8	100	15	100
4	Chaux *idem*, recuite avec $\frac{1}{12}$ de terre à pipe et $\frac{1}{4}$ d'eau de soude et mesurée à 5° *idem*. . . . . . . 1 } 3 Sable . . . . 2 }		8	80	18	105
5	Chaux *idem*, recuite avec $\frac{1}{12}$ de terre à pipe et $\frac{1}{3}$ d'eau de soude à 5° mesurée *idem*. . . . . 1 } 3 Sable . . . . 2 }		9	70	18	100
6	Chaux *idem*, recuite avec $\frac{1}{12}$ de terre à pipe et $\frac{1}{2}$ d'eau de soude à 5° et mesurée *idem*. . . . . . . 1 } 3 Sable . . . . 2 }		10	55	18	90

Observations sur les expériences du Tableau N° 11.

Pour faire les expériences ci-dessus, j'ai pris de la chaux commune que j'ai réduite en pâte avec de l'eau ; je l'ai ensuite bien mélangée avec $\frac{1}{12}$ de terre à pipe de Cologne dont j'ai donné ci-dessus l'analyse : c'est de cette manière que sont faites les chaux du n° 1. Pour celles du n° 2, j'ai ajouté $\frac{1}{12}$ d'eau de soude marquant 5° au pèse acide. Le volume de l'eau de soude est pris en rapport à celui de la chaux en pâte, et j'y ai délayé la terre à pipe avant de faire le mélange avec la chaux. Pour les numéros suivants, j'ai successivement délayé la terre à pipe dans $\frac{1}{8}$, $\frac{1}{4}$, $\frac{1}{3}$ et $\frac{1}{2}$ d'eau de soude au même degré. Chacune de ces expériences a été faite en double : la première moitié de chaque espèce de mélange a été placée dans un endroit du four à chaux où ils ne pouvaient recevoir qu'une chaleur moyenne ; la seconde moitié a été exposée à une plus grande chaleur. Je me suis assuré du degré de cuisson de ces mélanges au moyen de briques crues placées à côté des creusets qui renfermaient chacune des deux séries. A la couleur de ces briques j'ai pu juger que la seconde série avait été plus fortement calcinée que la première. Aussitôt après la cuisson de ces chaux, j'en ai fait des mortiers composés d'une partie de chaux en pâte et de deux parties de sable. Ils sont présentés dans le tableau en deux séries relatives aux deux degrés de calcination. On remarque d'abord que les chaux les plus calcinées ont donné les plus grandes résistances, mais que le durcissement a en général été plus lent.

Le n° 1, qui ne contient que de la terre à pipe, n'a produit qu'une résistance de 60 kilogrammes pour le mortier dont la chaux a été la moins chauffée, et il en a présenté une de 85, lorsque la chaux a été plus calcinée. Le n° 2, qui contient $\frac{1}{4}$ d'eau de soude, a présenté une légère augmentation de résistance, et le n° 3, qui contient $\frac{1}{2}$ d'eau de soude, a présenté la plus grande résistance pour les deux degrés de calcination. Passé le terme de $\frac{1}{2}$ d'eau de soude, les poids supportés ont été en décroissant, mais l'addition d'un peu de soude jusqu'à la proportion de $\frac{1}{2}$ a augmenté la résistance à peu près dans le rapport de 6 à 7. Ces expériences ont été faites au mois de janvier.

Après avoir fait les expériences ci-dessus avec de l'argile et de la soude, j'en ai fait de semblables avec de la potasse; les résultats que j'ai obtenus se trouvent consignés dans le tableau suivant.

TABLEAU N° 42.

NUMEROS des MORTIERS.	COMPOSITION DES MORTIERS.		NOMBRE de jours qu'ils ont mis à durcir dans l'eau.	POIDS qu'ils ont supporté avant le se rompre.
1	Chaux commune recuite avec $\frac{2}{10}$ de terre à pipe et $\frac{1}{16}$ d'eau de potasse à 5°, et mesurée en pâte. . . . . 1 Sable ordinaire. 2	3	6 [i]	110 kil.
2	Chaux *idem* recuite avec $\frac{2}{10}$ de terre à pipe et $\frac{1}{3}$ d'eau de potasse à 5°, et mesurée *idem*. . . . . 1 Sable. 2	3	8	135
3	Chaux *idem* recuite avec $\frac{2}{10}$ de terre à pipe et $\frac{1}{2}$ d'eau de potasse à 5°, et mesurée *idem*. . . . . 1 Sable 2	3	12	110 (1)
4	Chaux *idem* recuite avec $\frac{2}{10}$ de terre à pipe et $\frac{2}{3}$ d'eau de potasse à 5°, et mesurée *idem*. . . . . 1 Sable. 2	3	15	185
5	Chaux *idem* recuite avec $\frac{2}{10}$ de terre à pipe et $\frac{1}{2}$ d'eau de potasse à 5°, et mesurée *idem*. . . . . 1 Sable. 2	3	15	125

(1) Ce mortier s'est fendu en le taillant, ce qui a diminué sa force.

Observations sur les expériences du Tableau n° 12.

Les expériences du tableau ci-dessus ont été faites de la même manière et en même temps que celles contenues dans le tableau n° 11. Ces chaux ont été chauffées à côté de celles du tableau n° 11, qui ont donné les meilleurs résultats. Le n° 1 du tableau n° 11, qui ne contient que de l'argile de terre à pipe, doit également servir de terme de comparaison pour les expériences du tableau ci-dessus. On a vu dans le tableau n° 11 que la plus grande résistance que j'aie obtenue par le mélange de la terre à pipe seule est 85 kilogrammes. Les expériences du tableau n° 12 ne diffèrent de celles du tableau n° 11 qu'en ce que l'on a substitué de la potasse à la soude. On voit que les résultats obtenus avec la potasse sont supérieurs à ceux que j'avais obtenus avec la soude. Le n° 3 du tableau ci-dessus s'étant trouvé fendu, soit naturellement, soit en le taillant, j'ignore si la plus grande résistance se serait trouvée au n° 3 ou au n° 4. Le n° 5 fait connaître que la dose de $\frac{1}{4}$ de potasse a fait diminuer la résistance. J'avais fait une sixième expérience en mettant $\frac{1}{2}$ d'eau de potasse à 10° : le mortier qui en est résulté s'est rompu sous la charge de 110 kilogrammes. Il est remarquable que les mortiers qui ont offert la plus grande résistance sont ceux qui ont durci le plus lentement. Plusieurs des tableaux précédents ont présenté le même résultat ; cela est surtout frappant pour les galets de Boulogne, qui se trouvent dans le tableau n° 8. On y voit que le n° 1, qui a durci dans l'espace de douze heures, n'a supporté qu'un poids de 49 kilogrammes, tandis que le n° 12, qui a supporté 130 kilogrammes, a mis douze jours à durcir. L'inspection des tableaux ci-dessus fait voir qu'en général les mortiers qui ont donné de bons résultats ont mis de huit à quinze jours à durcir lorsqu'ils ont été faits avec des chaux hydrauliques naturelles ou artificielles. Les expériences du tableau n° 12 ont été faites au mois de janvier. J'avais fait encore d'autres essais avec de la soude et de la potasse du commerce, qui sont, comme on sait, des composés de sous-carbonates, de sulfates et de muriates de ces substances : les résultats que j'ai obtenus ont été moins bons.

J'ai aussi fait plusieurs expériences avec de la chaux et des dissolutions de soude et de potasse seulement. Voici comment j'ai opéré : j'ai pris divers morceaux de chaux commune sortant du four ; je les ai éteints en poudre sèche en y versant, savoir : sur un premier morceau le quart en volume d'eau de soude à 5° du pèse-acide, sur un second la même quantité d'eau chargée de sous-carbonate de soude du commerce au même degré ; j'ai versé sur un troisième morceau une quantité semblable d'eau chargée au même degré de potasse ; j'ai éteint un quatrième morceau avec de l'eau chargée au même degré de sous-carbonate de potasse du commerce ; enfin j'ai fait avec un cinquième morceau une expérience semblable en l'éteignant avec la même quantité d'eau chargée de muriate de soude, également à 5° ; j'ai laissé ces diverses chaux éteintes en poudre reposer à l'air pendant un mois ; au bout de ce temps j'y ai ajouté la quantité d'eau nécessaire pour les réduire en pâte, et je les ai fait recuire au four à chaux; à la sortie du four, je les ai éteintes avec un peu d'eau, et je les ai laissées reposer encore à l'air pendant quelques jours; j'en ai ensuite fait des mortiers avec du sable, et je les ai mis dans l'eau après les avoir laissés reposer douze heures à l'air : les deux premiers mortiers ont durci dans l'espace de deux jours; le troisième, le quatrième et le cinquième ont durci dans un jour et demi. Au bout d'un an, j'ai voulu rompre ces mortiers; mais j'ai été bien surpris de trouver qu'après avoir durci aussi promptement, ils étaient devenus entièrement mous. Comme les caisses qui contenaient ces mortiers étaient recouvertes par d'autres, je n'ai pas été à même d'observer à quelle époque ils ont commencé à perdre de leur dureté.

Il résulte des expériences faites jusqu'à ce jour que c'est l'argile, c'est-à-dire un mélange de silice et d'alumine, qui, mêlé avec la chaux, produit, par la calcination, les bonnes chaux hydrauliques. (On trouve cependant une exception dans la chaux de Senonches, qui est, dit-on, très hydraulique, et qui ne paraît devoir cette propriété qu'à la silice.) On ne connaît pas encore les proportions dans lesquelles l'alumine et la silice doivent se trouver pour donner les meilleurs résultats. On améliore les chaux hydrauliques en ajoutant au mélange de l'argile et de la chaux une petite quantité de soude; le résultat est encore meilleur si au lieu de soude on ajoute de la potasse. On a vu que les galets de Boulogne donnent une chaux qui durcit seule très promptement, mais qui ne peut être mélangée avec aucune substance pour former du mortier. C'est la seule chaux qui m'ait donné un pareil résultat. J'ai dit qu'il m'avait paru que les galets de Boulogne contenaient un peu de soude; mais on vient de voir que les chaux que j'ai fait chauffer avec un peu de soude et de potasse avaient cependant donné de bons mortiers en les mélangeant avec une assez grande quantité de sable : il me paraît donc, ainsi que je l'ai dit, que les galets de Boulogne contiennent quelque substance qui a échappé à l'analyse, ou que quelqu'une de celles qu'on y reconnaît a été modifiée par les eaux de la mer.

En composant les chaux hydrauliques artificielles, j'ai été à même de remarquer que j'obtenais de meilleurs résultats lorsqu'au lieu de faire le mélange de l'argile avec de la chaux sortant du four, je l'éteignais d'abord en poudre avec $\frac{1}{4}$ de son volume d'eau, et que je la laissais dans cet état à l'air pendant un mois ou deux. Je n'attribue pas ce meilleur effet seulement à ce que l'on a ainsi une chaux plus divisée; mais je pense que la chaux éteinte exposée à l'air, absorbant beaucoup d'oxygène, comme je l'ai fait voir à la page 42, est plus susceptible dans cet état de son oxidation de se bien combiner avec l'argile qu'on mêle avec elle. Je me proposais de faire des expériences pour connaître combien on avait à gagner par ce procédé, et pendant combien de temps il convenait de laisser exposée à l'action de l'air la chaux que l'on avait éteinte en poudre, ou qu'on laissait s'éteindre d'elle-même à l'air; mais j'ai été obligé de quitter Strasbourg avant d'avoir pu faire ces expériences.

CHAPITRE V.

DES MORTIERS HYDRAULIQUES FAITS AVEC DE LA CHAUX COMMUNE ET DU TRASS
OU DE LA POUZZOLANE.

Le trass est une substance que l'on retire du village de Brohl, près Andernach, sur les bords du Rhin; ce village est situé au pied d'un ancien volcan qui est éteint. Le trass est d'une couleur grisâtre et ressemble beaucoup à une argile grise qui aurait été calcinée. J'ai vu plusieurs morceaux de trass qui étaient recouverts de lave. Cette dernière substance diffère beaucoup du trass; la séparation est bien marquée; la lave qui recouvre le trass est d'une couleur noirâtre, et sa surface est remplie d'aspérités et de cavités. On voit que c'est une substance qui a subi une très grande chaleur et un refroidissement très prompt. Le trass paraît avoir éprouvé une chaleur beaucoup moindre.

La pouzzolane est de même une argile calcinée qui tire son nom du village de Pouzzoles, situé au pied du Vésuve; on la trouve à peu de profondeur. D'après M. Sganzin, il y a un grand nombre de variétés de pouzzolane : on en trouve de la blanche, de la noire, de la jaune, de la grise, de la brune, de la rouge, et enfin de la violette.

On ne sait point si le trass et la pouzzolane sont des bancs d'argile qui ont été fortement chauffés par la lave qui les a recouverts, ou bien si ces substances ont été rejetées de l'intérieur des volcans pendant les irruptions; il est possible que les deux hypothèses soient vraies; l'examen de ces substances sur les lieux pourrait seul fixer les incertitudes qui existent à cet égard.

On tire aussi, d'après M. Sganzin, de la pouzzolane des environs de Rome; celle-ci est d'un brun rouge et mêlée de particules brillantes qui ont un aspect métallique.

Les Hollandais font un grand commerce de trass. Ils font venir cette substance en moellons, et la réduisent en poudre très-fine, au moyen de moulins à vent. Ils en ont beaucoup envoyé en France, dans le nord, et en Angleterre; mais il paraît que ce commerce a un peu diminué. Quelques auteurs ont donné à cette substance le nom de terrasse de Hollande.

Plusieurs voûtes des églises gothiques de la Belgique sont construites en moellons de trass d'Andernach; il en est de même de plusieurs édifices des bords du Rhin. La grande écluse de Slikens, en Belgique, a été reconstruite avec les moellons de la voûte d'une église démolie; on a broyé ces moellons en poudre très fine, et l'on a obtenu un très bon trass.

Sur les bords de la Méditerranée, on emploie beaucoup de pouzzolane, qu'on fait venir des environs de Rome et de Naples. Les bons effets de cette substance étaient connus des Romains, car on trouve dans Vitruve, liv. 2, ch. 6, le passage suivant : « Il y a une espèce de poudre à laquelle la nature a donné une vertu admirable : « elle se trouve au pays de Baies et dans les terres qui sont autour du mont Vé- « suve. Cette poudre, mêlée avec la chaux et les pierres, rend la maçonnerie telle- « ment ferme, que, non seulement dans les maçonneries ordinaires, mais même « au fond de la mer, elle fait corps et se durcit merveilleusement. »

J'ai été à même d'apprécier les bons effets du trass dans les grands travaux de Vésel. On le faisait venir en poudre, et, comme il arrivait sur des bateaux qui des- cendaient le Rhin, il ne nous coûtait pas très cher. En arrivant à Strasbourg, j'en ai fait venir avant d'avoir reconnu les excellentes qualités des chaux hydrauliques d'Obernai. Les premiers travaux hydrauliques que j'ai fait construire à Strasbourg l'ont été avec du mortier de chaux commune, du sable et du trass. Mais le trass nous revenait beaucoup plus cher à Strasbourg qu'à Vésel, à cause des droits que les Prussiens ont établis sur cette substance à sa sortie de Prusse, et par les difficultés que l'on éprouve à remonter le Rhin. Le mètre cube de trass coûtait 120 fr. à Strasbourg, ce qui augmentait de beaucoup le prix du mortier hydraulique. J'avais commencé à faire quelques recherches, dans le but de fabriquer du trass artificiel, lorsque je vins à connaître les propriétés de la chaux hydraulique d'Obernai. Alors on employa cette chaux sans trass dans les fondations des revêtemens, dans la con- struction des ponts et dans toutes les maçonneries à l'air; mais dans les fondations des écluses, des bâtardeaux et pour la construction des chapes des souterrains, on mêlait toujours un peu de trass avec le sable et la chaux pour faire le mortier. Je continuai donc mes expériences, dans le but de faire des trass artificiels, moins pour Strasbourg que pour les places où l'on ne trouve pas de bonnes chaux hydrau- liques naturelles. Je suis parvenu, ainsi qu'on le verra dans le chapitre suivant, à faire des trass artificiels aussi bons que le trass et la pouzzolane naturelle. Le prix du mètre cube ne revenait qu'à une trentaine de francs, et l'on a substitué le trass artificiel à ce produit naturel. J'ai aussi fait venir de la pouzzolane de Naples; celle qui m'a été envoyée est rouge et ressemble beaucoup à du ciment.

L'analyse du trass et de la pouzzolane a été faite il y a plusieurs années; elle se trouve dans le *Précis du cours de construction* de M. Sganzin à l'École polytech- nique. M. Berthier m'a demandé des échantillons du trass et de la pouzzolane que j'ai employés à Strasbourg, et il en a fait l'analyse. Je les ai réunies ci-dessous :

	D'après les anciennes analyses.		D'après l'analyse de M. Berthier.	
	Trass.	Pouzzolane.	Trass.	Pouzzolane.
Silice	0,570	0,350	0,570	0,445
Alumine	0,250	0,400	0,120	0,150
Chaux	0,065	0,050	0,026	0,088
Magnésie	»	»	0,010	0,047
Oxide de fer (1)	0,085	0,200	0,050	0,120
Potasse.	»	»	0,070	0,014
Soude	»	»	0,010	0,040
Eau.	»	»	0,096	0,092
	0,950	1,000	0,992	0,996

On voit que la nouvelle analyse du trass et de la pouzzolane par M. Berthier diffère en plusieurs points principaux des analyses précédentes. D'après celle de M. Berthier, le trass et la pouzzolane contiennent de la soude et de la potasse que l'on n'avait point reconnues précédemment dans ces substances. Suivant les anciennes analyses, la pouzzolane contient beaucoup plus d'alumine que le trass, et d'après M. Berthier c'est à peu près la même dose. La proportion de l'alumine par rapport à la silice est également plus grande pour ces deux substances dans les anciennes analyses que dans celle de M. Berthier. J'ajouterai que M. Berthier a reconnu que le trass et la pouzzolane que je lui ai envoyés avaient la propriété d'attirer l'aiguille aimantée.

On ne doit par être surpris de voir que ces analyses diffèrent sensiblement, car depuis long-temps on a reconnu que les différentes pouzzolanes donnaient des résultats bien différents, et qu'il en était de même du trass. On conçoit que ces substances doivent varier beaucoup, attendu que les divers bans d'argile diffèrent souvent d'une manière sensible dans les mêmes localités. Je vais maintenant donner les différentes expériences que j'ai faites avec les chaux communes, les pouzzolanes et les trass.

---

(1) D'après l'analyse de M. Berthier, il y a, pour la pouzzolane, oxide et titane, 0,120.

TABLEAU.

TABLEAU N° 13.

NUMÉROS des MORTIERS.	COMPOSITION DES MORTIERS.		NOMBRE de jours qu'ils ont mis à durcir dans l'eau.	POIDS qu'ils ont supporté avant de se rompre.
1	Chaux commune de Strasbourg éteinte en poudre et mesurée *idem*. . . . . . . 1 Sable. . . . . 1 Trass. 1	} 3	5¼	187 kil.
2	Chaux commune *idem*. . . . . 1 Trass. 2	} 3	4	150
3	Chaux *idem*. . . . . 1 Sable. . . . . 1 Pouzzolane. 1	} 3	4	227
4	Chaux *idem*. . . . . 1 Pouzzolane. 2	} 3	3	202
5	Chaux commune de Vasselone *idem*. . . 1 Sable. . . . . 1 Trass. 1	} 3	5	204
6	Chaux *idem*. . . . . 1 Trass. 2	} 3	4	175
7	Chaux commune de Brunstat *idem*. . . 1 Sable. . . . . 1 Trass. 1	} 3	5.	232
8	Chaux *idem*. . . . . 1 Trass. 2	} 3	4	245
9	Chaux de marbre blanc *idem*. . . . . 1 Sable. . . . . 1 Trass. 1	} 3	5	140
10	Chaux *idem*. . . . . 1 Trass. 2	} 3	4	185
11	Chaux *idem*. . . . . 1 Sable. . . . . 1 Pouzzolane. 1	} 3	4	180
12	Chaux *idem*. . . . . 1 Pouzzolane. 2	} 3	5	167
13	Chaux commune de Strasbourg mesurée en pâte. . . . . 1 Pouzzolane. 2	} 3	4	225
14	Chaux *idem*. . . . . 1 Pouzzolane. 2½	} 3½	5	250
15	Chaux communes de Strasbourg, éteintes en poudre et mesurées *idem*. . . . . . 1 Trass. 2	} 3	de 5 à 16	de 105 à 265

Observations sur les expériences du Tableau N° 13.

La chaux des douze premiers numéros a été mesurée en poudre, et on l'a mêlée avec les substances indiquées au tableau. On voit que j'ai employé plusieurs chaux communes des environs de Strasbourg. Je m'étais assuré que ces chaux, que l'on désigne aussi sous le nom de chaux grasses, n'avaient aucune propriété hydraulique. Les quatre premiers numéros ont pour objet de savoir si la pouzzolane était préférable au trass. La pouzzolane m'a donné des résultats un peu meilleurs : car la chaux est la même pour les quatre numéros. Les expériences 9, 10, 11 et 12 confirment aussi les quatre premières. On voit également que j'ai constamment obtenu de plus grandes résistances en mélangeant la chaux avec du sable et du trass ou de la pouzzolane qu'avec ces dernières substances seulement. La chaux des n°ˢ 13 et 14 a été mesurée en pâte, et l'on voit que j'ai obtenu un meilleur résultat en augmentant les proportions de la pouzzolane.

Le n° 15 est le résultat de beaucoup d'expériences que j'ai faites avec une partie de chaux commune mesurée en poudre contre deux parties de trass. Le durcissement a varié de trois à seize jours, et ces mortiers ont supporté des poids qui ont varié depuis 105 jusqu'à 265 kilogrammes. Mais j'ai trouvé peu de mortiers qui aient présenté un résultat aussi faible que 105, ou approchant de 265. On peut établir que la résistance moyenne que j'ai obtenue avec des mortiers composés de chaux commune, de sable et de trass, se trouve entre 160 et 170 kilogrammes. Le mortier qui m'a donné un résultat de 265 kilogrammes ne contenait que de la chaux et du trass. Si, avec les mêmes substances, j'avais fait un mortier composé de chaux, de sable et de trass, j'aurais probablement obtenu un mortier encore meilleur. Si j'ai trouvé moins de variations avec la pouzzolane qu'avec le trass, c'est probablement parce que, n'ayant fait venir qu'une petite quantité de pouzzolane, je n'ai fait que peu d'expériences avec cette substance. On verra cependant, dans le tableau n° 20, qu'un mortier semblable à celui du n° 13 du tableau ci-dessus s'est rompu sous le poids de 130 kilogrammes. J'ignore si ce faible résultat tient à quelque circonstance particulière ou à la qualité de la pouzzolane. Il m'a paru en général qu'il n'y avait pas une grande différence entre le trass et la pouzzolane que j'ai employés.

En comparant les résultats du tableau n° 13 avec ceux des tableaux précédents dans lesquels les mortiers ont été faits avec de la chaux hydraulique naturelle ou artificielle et du sable seulement, on voit que ces derniers mortiers ont duré beaucoup plus lentement, et que leur résistance a été beaucoup moindre que lorsqu'ils ont été faits avec de la chaux commune, du sable et du trass ou de la pouzzolane.

M. Gautey a donc été induit en erreur, ainsi que je l'ai dit à la page 8, lorsqu'il a

avancé que les mortiers faits avec de la chaux grasse et de la pouzzolane ne prennent point consistance dans l'eau et restent pulvérulents.

Dans les observations que M. Vicat a faites sur la brochure que j'ai publiée en
1824 et dont j'ai déjà parlé, cet ingénieur dit ce qui suit : « La plus grande résis-
« tance que M. Treussart ait trouvée pour les mortiers de trass immergés depuis
« un an est de 8 kilogrammes par centimètre carré, et j'ai fabriqué, avec de la
« chaux et du sable, des mortiers qui, après un an d'exposition à toutes les intempé-
« ries de l'atmosphère sur un toit, présentaient une résistance de 14 et même quel-
« quefois de 18 kilogrammes. » Les résultats que M. Vicat et moi avons obtenus
sont très différents. On ne peut les attribuer qu'à ce que nous avons employé des
moyens qui ne se ressemblent point pour mesurer la résistance des mortiers ou
plutôt leur ténacité. J'observerai néanmoins que la plus grande résistance que
j'avais trouvée était 263 kilogrammes pour un mortier fait avec du trass artificiel,
et que, la section étant 25 centimètres carrés, il en résulte 10^k,52 par centimètre
carré, au lieu de 8, que suppose M. Vicat. Il ne dit point quelles sont les dimensions des mortiers qu'il a soumis à l'épreuve pour comparer ses résultats aux miens;
et, comme il ne s'est point passé un an entre la publication de ma brochure et ses
observations, j'en conclus qu'il n'a pas pu employer la même méthode que moi
pour rompre les mortiers dont il parle, et qu'il dit avoir été rompus au bout d'un
an. Sur 25 tableaux que contient le mémoire de M. Vicat, celui n° 3 est le seul qui
contienne les poids supportés par trois mortiers. Tous les autres résultats des tableaux
sont des résistances relatives obtenues par le calcul d'après les enfoncements d'une
tige soumise à une force vive, et déduites du petit nombre d'expériences contenues dans le tableau n° 3. Ce tableau indique que les mortiers qui ont été rompus
avaient 0^m,04 de base sur 0^m,025 de hauteur, et que les poids ont été appliqués à
l'extrémité d'un bras de levier qui n'avait que 0^m,03. Or les mortiers que j'ai soumis
à la rupture avaient 0^m,05 d'équarrissage; ils reposaient sur deux points d'appui
distants entre eux de 0^m,10; les poids ont été appliqués sur le milieu des mortiers :
ainsi les dimensions des mortiers et les bras de leviers aux extrémités desquels
les poids ont été appliqués sont tout-à-fait différents dans les deux méthodes. On
ne peut donc point comparer les poids supportés par un centimètre carré, lorsqu'ils
résultent de deux méthodes aussi différentes. J'ajouterai à ce que j'ai dit à la page
25 que, si l'on soumettait les n°^{s} 26 et 33 de mon tableau n° 3 à l'épreuve de la tige
de M. Vicat, il serait possible que la tige s'enfonçât moins dans le n° 33, qui contient
trois parties de sable, que dans le n° 26, qui n'en contient pas du tout. On en
conclurait que le n° 33 a une résistance plus grande que le n° 26, tandis qu'elle
est trois fois moindre. Si l'on comprimait fortement du sable dans un tube métallique, et qu'on le soumît à l'expérience de la tige de M. Vicat, qui est terminée
par une partie plane, elle ne s'enfoncerait dans le sable que d'une petite quantité,
et la conséquence serait que les grains de sable ont de la ténacité entre eux, tandis

qu'ils n'en ont évidemment aucune. Il est à remarquer que, lorsque de la chaux prend de la consistance par elle-même, elle remplit, par rapport au sable qui reçoit le choc de la tige, les fonctions de parois résistantes. Le moyen employé par M. Vicat pour connaître la ténacité des mortiers me paraît donc vicieux, et ses résultats ne peuvent point être comparés avec les miens.

Les expériences rapportées dans le tableau ci-dessus, et surtout celles comprises sous le n° 15, m'ont suggéré la même idée que j'avais déjà eue relativement aux chaux hydrauliques : j'ai pensé que les différences des résultats obtenus ne devaient pas être attribuées seulement à la diversité des trass, mais qu'elles pouvaient aussi provenir de ce que j'employais les chaux tantôt à leur sortie du four, et tantôt après les avoir laissées pendant quelque temps à l'air éteintes en poudre. J'ai en conséquence fait des expériences pour connaître l'influence que l'air exerce sur les chaux communes, et elles sont rapportées dans le tableau qui suit.

TABLEAU N° 14.

Numéro des séries	Composition des mortiers.	fait immédiatement	au bout de 5 jours	au bout de 10 jours	au bout de 20 jours	au bout de 1 mois	au bout de 2 mois	au bout de 3 mois	au bout de 4 mois	au bout de 5 mois	au bout de 6 mois	au bout de 7 mois
1	Chaux commune éteinte en poudre, et mesurée *idem* .... 1 / Sable .... 1 / Trass .... 1 } 3	k. 110 / j. (20)	k. 105 / j. (18)	k. 115 / j. (16)	k. 125 / j. (12)	k. 145 / j. (5)	k. 180 / j. (4)	k. 165 / j. (5)	k. 170 / j. (6)	k. 175 / j. (8)	k. 185 / j. (10)	k. 180 / j. (12)
2	Chaux *idem* .... 1 / Trass .... 2 } 3	170 / (16)	155 / (11)	155 / (8)	185 / (6)	200 / (4)	200 / (5)	210 / (5)	190 / (4)	195 / (6)	230 / (8)	210 / (10)
3	Chaux commune éteinte à l'air, et mesurée en poudre .... 1 / Sable .... 1 / Trass .... 1 } 3	»	»	»	»	115 / (9)	140 / (6)	130 / (6)	140 / (7)	145 / (9)	160 / (12)	150 / (12)
4	Chaux *idem* .... 1 / Trass .... 2 } 3	»	»	»	»	145 / (7)	165 / (4)	175 / (4)	160 / (5)	155 / (5)	175 / (7)	160 / (8)

Observations sur les expériences du Tableau n° 14.

Pour faire les expériences ci-dessus, j'ai pris de la chaux commune sortant du four, et j'en ai éteint une partie en poudre sèche avec le quart de son volume d'eau. J'ai fait de suite deux mortiers en prenant pour le premier une partie de cette chaux en poudre contre une partie de sable et une de trass, et pour le second mortier la même quantité de chaux contre deux parties de trass. Ces deux mortiers se trouvent dans la première colonne et doivent servir de comparaison aux autres.

J'ai ensuite mis dans un vase le reste de la chaux éteinte en poudre , et j'en ai fait les mortiers des séries n° 1 et 2 aux époques indiquées par le tableau. Lorsque j'ai éteint une partie de la chaux en poudre, j'ai laissé une autre partie s'éteindre d'elle-même à l'air, et au bout d'un mois j'ai commencé les séries d'expériences qui se trouvent sous les n° 3 et 4. J'ai eu soin d'employer le même trass dans la composition de tous les mortiers. Je préviens que les chiffres qui se trouvent entre parenthèse dans le tableau ci-dessus indiquent le nombre de jours que les mortiers ont mis à durcir, et que ceux qui sont au-dessus expriment le poids qu'ils ont supporté avant de se rompre.

La série des expériences comprises sous le n° 1er a été faite avec une partie de chaux en poudre contre une de sable et une de trass. On voit que le durcissement des mortiers qui ont été faits peu de temps après l'extinction de la chaux a été lent ; qu'au bout d'un mois, il a été beaucoup plus prompt, et qu'il s'est de nouveau ralenti après trois mois. Les nombres qui expriment les résistances présentent des anomalies assez fortes ; mais on doit plutôt considérer l'ensemble que les détails. L'ensemble de cette première série montre que les mortiers faits avec la chaux éteinte en poudre et exposée à l'air pendant un mois et plus ont donné de meilleurs résultats que ceux qui ont été faits immédiatement après l'extinction de la chaux ou peu de jours après.

Ces expériences ont été commencées à la mi-avril de 1823 : ainsi les nombres qui expriment les durcissements les plus prompts correspondent aux mois les plus chauds, et d'après l'observation qui a été faite par M. Vicat, les mortiers durcissent plus promptement dans l'eau en été qu'en hiver. Les deux dernières colonnes correspondent aux mois d'octobre et de novembre, et, si le durcissement a de nouveau été plus lent, la résistance n'en a pas été moins grande. Les expériences du tableau n° 13 ont été faites avec de la chaux qui était restée éteinte en poudre pendant un mois environ. Les douze premiers numéros ont été faits en septembre et octobre, et les n° 13 et 14 au mois de janvier ; j'ai cependant obtenu un prompt durcissement. Il paraîtrait qu'en exposant pendant quelque temps à l'air de la chaux commune qui a été éteinte en poudre, on favorise le durcissement ; mais il est hors de doute que la chaleur y contribue beaucoup aussi.

La série des expériences comprises sous le n° 2 a été faite avec une partie de chaux en poudre contre deux parties de trass. On voit aussi que les résistances que j'ai obtenues en faisant le mortier peu de temps après l'extinction de la chaux sont inférieures à celles que j'ai eues après un mois et plus d'extinction de la chaux. Les expériences du tableau n° 13 m'ont souvent donné avec sable et trass des résultats meilleurs qu'avec du trass seulement, tandis que dans le tableau ci-dessus c'est le contraire. J'attribue cette anomalie à la différence des trass que j'ai employés.

Les séries des expériences comprises sous les n° 3 et 4 ont été faites de la même manière que les deux premières séries, avec cette différence que l'on s'est servi de chaux que l'on a laissée s'éteindre d'elle-même à l'air. Ce n'est qu'au bout d'un mois que j'ai eu assez de cette chaux pour pouvoir commencer les expériences. Si l'on compare la 3e série à la 1re et la 4e à la 2e, on voit que les résultats sont en général moins bons avec la chaux que l'on a laissée s'éteindre d'elle-même à l'air. J'ajouterai que tous les mortiers qui ont été faits avec de la chaux éteinte en poudre étaient très homogènes, tandis que ceux qui l'ont été avec de la chaux éteinte à l'air présentaient dans leur intérieur une multitude de points blancs qui m'ont paru être des particules de chaux qui avaient absorbé de l'acide carbonique ; cela était surtout bien sensible lorsqu'on rompait les mortiers. Je crois donc qu'il est préférable d'éteindre la chaux commune en poudre, au lieu de la laisser s'éteindre d'elle-même à l'air.

Je dois dire qu'avant de faire les expériences du tableau n° 14, j'en avais fait plusieurs du même genre, mais moins complètes, et que j'ai souvent trouvé des résultats contradictoires, c'est-à-dire que quelquefois j'ai obtenu une plus grande résistance lorsque j'ai fait le mortier avec de la chaux sortant du four qu'avec celle que j'avais éteinte en poudre et laissée à l'air pendant quelque temps. Quelquefois aussi j'ai obtenu de meilleurs résultats avec la chaux qui s'est éteinte d'elle-même à l'air qu'avec celle qui avait été éteinte en poudre ; les différences n'ont pas été bien grandes, mais enfin elles existaient. En examinant mes notes, j'ai vu qu'en faisant les premières expériences j'avais plusieurs fois changé de trass : c'est ce qui fait que je n'ai pas donné les premiers résultats que j'ai obtenus, et les anomalies que j'y rencontrais m'ont déterminé à faire les expériences du tableau ci-dessus, dans lesquelles je n'ai pas changé de trass. Ces expériences auraient sans doute besoin d'être répétées avec plusieurs chaux pour décider s'il vaut toujours mieux employer la chaux commune aussitôt sa sortie du four ou quelque temps après l'avoir éteinte en poudre sèche. Il faudrait les répéter en les commençant les unes en été et les autres en hiver. Quant à la chaux qu'on laisse s'éteindre d'elle-même à l'air, il me semble que ce procédé d'extinction ne doit pas être adopté, attendu la grande quantité de points blancs qui se rencontrent dans tous les mortiers de cette espèce que j'ai faits. Cette manière d'éteindre la chaux commune est celle que M. Vicat préfère, car il a fait publier dans les *Annales de chimie*, tome 19, page 22, ce qui suit :

« L'assertion de M. John relativement à la chaux éventée est en contradiction
« avec des faits récents, tellement avérés, tellement multipliés, que je ne puis me dis-
« penser de la combattre. J'ai, le premier, annoncé qu'une chaux grasse éteinte
« spontanément, et abandonnée pendant une année à l'action de l'air dans un lieu
« couvert et fermé aux vents, donne de bien meilleurs résultats que lorsqu'on l'em-
« ploie immédiatement selon la méthode ordinaire. Cette conclusion est fondée sur
« cent cinquante expériences, variées de diverses manières : il en résultait, par
« exemple, que, la force du mortier ordinaire étant, dans le cas le plus favorable
« d'une certaine série d'expérience, représentée par 1506, celle du mortier de chaux

« éteinte spontanément devenait, dans les mêmes circonstances, égale à 2293, etc. »
M. Vicat avoue que les idées reçues sur ce point de la doctrine des mortiers sont
toutes en faveur de M. John, et il dit qu'à raison de cet assentiment presque général, il est à présumer que M. John n'a point examiné la chose. J'observerai à cet
égard que M. le lieutenant-colonel du génie Bergère a rappelé dans le dernier devis
instructif pour les constructions, et dans le compte qu'il a rendu de l'ouvrage de M.
Raucour, que déjà depuis très long-temps plusieurs ingénieurs avaient pensé que
le mode d'extinction spontanée donnait pour les chaux grasses de meilleurs résultats
que les deux autres procédés, et que ce mode était en usage depuis un temps immémorial en Espagne et dans une partie de l'Italie. M. Bergère dit qu'il l'a employé
à Flessingue, et que cette méthode est recommandée dans une lettre écrite en 1764
par M. de Sienne, officier du génie, résidant à Graveline. Néanmoins, je ne con-
seillerais pas d'employer l'extinction à l'air pour faire du mortier hydraulique avec
de la chaux commune et du trass, ou d'autres substances analogues, attendu que
les mortiers que l'on fait de cette manière sont mélangés de beaucoup de points
blancs qui paraissent être de la chaux qui est passée à l'état de carbonate. On conçoit
en effet que, lorsqu'on laisse éteindre de la chaux à l'air, chaque petite portion de
chaux se trouve pendant assez long-temps en contact avec l'air, attendu que le morceau de chaux tombe par couches successives : il en résulte qu'il doit y avoir une
absorption assez grande d'acide carbonique, tandis que, lorsqu'on éteint la chaux
en poudre avec de l'eau, et qu'on en forme des tas, il n'y a que la surface qui soit
en contact avec l'air.

Outre les expériences du tableau ci-dessus, j'en ai fait dans le même genre, en
éteignant de la chaux commune en pâte épaisse et en pâte claire, et en comparant
les résultats entre eux et avec ceux que j'ai obtenus avec de la même chaux que j'a-
vais éteinte en poudre. Ces expériences se trouvent rapportées dans le tableau ci-
contre :

TABLEAU.

TABLEAU N° 15.

N°	COMPOSITION DES MORTIERS.		fait immédiatement aussitôt	au bout de [illegible]	au bout de [illegible]	au bout de [illegible]	au bout de [illegible]	au bout de [illegible]	au bout de [illegible]	au bout de [illegible]	au bout de [illegible]	au bout de [illegible]	au bout de [illegible]	au bout de [illegible]	au bout de [illegible]	au bout de [illegible]	au bout de [illegible]
1	Chaux commune éteinte en pâte épaisse . . . 1 Sable . . . . . 1½ Trass 1½	5.	145 (12)	155 (12)	160 (14)	170 (16)	155 (18)	165 (20)	155 (18)	175 (16)	160 (10)	155 (5)	145 (5)	155 (6)	150 (8)	155 (10)	165 (13)
2	Chaux commune éteinte en pâte claire . . . . 1 Sable . . . . . 1½ Trass 1½	3½	»	»	»	»	»	»	»	»	140 (10)	155 (5)	140 (6)	125 (6)	130 (8)	115 (10)	125 (13)
3	Chaux commune éteinte en poudre, et dosée en pâte . . . . 1 Sable . . . . . 1½ Trass 1½	3½	»	»	»	»	»	»	»	»	180 (8)	160 (5)	155 (5)	160 (6)	165 (8)	155 (10)	160 (13)

Observations sur les expériences du Tableau n° 15.

Pour faire les expériences du tableau ci-dessus j'ai pris de la chaux commune sortant du four, et je l'ai divisée en trois portions : l'une de ces parties a été éteinte en pâte épaisse, et je l'ai placée dans un vase ; la seconde partie a été éteinte en pâte très claire, et lorsqu'elle devenait plus épaisse j'y ajoutais un peu d'eau pour la maintenir à la consistance de sirop ; j'ai éteint la troisième partie en poudre, en y versant le quart de son volume d'eau, et je l'ai placée dans un vase ouvert, comme les autres. J'ai fait de suite le mortier qui se trouve dans la première colonne, et qui doit servir de comparaison avec les autres. Ceux-ci ont été fabriqués aux époques exprimées dans le tableau, avec la chaux éteinte des trois manières que j'ai indiquées. Pour faire le dosage, j'ai ajouté, au moment de faire les mortiers, un peu d'eau à la chaux éteinte en pâte épaisse et à celle qui a été éteinte en poudre, de manière à les ramener au même état que celle qui a été éteinte en pâte claire. Ces expériences ont été commencées au mois de novembre 1823, c'est-à-dire sept mois après les expériences du tableau n° 14. J'ai suivi pour le tableau n° 15 la même manière d'exprimer le durcissement que pour le tableau précédent. On voit que les mortiers de ces trois séries ont été faits avec les mêmes quantités de chaux, de sable et de trass ; j'ai eu soin, comme dans le tableau précédent, d'employer le même trass et le même sable pour tous.

11

Dans la première série du tableau, le mortier fait immédiatement présente un résultat un peu plus faible que ceux faits plus tard; le durcissement a aussi été beaucoup plus prompt en été qu'en hiver.

J'ai laissé la chaux de la deuxième série pendant six mois à l'état de pâte claire avant d'en faire du mortier. On voit que les résultats sont moins bons que ceux que j'ai obtenus avec la chaux qui a été éteinte en pâte épaisse. Il existe sans doute plusieurs anomalies dans les résultats; mais, ainsi que je l'ai dit, c'est l'ensemble que l'on doit considérer.

La troisième série a été commencée pareillement au bout de six mois. On a vu dans le tableau n° 14 que les mortiers de la première série, faits avec de la chaux éteinte en poudre, ont été fabriqués à des distances très rapprochées, et qu'elles n'ont pas été poussées au-delà de sept mois. Les résistances obtenues dans le tableau n° 14 ne sont pas les mêmes que celles du tableau n° 15, puisque les dosages sont différents; mais si l'on compare les expériences de la première série du tableau n° 14 avec celles des première et troisième séries du tableau n° 15, on voit qu'au lieu de faire de suite du mortier hydraulique avec de la chaux commune, du sable et du trass, il est plus avantageux d'éteindre la chaux avec un peu d'eau, à sa sortie du four, et de ne faire le mortier qu'après que cette chaux est restée exposée à l'air pendant quelque temps. On voit aussi que le durcissement a été plus lent en hiver qu'en été. Si l'on compare les résultats obtenus dans les tableaux précédents, on voit qu'il y a une grande différence entre la manière dont se comportent les mortiers faits avec des chaux hydrauliques naturelles ou artificielles et du sable, et ceux qui sont faits avec de la chaux commune, du sable et du trass. Lorsque les premiers ont été faits avec de la chaux qui a été éteinte en poudre pendant quelque temps ou qu'on a laissée s'éteindre à l'air, ils ont en général beaucoup perdu de leur force. On n'a pas le même inconvénient avec les chaux communes : soit que l'on fasse les mortiers aussitôt que la chaux est sortie du four, soit qu'on l'éteigne avec un peu d'eau pour la laisser exposée à l'air, soit enfin qu'on la laisse s'éteindre spontanément à l'air, on obtient toujours de bons résultats; mais on a vu qu'ils étaient meilleurs lorsqu'on éteignait la chaux commune avec un peu d'eau, à sa sortie du four, et qu'on la laissait pendant quelque temps dans cet état exposée à l'air dans un lieu couvert. Les expériences qui suivront feront voir que j'ai obtenu aussi de bons résultats en faisant des mortiers hydrauliques avec du sable, du trass et de la chaux commune qui avait été coulée dans des bassins depuis quatre ou cinq ans.

On a également vu, par la comparaison des tableaux précédents, que les mortiers faits avec des chaux hydrauliques naturelles ou artificielles, en se bornant à employer de l'argile, n'ont duri, avec du sable, lorsqu'elles ont présenté de bonnes résistances, que dans l'espace de huit à quinze jours, même quand ces mortiers avaient été faits en été, tandis que ceux qui ont été faits avec de la chaux commune, du sable et du trass, ont durci, dans la même saison, dans l'espace de quatre à six jours, et l'on a vu que les résistances étaient, terme moyen, beaucoup plus grandes. Ces résultats m'ont engagé à faire des recherches dans le but de fabriquer des pouzzolanes et des trass factices. Je vais exposer, dans le chapitre suivant, les résultats que j'ai obtenus, et je commencerai par rapporter les divers essais qui ont déjà été faits dans cette vue.

CHAPITRE VI.

DES TRASS ET DES POUZZOLANES ARTIFICIELS.

M. Baggé, ingénieur suédois, est, je crois, le premier qui ait cherché à faire des pouzzolanes factices. Cet ingénieur s'est servi pour ses expériences d'une espèce de schiste noir assez dur ; il l'a fait chauffer fortement et à plusieurs reprises ; il l'a ensuite réduit en poudre, et, après l'avoir mêlé avec de la chaux, il a annoncé avoir obtenu un mortier excellent, qui avait toutes les propriétés de ceux qui étaient faits avec de la pouzzolane.

Je ne doute nullement des succès annoncés par M. Baggé ; mais ses expériences ayant été répétées ailleurs, on a obtenu des résultats moins satisfaisants. Cela tient à ce que l'on s'est servi de schistes qui avaient une composition différente, et que, dans ce cas, au lieu de chauffer fortement, comme l'a fait l'ingénieur suédois, il aurait fallu chauffer beaucoup moins, suivant la nature des substances que l'on employait.

M. Faujas de Saint-Fond a fait, en 1778, différentes recherches sur les pouzzolanes du Vivarais, qu'il a trouvées valoir les pouzzolanes d'Italie. Il a également fait voir que le trass d'Andernach était une véritable pouzzolane.

En 1786, M. Chaptal a répété les expériences de M. Faujas de Saint-Fond sur les pouzzolanes du Vivarais, et il a trouvé que ces pouzzolanes étaient inférieures à celles d'Italie. Cette contradiction entre les résultats obtenus par M. Faujas de Saint-Fond et M. Chaptal s'explique facilement, parce que l'un s'est servi de chaux hydraulique pour faire ses expériences, et que l'autre a employé de la chaux commune.

M. Chaptal a, en outre, publié en 1787 un mémoire sur l'emploi des terres ocreuses du midi. Ces terres ont été calcinées dans des fours semblables à ceux dont on se sert dans plusieurs pays pour cuire la chaux : ce sont des cônes renversés ayant de 2^m,60 à 3^m,25 de hauteur et 2^m à 2^m,30 de diamètre à la base : on laisse une ouverture dans le bas, vers le sommet du cône, afin de retirer le produit de la calcination ; on charge ces sortes de fours, en mettant alternativement une couche de houille ou de tourbe et une couche de terre ocreuse ; on met le feu lorsque l'on a placé quelques couches, et, lorsqu'il est bien allumé, on ajoute successivement d'autres couches d'argile et de houille ou de tourbe, jusqu'à ce que le four soit plein.

Lorsque les matières du bas, qui ont été chauffées les premières, sont cuites, on les retire au fur et à mesure, et l'on ajoute successivement de nouvelles couches d'argile et de combustible par le haut. De cette manière la cuisson est continuelle ; les argiles s'échauffent doucement vers le haut du fourneau, et reçoivent une chaleur plus grande vers le milieu ; enfin elles se refroidissent vers le bas, par l'action du courant d'air, lorsque le combustible est brûlé. Cette manière de calciner les terres a de grands avantages, ainsi que j'aurai occasion de le faire voir. Il serait également avantageux de calciner les chaux hydrauliques dans des fours semblables, attendu qu'on a vu plus haut qu'il est bien important d'employer ces sortes de chaux peu de temps après leur cuisson. En construisant plusieurs fours de cette espèce, on pourrait avoir de la chaux fraîche à mesure des besoins.

M. Chaptal a attribué au fer une grande action dans la confection des pouzzolanes, et il paraît en attribuer une très faible à l'alumine. M. Vicat dit à ce sujet dans son Mémoire, page 52 : « Si, comme l'assure M. Chaptal, les argiles dépour- « vues de fer et soumises à la calcination ne peuvent être employées comme pouz- « zolanes, c'est alors l'oxide de fer qui agit principalement sur la silice et la « modifie à l'aide du feu, dans les argiles ocreuses, comme le fait la chaux pro- « prement dite dans les pierres à chaux hydraulique : l'alumine paraît donc jouer « le moindre rôle dans toutes ces réactions ; elle fait cependant partie des bonnes « pouzzolanes. »

Les expériences qui suivent feront voir que le fer ne joue aucun rôle dans la confection des pouzzolanes, et que l'alumine en joue un très grand. On verra aussi qu'il y a une autre substance qui joue un très grand rôle et qui a occasioné les divergences d'opinion sur la confection des pouzzolanes ; mais je ne veux point anticiper, et je vais continuer à rapporter les divers essais qui ont été faits pour obtenir des pouzzolanes factices.

Des expériences faites à Cherbourg par M. de Cossart, en 1787, ont constaté que les basaltes tirés du département de la Haute-Loire et pulvérisés après avoir été calcinés ont produit un mortier qui avait toutes les qualités de ceux faits avec la pouzzolane d'Italie. L'analyse a fait connaître que ces basaltes contiennent sur cent parties les substances suivantes : alumine, 16,75 ; silice, 44,50 ; oxide de fer, 20,00 ; chaux, 9,50 ; oxide de manganèse, 2,37 ; soude, 2,60 ; eau, 2,00 ; perte, 2,28.

Les travaux du port de Cherbourg ont nécessité l'emploi d'une grande quantité de pouzzolane ; mais la guerre qui éclata avec l'Angleterre après la rupture du traité d'Amiens fit revenir cette substance à un prix exorbitant : on a calculé que le prix du mètre cube coûtait en 1803 plus de 400 fr. On aurait pu facilement se procurer sur les lieux des argiles qui auraient produit des résultats absolument semblables à ceux de la pouzzolane d'Italie, et qui ne seraient revenues qu'au prix de 30 fr. environ. Si l'on avait bien connu la manière de fabriquer les pouzzolanes, il en serait résulté des économies considérables. Ces puissantes considérations déterminèrent

M. Gratien le père, ingénieur des ponts et chaussées, à s'occuper de cet objet; il n'a fait que peu d'essais avec l'argile à porcelaine de Valognes, mais il en a fait beaucoup avec les schistes de Haineville, qu'il a fait calciner en répétant les expériences de l'ingénieur suédois. L'argile de Valogne calcinée n'a donné que des résultats médiocres; les schistes de Haineville en ont donné de meilleurs; l'analyse a fait connaître que ce schiste contient, sur cent parties, les substances suivantes: alumine, 26,00; silice, 46,00; magnésie, 8,00; chaux, 4,00; oxide de fer, 14,00; perte et eau, 2,00. Les résultats des expériences de M. Gratien le père se trouvent dans deux mémoires qu'il a publiés, l'un en 1805, et l'autre en 1807. Une commission de l'institut fut chargée d'examiner les expériences comparatives des mortiers faits avec de la pouzzolane, du trass, et avec les schistes de Cherbourg; le jugement de cette commission est inséré dans le mémoire de 1807 de M. Gratien le père, page 9; il porte « qu'après avoir retiré de l'eau les douze caisses de bétons de compositions différentes :

« 1° Toutes avaient acquis une certaine consistance, mais bien différentes entre « elles.

« 2° Cette différence était frappante entre les bétons composés avec les pouzzo-« lanes et le trass, et ceux dans lesquels ces substances n'entraient pas.

« 3° Les deux compositions de schistes cuits et pulvérisés avaient offert une con-« sistance assez satisfaisante, mais moins grande qu'elle ne le serait probablement « après une immersion de plus longue durée. »

Le rapport ci-dessus fait voir que M. Gratien le père avait obtenu avec les schistes des résultats sensiblement inférieurs à ceux de la pouzzolane.

En 1806, M. Le Masson, ingénieur des ponts et chaussées à Rouen, essaya, de concert avec M. Vitalis, de fabriquer des pouzzolanes factices en calcinant des terres ocreuses jaunes d'après le procédé indiqué par M. Chaptal. Les bétons faits avec cette terre calcinée ayant acquis une consistance remarquable, M. Le Masson répéta, en 1807, ses expériences plus en grand; il fit immerger dans la Seine des tonneaux remplis de bétons, dont le mortier était fait avec des terres ocreuses calcinées. Au bout de six mois, on retira ces tonneaux, et l'on trouva que les bétons avaient acquis une consistance telle qu'il fallut employer plus de deux cents coups d'une masse de fer pesant douze kilogrammes pour la faire entrer à la profondeur de 25 à 30 centimètres; la ténacité des mortiers était si grande, que la masse entière, ayant été suspendue, au moyen d'un tire-fond, a résisté à son poids, qui était d'environ 1,275 kilogrammes. M. Gratien le père et M. Vitalis ont jugé que la maçonnerie avait pris une dureté bien supérieure à celle dont ont besoin les constructions qui exigent la plus grande solidité dans leurs fondations. Ces expériences se trouvent rapportées dans le mémoire de M. Gratien le père, de 1807, pages 46 et suivantes.

M. Vicat s'est borné dans son mémoire de 1818 à rapporter les différents essais qui avaient été faits jusqu'à cette époque pour fabriquer des pouzzolanes artificielles;

mais, en 1819, il a envoyé à l'Institut un mémoire sur cet objet. Je n'ai point connaissance que ce mémoire ait été imprimé, mais on en trouve un extrait dans les
Annales de chimie et de physique de 1820, tome 15e, page 365 et suivantes. Après
plusieurs observations sur la pierre à chaux, sur l'action du feu sur les pierres calcinées, la combinaison de l'eau et de la chaux, l'auteur arrive aux pouzzolanes, et
fait l'histoire succincte de cette substance. On trouve ensuite le passage suivant :

« Puisque la qualité des chaux hydrauliques naturelles ne dépend que de la pré-
« sence d'une certaine quantité d'argile, combinée par le feu avec la matière cal-
« caire, il était naturel de penser qu'en mêlant de l'argile en proportion convenable
« avec de la chaux grasse éteinte (peu importe comment), et qu'en soumettant le
« mélange à la cuisson, on obtiendrait un résultat semblable : c'est ce que des ex-
« périences faites en grand et en divers lieux ont confirmé d'une manière si com-
« plète, qu'il est maintenant possible de fabriquer partout, et à un prix très mo-
« déré, de la chaux artificielle supérieure aux naturelles analogues.

« De même, puisque l'analyse chimique donne pour principes des pouzzolanes
« naturelles la silice, l'alumine, le fer oxidé et un peu de chaux, il était tout
« simple de penser que nos argiles, dont la composition est toute semblable, pour-
« raient se transformer, par la cuisson, en pouzzolanes artificielles. Cette idée était
« vieille déjà à l'époque des expériences de l'auteur de ces recherches; mais, par
« une fatalité remarquable, elle était comme frappée de stérilité : c'est qu'on
« n'avait pas déterminé encore avec assez de précision les circonstances desquelles
« dépendent les qualités des bonnes pouzzolanes. On était persuadé, par exemple,
« que le fer y joue un grand rôle; qu'ainsi, on ne pouvait employer que des argiles
« ocreuses; que, pour imiter en tout la nature, il fallait atteindre un haut degré de
« calcination, parce que, disait-on, le feu des volcans est bien plus actif que celui
« de nos fourneaux. (Plusieurs minéralogistes sont d'un avis contraire.) Il est des
« pouzzolanes qui très certainement sont sorties des cratères sous forme de laves :
« celles-là ont dû subir, en effet, un haut degré de chaleur; mais depuis les époques
« très reculées de leur formation, elles ont éprouvé des décompositions diverses,
« soit par des modifications intestines, soit par l'action des vapeurs acides, ou par
« d'autres causes, et ces décompositions ont totalement changé le mode de combi-
« naison de leurs principes. Quant aux pouzzolanes rouges des environs de Rome,
« tout annonce que ce ne sont que de vastes bancs d'argile ocreuse diversement
« cuits, soit par les feux souterrains, soit par des courants de lave, qui les ont
« couverts et labourés en tous sens. Aussi les qualités en sont-elles très variables
« selon la disposition et la profondeur des couches. Quoi qu'il en soit, au surplus,
« de la formation de ces mortiers, il est maintenant démontré que tout le mystère
« de leur propriété réside, non dans la présence du fer ou de la chaux, mais bien
« dans un état particulier de combinaison de la silice et de l'alumine, état auquel
« on ramène avec la plus grande facilité toutes les argiles douces et grasses au tou-

« cher, par l'effet d'une légère cuisson. Le moyen qui paraît avoir le mieux réussi
« jusqu'à présent consiste à réduire l'argile sèche en poudre très fine, et à la cal-
« ciner pendant quelques minutes sur des plaques métalliques chauffées au rouge
« brun. A dire vrai, la pratique ne s'est point encore emparée de ce procédé, et il
« est même probable qu'elle ne le fera avec succès que lorsqu'on aura imaginé un
« moyen de calcination plus expéditif et plus commode que celui dont on vient de
« parler; mais le problème n'en est pas moins résolu. »

Tel est le moyen que M. Vicat a proposé pour fabriquer des pouzzolanes factices,
et il n'apprend rien de nouveau, car il ne dit point quel est l'état particulier de combinaison dans lequel la silice et l'alumine doivent se trouver pour que l'on obtienne
de bons résultats. Depuis long-temps les avis sont partagés sur la question de savoir
si l'on doit chauffer peu ou beaucoup les argiles avec lesquelles on veut faire de bons
ciments, qui sont réellement des pouzzolanes artificielles. M. Vicat a adopté l'opinion de ceux qui pensent que l'on doit chauffer peu; mais les expériences qui vont
suivre feront voir que c'est une grande erreur, attendu qu'il faut chauffer peu ou
beaucoup, suivant la composition des argiles que l'on emploie. Le problème n'a
donc point été résolu par M. Vicat, ainsi qu'il le dit, et les expériences qui vont
suivre feront connaître en quoi il consiste réellement.

J'ai fait divers essais, dans le but de substituer des ciments au trass. A cet effet je
fis beaucoup de mortiers avec de la chaux commune et des ciments pris dans toutes
les tuileries des environs. Je fis une partie de ces mortiers avec du ciment de brique,
et d'autres avec des ciments de tuileaux. J'obtenais des résultats qui tantôt étaient
très bons, quelquefois médiocres, et souvent très mauvais. Ce qui me frappa surtout
beaucoup, c'est que je voyais que les mortiers faits avec des ciments provenant d'une
même fournée me donnaient des résultats bien différents. Cependant les ciments qui
provenaient d'une même fournée étaient faits avec la même argile, je me servais de
la même chaux, et toutes les autres circonstances étaient les mêmes. Je vis par là
combien on s'exposait à faire de mauvais mortiers en prenant des ciments au hasard.
Je savais que la grande majorité des constructeurs donnait la préférence aux ciments fortement cuits, et qu'on en donnait surtout une très grande au ciment de
tuileau sur celui de briques, lors même que les briques et les tuiles étaient faites avec
la même argile. Pour fixer mon opinion sur ces deux points et pour éclaircir les résultats opposés que j'avais déjà obtenus, je fis les expériences qui se trouvent rapportées dans le tableau ci-contre.

TABLEAU.

TABLEAU N° 16.

NUMEROS des mortiers.	COMPOSITION DES MORTIERS.		NOMBRE de jours qu'ils ont mis à durcir dans l'eau.	POIDS qu'ils ont supporté avant de se rompre.
1	Chaux commune éteinte en poudre, et mesurée *idem*. . . . . 1 Ciment de briques peu cuites. 2	} 3	11	160 kil.
2	Chaux *idem*. . . . . 1 Ciment de briques bien cuites. 2	} 3	+ 40	82
3	Chaux *idem*. . . . . 1 Ciment de tuileau peu cuit. 2	} 3	5	125
4	Chaux *idem*. . . . . 1 Ciment de tuileau bien cuit. 2	} 3	+ 30	57 (1)
5	Chaux *idem*. . . . . 1 Ciment de tuileau du n° 3, que l'on a fait recuire pendant 6 heures dans un fourneau à réverbère. 2	} 3	»	»

Observations sur les expériences du Tableau N° 16.

Pour faire les cinq expériences ci-dessus, je me suis rendu dans la briqueterie la plus proche de Strasbourg; j'y ai pris des briques et des tuiles peu cuites et d'autres bien cuites. Il était facile de les distinguer : car les premières étaient très rouges et peu sonores, tandis que celles qui étaient ce qu'on appelle bien cuites étaient d'une couleur fauve et bien sonores. Les chaufourniers ne s'y trompent point.

Les quatre premières expériences font voir que j'ai obtenu de bien meilleurs résultats avec les briques et les tuiles peu cuites qu'avec celles qui étaient bien cuites. On voit aussi que le durcissement a été beaucoup plus prompt avec les ciments peu cuits : car le n° 2 a mis plus de quarante jours à durcir, tandis que le n° 1 n'en a mis que onze ; le n° 4 a mis plus de trente jours à durcir, tandis que le n° 3 n'en a mis que cinq. On voit aussi que, contrairement à l'opinion généralement admise, le ciment provenant des briques m'a donné un meilleur résultat que celui provenant des tuileaux. Le n° 5 a été fait avec le même ciment que le n° 3, que l'on a fait recuire pendant six heures dans un fourneau à réverbère, en le tenant constamment

---

(1) Dans la brochure de 1824, et dans le septième numéro du *Mémorial*, qui en est la copie, on a porté cette résistance à 87 kil. C'est une faute d'impression.

à un rouge tendre. Le mortier qui a été fait avec ce ciment n'a pris aucune consistance, et lorsque je l'ai retiré de l'eau, au bout d'un an, il était aussi mou que si je n'y avais mis que du sable. Cela fait voir combien il est important de ne point employer au hasard toute espèce de ciment, qui coûte toujours assez cher, et qui ne produit quelquefois pas plus d'effet que si l'on n'employait que du sable. Plus d'une faute de ce genre a été commise dans de grandes constructions, ainsi que j'aurai occasion de le faire remarquer. Les expériences présentées dans le tableau ci-dessus se trouvent d'accord avec l'opinion de M. Vicat, qui dit qu'il ne faut faire subir aux argiles qu'une faible cuisson. Mais je me suis transporté dans une autre tuilerie, où l'on employait une autre argile pour faire les briques et les tuiles; je fis quatre nouvelles expériences absolument semblables aux quatre premières du tableau ci-dessus, et je fus bien surpris de trouver des résultats tout-à-fait contraires à ceux que j'avais obtenus, c'est-à-dire que les ciments provenant des briques et des tuiles peu cuites m'ont donné des résultats beaucoup inférieurs à ceux que j'avais obtenus avec les ciments des briques et des tuiles bien cuites; le ciment de tuileau me donna un résultat supérieur à celui des briques. Les expériences qui se trouvent dans le tableau ci-après sont faites avec ce ciment.

TABLEAU N° 17.

NUMEROS des MORTIERS.	COMPOSITION DES MORTIERS.		NOMBRE de jours qu'ils ont mis à durcir dans l'eau.	POIDS qu'ils ont supporté avant de se rompre.
1	Chaux commune éteinte en poudre et mesurée *idem*.. . . . . 1 Ciment de tuileau peu cuit. 2	3	13¹	65ᵏⁱˡ.
2	Chaux *idem*. . . . . 1 Ciment du n° 1 recuit pendant une demi-heure. 2	3	12	80
3	Chaux *idem*. . . . . 1 Ciment du n° 1, recuit pendant une heure 2	3	15	128
4	Chaux *idem*. . . . . 1 Ciment du n° 1 recuit pendant deux heures. 2	3	20	145

Observations sur les expériences du Tableau n° 17.

Pour faire les expériences du tableau n° 17, j'ai pris du ciment peu cuit de la tuilerie qui m'avait donné des résultats opposés à ceux du tableau n° 16, et j'en ai fait du mortier, tel qu'il était et après l'avoir fait recuire. Le mortier n° 1 contient le ciment peu cuit de cette tuilerie, et ceux n° 2, 3 et 4, ont été recuits pendant les capaces de temps indiqués au tableau. A mesure que j'ai fait chauffer le ciment, la résistance a été plus grande; et il est probable qu'elle eût encore augmenté en chauffant davantage. Il est à observer que le durcissement a été d'autant plus lent que la résistance est devenue plus grande. On verra plus bas que la lenteur du durcissement vient de ce que les ciments ont été chauffés dans un creuset où ils n'étaient point exposés au contact de l'air.

On voit que les ciments du tableau n° 16 ne m'ont donné de bonnes résistances que lorsqu'ils ont été peu cuits, tandis que c'est l'inverse pour le tableau n° 17. Ces résultats opposés m'ont engagé à examiner la composition des argiles de ces deux tuileries, et j'ai reconnu que celle qui avait produit le ciment du tableau n° 17 ne contenait presque point de carbonate de chaux, tandis que l'argile qui avait servi à faire les ciments du n° 16 en contenait près d'un cinquième de son poids. J'ai répété ces expériences sur des argiles de plusieurs autres tuileries, et j'ai constamment obtenu ce résultat remarquable : c'est que, lorsque les argiles ne contenaient que peu ou point de carbonate de chaux, je n'obtenais, en les chauffant faiblement, que des ciments médiocres; mais, en les chauffant fortement, les ciments devenaient excellents. Lorsque, au contraire, les argiles contenaient de 1 à 2 dixièmes de carbonate de chaux, alors je n'obtenais de bons ciments qu'en chauffant faiblement, et si j'augmentais le degré de cuisson, les ciments perdaient de leur qualité, et finissaient par n'avoir plus aucune propriété hydraulique si la chaleur avait été trop forte. On voit donc combien M. Vicat a été dans l'erreur lorsqu'il a dit, ainsi que je l'ai rapporté ci-dessus à la page 87 : « que tout le mystère des pouzzolanes réside « non dans la présence du fer et de la chaux, mais bien dans un état particulier de « combinaison de la silice et de l'alumine. » Il est certain au contraire que la présence de la chaux dans les argiles influe beaucoup sur la confection des pouzzolanes. On comprend maintenant pourquoi ceux qui se sont occupés de cette fabrication ont été conduits à annoncer, les uns qu'il fallait chauffer les argiles légèrement, tandis que les autres soutenaient qu'il fallait les chauffer fortement. Il résulte de ce que je viens de dire que ce qui était vrai pour une certaine argile ne l'était point pour une autre qui avait le même aspect. On ne conteste point par exemple que M. Lemasson ait obtenu à Rouen de très bons résultats avec une terre ocreuse calcinée; mais s'il s'était transporté dans un autre pays, et qu'il eût soumis au même degré de calcination une terre ocreuse de la même apparence, il aurait trouvé des résultats très différents, si l'une de ses terres avait contenu plus de chaux que l'autre. Si l'on prend deux argiles également grasses au toucher, et que l'une de ces argiles contienne ⅛ de chaux, tandis que l'autre n'en contient pas du tout, si on les chauffe également à un certain degré de chaleur, il se peut qu'aucune de ces deux argiles n'aura la propriété des pouzzolanes à un degré convenable : celle qui contenait de la chaux aura été trop calcinée, tandis que celle qui n'en contenait point ne l'aura pas été assez. Mais si l'on reprend les mêmes argiles, et que l'on fasse moins chauffer celle qui contient de la chaux et davantage celle qui n'en contient point, alors on obtiendra de très bons résultats avec ces deux argiles.

Les expériences ci-dessus ont été faites dans l'automne de 1821. Comme elles sont le fondement de la fabrication de la pouzzolane artificielle, et que le grand rôle que joue la chaux dans cette fabrication n'avait point été aperçu, j'ai adressé en 1822 au ministre un mémoire contenant le résultat de mes recherches sur ce sujet. Un extrait de ce mémoire se trouve dans *le Moniteur* du 20 janvier 1823.

M. Sganzin rapporte, page 31 du résumé de son *Cours de construction*, ce qui suit : « On fabrique à Amsterdam un trass artificiel : c'est de l'argile que l'on tire « du fond de la mer et que l'on fait cuire fortement à la manière des briques. On « pulvérise grossièrement ces espèces de briques avec des pilons mus par un ma- « nége; on les porte ensuite sous des moules, où ce trass artificiel acquiert le degré « de finesse nécessaire pour être converti en mortier par son mélange avec la « chaux.

« Bergmann a analysé le trass artificiel qui porte le nom de ciment privilégié de « Hollande; il a trouvé qu'il contenait, sur environ cent parties : silice, de 55 à « 60 ; alumine, de 19 à 20; chaux, de 5 à 6; fer, de 15 à 20. »

Il me paraît hors de doute, d'après la composition de cette argile et le degré de cuisson qu'on lui fait subir, qu'elle doit produire de très bon trass artificiel.

Je vais présenter dans le tableau ci-dessous quelques expériences sur de l'argile que j'ai fait calciner en la mélangeant avec un peu de chaux.

TABLEAU N° 18.

NUMÉROS des MORTIERS.	COMPOSITION DES MORTIERS.		NOMBRE de jours qu'ils ont mis à durcir dans l'eau.	POIDS qu'ils ont supporté avant de se rompre.
1	Chaux commune éteinte en poudre et mesurée *idem* . . . . 1 Ciment d'argile de Holsheim. 2	5	12	145^{kil.}
2	Chaux commune *idem*. . . . . 1 Même argile calcinée avec 0,10 de chaux. 2	5	23	77
3	Chaux d'Obernai éteinte en poudre et mesurée *idem*. . . . . 1 Ciment d'argile de Holsheim. 2	5	10	200
4	Chaux d'Obernai *idem*. . . . . 1 Même argile calcinée avec 0,10 de chaux. 2	5	25	98

Observations sur les expériences du Tableau n° 18.

Pour faire les expériences ci-dessus, j'ai éteint la chaux commune en poudre sèche, et j'ai fait le dosage avec de la chaux en poudre. Pour faire le ciment, j'ai pris de l'argile de Holsheim, dont j'ai donné la composition à la page 55 : on voit qu'elle ne contient point de chaux. J'ai fait calciner une portion de cette argile dans un fourneau à réverbère et dans un creuset, en le tenant au rouge pendant douze heures. J'ai pris de la même argile, que j'ai mélangée avec un dixième en volume de chaux commune réduite en pâte. J'ai également fait chauffer ce mélange de la même manière et pendant le même temps que la première argile. Alors j'ai fait les mortiers n°⁶ 1 et 3 du tableau ci-dessus, en mélangeant de la chaux commune et de la chaux hydraulique d'Obernai avec le ciment qui ne contenait point de chaux ; les n°⁶ 2 et 4 ont été faits avec le ciment qui contenait un dixième de chaux. Les résultats du tableau font voir que le mortier fait avec la chaux commune et le ciment qui contenait de la chaux n'a produit qu'une résistance moitié moindre que celle que j'ai obtenue avec la même chaux et le ciment qui ne contenait point de chaux. Le tableau fait aussi voir que j'ai obtenu un résultat semblable avec les mortiers de chaux d'Obernai. On remarquera enfin que le durcissement a été moitié plus lent avec le ciment contenant de la chaux qu'avec celui qui n'en contenait point. D'ailleurs, ces mortiers ont mis beaucoup plus de temps à durcir qu'ils ne l'auraient dû : cela tient à ce que les ciments avaient été calcinés dans un creuset et à ce que ces expériences ont été faites en hiver.

M. Sganzin rapporte, à la page 27 de son *Cours de construction*, que les officiers du génie qui ont construit le pont éclusé d'Alexandrie ont fait recuire leur ciment à un haut degré de chaleur ; et il dit que c'est parce que, avant cette opération, le mortier se délayait dans l'eau. M. Vicat fait aussi mention de ce procédé, qu'il approuve, mais par une autre raison ; son opinion est que les pouzzolanes énergiques conviennent mieux aux chaux communes qu'aux chaux hydrauliques; il a remarqué qu'en faisant fortement chauffer de la pouzzolane, elle perdait toute son énergie, et j'ai obtenu le même effet. Or la chaux employée dans la construction du pont d'Alexandrie était de la chaux de Casal, qui est éminemment hydraulique. M. Vicat pense donc que le ciment a été calciné pour diminuer son énergie, et par conséquent pour faire du meilleur mortier avec la chaux de Casal. C'est une grande erreur. Les officiers du génie, en calcinant ce ciment à un haut degré, ont fait une grande faute, ainsi que je vais le prouver. Mais il faut auparavant montrer en quoi consiste l'erreur de M. Vicat. Cet ingénieur se fonde sur ce que du mortier fait avec de la chaux hydraulique, du sable et de bon ciment, est supérieur à celui qui a été fait avec du ciment seulement. Les six premières expériences qui se trouvent dans mes tableaux n°⁶ 2 et 3, font aussi voir qu'avec de bonnes chaux hydrauliques, du sable et du trass ou de la pouzzolane, j'ai obtenu de meilleurs mortiers qu'avec du trass ou de la pouzzolane seulement. Mais, si l'on se reporte au tableau n° 13, on verra qu'à peu d'exceptions près, j'ai trouvé un résultat tout-à-fait semblable avec les chaux communes. Si l'on compare les résultats des n°° 9, 10, 11 et 12, qui sont faits avec la même chaux de marbre, du trass et de la pouzzolane, on voit que, si le n° 9, qui contient du sable, est inférieur au n° 10, qui ne contient que du trass, d'un autre côté, le n° 11, qui contient du sable, est supérieur au n° 12, qui ne contient que de la pouzzolane. Pour achever de se convaincre, il suffira de jeter les yeux sur le tableau n° 18 : on voit que, par l'addition d'un dixième de chaux à l'argile de Halsheim, et avec le degré de cuisson que je lui ai fait subir, j'ai considérablement diminué l'énergie de ce trass factice ; mais on voit que ce ciment peu énergique a donné, tant avec la chaux commune qu'avec la chaux très hydraulique d'Oberaal, un résultat moitié moindre que celui que j'ai obtenu avec les mêmes chaux et le ciment qui avait conservé toute son énergie. Les expériences que je viens de citer prouvent donc que les pouzzolanes énergiques conviennent également aux chaux communes et aux chaux très hydrauliques. Elles prouvent qu'avec ces deux espèces de chaux, il est en général plus avantageux et plus économique de faire les mortiers avec chaux, sable et pouzzolane, soit naturelle, soit artificielle, qu'avec de la pouzzolane seulement. Si, dans quelques cas, l'on trouve une supériorité à ne pas mettre de sable dans le mortier, on voit qu'elle n'est pas très grande, et l'on ne doit pas hésiter à en mettre, à cause de la grande économie qui en résulte.

L'observation citée par M. Sganzin sur le pont éclusé d'Alexandrie serait tout-à-fait contraire aux résultats que M. Vicat et moi nous avons obtenus en calcinant fortement des ciments et des pouzzolanes. Nous avons trouvé que ces substances, ainsi calcinées, perdaient toute leur énergie, tandis que d'après M. Sganzin il faut leur faire subir un haut degré de chaleur. Je n'ai pas douté que M. Sganzin eût été mal informé sur ce qui s'était passé à Alexandrie ; mais, pour m'en convaincre, j'ai examiné au dépôt des fortifications les documents relatifs aux travaux de cette place, et voici ce que j'ai trouvé dans un mémoire de M. le chef de bataillon du génie Maynlel, en date du 23 brumaire an 13, sur ce pont éclusé : « La première campagne, le radier fut construit en maçonnerie de brique et de mortier de pouzzolanes ; la difficulté que l'on avait eue pour se procurer de la pouzzolane et sa cherté déterminèrent à construire un four à réverbère dans lequel on faisait recuire le ciment broyé, jusqu'à incandescence, de manière que, lorsqu'on le remuait, on le voyait couler comme de la lave. Le mélange du mortier était un tiers de ce ciment, un tiers de sable et un tiers de Casal, et il produisait le même effet qu'un pareil mélange de pouzzolane. »

On voit donc que c'est la difficulté de se procurer de la pouzzolane qui a donné l'idée de faire recuire le ciment au point de le mettre en fusion, et l'on a été conduit à ce résultat d'après l'idée fausse que la pouzzolane était de la lave, tandis que ce sont deux substances bien différentes. Il n'est point dit dans ce mémoire que le mortier que l'on avait fait avec ce ciment, avant qu'il eût été recuit, se délayait dans l'eau, ainsi que M. Sganzin l'a avancé; et cela ne pouvait pas être, puisque l'on se servait de la chaux de Casal, qui est très hydraulique. On voit aussi que ce n'est point dans la vue de diminuer l'énergie de ce ciment, et parce qu'il devait être employé avec de la chaux très hydraulique, qu'on l'a fait recuire; on croyait au contraire lui donner l'énergie des pouzzolanes, que l'on s'imaginait avoir coulé comme de la lave. Le mémoire dit que ce ciment calciné a produit le même effet qu'un pareil mélange de pouzzolane; si on l'avait mélangé avec de la chaux commune, on aurait eu une bien grande différence entre les résultats de ce ciment et ceux obtenus de la même manière avec de la pouzzolane. Il est évident que l'on a dû avoir un bon résultat, ainsi qu'on le dit à la fin du mémoire, mais cela tient uniquement à ce que la chaux de Casal est éminemment hydraulique. On a vu dans les premiers tableaux que les chaux très hydrauliques qui s'y trouvent ont présenté de très bonnes résistances sans les mêler avec aucune matière; si on les mélangeait avec des coques de noix concassées ou avec de la paille hachée, on obtiendrait encore un bon résultat, mais l'on ne serait point en droit de conclure qu'il est dû à ces substances. En faisant recuire le ciment aussi fortement qu'on l'a fait, on a détruit toutes ses propriétés hydrauliques, et l'on aurait eu un mortier aussi bon en mélangeant cette chaux très hydraulique avec du sable, au lieu du ciment qui a été employé, ce qui eût été bien plus économique. Je répète donc que l'on a fait une grande faute à Alexandrie en faisant recuire ce ciment aussi fortement, puisqu'on a dû nécessairement lui faire perdre toutes ses propriétés hydrauliques, et que l'on a fait de grandes dépenses inutiles. Avant de faire calciner ce ciment, si on jugeait à propos d'en employer, il fallait l'essayer avec de la chaux commune pour connaître s'il était nécessaire de le recuire un peu. Je me suis étendu sur cet exemple des travaux d'Alexandrie pour faire voir combien il est important de n'avoir pas de fausses idées sur les pouzzolanes ou les substances que l'on emploie pour en tenir lieu. Je vais maintenant rapporter d'autres expériences que j'ai faites avec diverses argiles mélangées avec de la chaux, et qui ont été calcinées à différents degrés.

TABLEAU.

TABLEAU N° 19.

Numéro des mortiers	COMPOSITION DES MORTIERS	L'argile ayant été cuite avec la chaux.		L'argile ayant été cuite avec les briques	
		D.	P.(1)	D.	P.
1	Chaux commune éteinte en poudre et mesurée *idem* ... 1 Trass ... 2 } 3	»	»	»	»
2	Chaux *idem* ... 1 Pouzzolane ... 2 } 3	»	»	»	»
3	Chaux *idem* ... 1 Ciment d'argile de Holsheim ... 2 } 3	25^j	85^{kil}	15^j	125^{kil}
4	Chaux *idem* ... 1 Ciment d'argile de Holsheim avec de l'eau de chaux ... 2 } 3	25	67	13	130
5	Chaux *idem* ... 1 Ciment d'argile de Holsheim avec 0,01 de chaux ... 2 } 3	25	75	15	135
6	Chaux *idem* ... 1 Ciment d'argile de Holsheim avec 0,02 de chaux ... 2 } 3	30	50	10	145
7	Chaux *idem* ... 1 Ciment d'argile de Sufflenheim ... 2 } 3	25	75	15	135
8	Chaux *idem* ... 1 Ciment d'argile de Sufflenheim avec de l'eau de chaux ... 2 } 3	25	100	15	130
9	Chaux *idem* ... 1 Ciment d'argile de Sufflenheim avec 0,01 de chaux ... 2 } 3	25	65	15	130
10	Chaux *idem* ... 1 Ciment d'argile de Sufflenheim avec 0,02 de chaux ... 2 } 3	25	55	12	125
11	Chaux *idem* ... 1 Ciment de terre à pipe ... 2 } 3	25	120	15	140
12	Chaux *idem* ... 1 Ciment de terre à pipe avec de l'eau de chaux ... 2 } 3	25	120	15	150
13	Chaux *idem* ... 1 Ciment de terre à pipe avec 0,01 de chaux ... 2 } 3	25	125	15	155
14	Chaux *idem* ... 1 Ciment de terre à pipe avec 0,02 de chaux ... 2 } 3	25	125	12	165

(1) Dans ce tableau et dans plusieurs autres qui suivent, les colonnes qui sont marquées D. expriment le nombre de jours que les mortiers ont mis à durcir dans l'eau, et celles qui sont marquées P. indiquent les poids supportés avant de se rompre.

Pour faire les expériences ci-dessus, j'ai pris les trois espèces d'argile de Holsheim, de Sufflenheim et de terre à pipe des environs de Cologne ; la composition de ces argiles se trouve à la page 55. J'ai fait quatre briques avec chacune de ces argiles : la première ne contenait aucune substance étrangère ; la deuxième a été faite en y ajoutant une quantité d'eau de chaux égale à son volume ; la troisième en y ajoutant un centième de chaux commune en pâte ; enfin on en a mis deux centièmes dans la quatrième brique. Elles ont été placées dans un four à briques au milieu de la chaux (1). Avec chacune des mêmes argiles, j'ai fait encore quatre autres briques semblables, que j'ai placées dans la même fournée avec les briques ordinaires. J'ai ensuite fait des essais semblables avec les argiles de Sufflenheim et de terre à pipe de Cologne ; enfin, avec tous ces ciments, j'ai fait les mortiers qui sont indiqués au tableau en prenant une partie de chaux commune mesurée en poudre contre deux parties de ces divers ciments. Les n°° 1 et 2 sont faits avec la même chaux et du tras et de la pouzzolane pour servir de comparaison avec les autres expériences. Le mortier avec tras a durci en six jours, et s'est rompu sous le poids de 120 kilogrammes ; celui avec pouzzolane a durci en quatre jours, et a supporté 160 kilogrammes avant de se rompre. Le durcissement a en général été un peu plus lent, quoique ces expériences se soient faites à la fin de l'été. Il est possible que cela tienne au degré de cuisson de la chaux.

En examinant le tableau ci-dessus, on remarque que toutes les argiles qui ont été chauffées avec la chaux, lors même qu'elles étaient naturelles, ont donné de moins bons résultats que lorsqu'elles ont été chauffées avec les briques ; cette différence est bien plus grande pour les argiles qui contiennent de la chaux ; on voit que l'argile de Holsheim et la terre à pipe ont un peu gagné par l'addition d'une petite quantité de chaux, tandis que l'argile de Sufflenheim a au contraire un peu perdu lorsque ces argiles ont été chauffées avec les briques. Lorsqu'elles ont été chauffées avec la chaux, celle de Holsheim a beaucoup perdu ; celle de Sufflenheim présente des anomalies que je ne puis expliquer, et celle de la terre à pipe a peu varié.

L'argile de Holsheim se trouvant plus à portée de la place de Strasbourg, j'ai fait avec elle divers mélanges de chaux jusqu'à un dixième, et j'ai fait chauffer ces mélanges de la même manière que les argiles ci-dessus ; le tableau suivant contient les résultats que j'ai obtenus :

---

(1) Dans toute l'Alsace, on calcine la chaux dans de grands fours carrés et élevés ; la chaux se place dans le bas du four ; on met les briques par-dessus la chaux, et les tuiles par-dessus les briques ; on chauffe avec du bois qui est placé dans le bas : on voit donc que la chaux est plus chauffée, et que les tuiles le sont le moins.

TABLEAU.

TABLEAU N° 20.

Numéro des mortiers	COMPOSITION DES MORTIERS.		L'argile ayant été cuite avec la chaux.		L'argile ayant été cuite avec les briques.	
			D.	P.	D.	R.
1	Chaux commune mesurée en pâte.... 1 Trass.......... 2	} 3	»	»	»	»
2	Chaux *idem* ...... 1 Pouzzolane 2	} 3	»	»	»	»
3	Chaux *idem*.... 1 Ciment d'argile de Holsheim.... 2	} 3	25	115	15	180
4	Chaux *idem* ..... 1 Ciment de la même argile avec 0,01 de chaux 2	} 3	id.	93	id.	145
5	Chaux *idem* ..... 1 Ciment de la même argile avec 0,02 de chaux 2	} 3	id.	110	id.	135
6	Chaux *idem* ..... 1 Ciment de la même argile avec 0,03 de chaux 2	} 3	id.	105	id.	130
7	Chaux *idem* ..... 1 Ciment de la même argile avec 0,04 de chaux 2	} 3	id.	115	id.	155
8	Chaux *idem* ..... 1 Ciment de la même argile avec 0,05 de chaux 2	} 3	id.	125	id.	160
9	Chaux *idem* ..... 1 Ciment de la même argile avec 0,06 de chaux 2	} 3	id.	105	id.	135
10	Chaux *idem* ..... 1 Ciment de la même argile avec 0,07 de chaux 2	} 3	id.	90	id.	125
11	Chaux *idem* ..... 1 Ciment de la même argile avec 0,08 de chaux 2	} 3	id.	90	id.	130
12	Chaux *idem* ..... 1 Ciment de la même argile avec 0,09 de chaux 2	} 3	id.	105	id.	135
13	Chaux *idem* ..... 1 Ciment de la même argile avec 0,10 de chaux 2	} 3	id.	110	id.	130
14	Chaux *idem*.. ..... 1 Ciment de la même argile avec 0,04 de chaux 2	} 3	»	»	4	85
15	Même mortier............		»	»	4	95
16	Même mortier............		»	»	3	135
17	Même mortier............		»	»	3	175

Observations sur les expériences du Tableau n° 20.

Les expériences ci-dessus ont été faites de la même manière que celles du tableau n° 19 pour la cuisson des argiles ; mais pour la confection des mortiers, j'ai fait le dosage en employant une partie de chaux commune en pâte contre deux parties de ciment. J'ai également fait deux expériences comparatives avec du trass et de la pouzzolane ; elles se trouvent en tête du tableau. Le mortier avec trass a durci dans quatre jours et a supporté 145 kilogrammes ; celui avec pouzzolane a durci dans trois jours, et s'est rompu sous le poids de 130 kilogrammes. On a vu dans le tableau n° 13 qu'un mortier absolument semblable avait supporté 225 kilogrammes avant de se rompre. On voit donc que l'on trouve avec la pouzzolane comme avec les trass des résultats bien différents.

L'inspection du tableau ci-contre fait également voir que les ciments calcinés avec les pierres à chaux ont donné un résultat moins bon que ceux qui ont été calcinés avec les briques. Il montre aussi que la proportion de chaux mêlée avec l'argile qui a donné le meilleur résultat pour le degré de cuisson qui a eu lieu est de 4 à 5 centièmes ; mais ici le meilleur résultat obtenu avec de l'argile mêlée de chaux est moindre que celui du n° 3, dont l'argile n'a point de chaux, tandis que, dans le tableau n° 19, le n° 6, dont l'argile contient deux centièmes de chaux, a donné un résultat supérieur à celui n° 3, dont l'argile ne contient point de chaux. On voit du reste que les deux mortiers de ces deux tableaux dont l'argile a été chauffée avec deux centièmes de chaux ne diffèrent pas beaucoup. On remarque une différence plus grande entre les deux mortiers n° 3 des deux tableaux précédents, quoiqu'ils ne contiennent point de chaux ; cela peut tenir à deux circonstances : la première, c'est que dans le tableau n° 19 le dosage a été fait avec de la chaux en poudre, tandis que dans le tableau n° 20 il a eu lieu avec de la chaux en pâte ; la seconde, c'est que le ciment du mortier n° 3 du tableau ci-dessus peut avoir reçu un degré de calcination plus convenable que celui du même numéro du tableau n° 19.

Les mortiers n°° 14, 15, 16 et 17 ont été faits tous les quatre avec de l'argile qui a été mêlée avec quatre centièmes de chaux, mais qui a été chauffée à divers degrés dans une autre fournée, et l'on a obtenu des résultats différents. Le ciment du mortier n° 14 a été chauffé avec les tuiles et placé dans la partie supérieure ; celui du n° 15 a été placé au milieu des tuiles ; celui n° 16 l'a été entre les tuiles et les briques ; enfin celui n° 17 a été placé au milieu des briques. On voit, d'après cela, que le ciment du n° 14 a été le moins chauffé de ces quatre expériences, et que le n° 17 est celui qui l'a été le plus. Ce dernier mortier a présenté à peu de chose près la même résistance que le n° 3, dont le ciment ne contenait point de chaux.

Il y a plusieurs anomalies dans la dernière colonne du tableau n° 20 ; cela me paraît tenir au degré de calcination. On remarque en effet que, dans une fournée de briques, non-seulement les différentes rangées éprouvent une calcination différente, mais encore les briques d'une même rangée ne sont pas toutes cuites au même point. Tous les mortiers de la dernière colonne des deux derniers tableaux ci-dessus ont mis environ quinze jours à durcir, à l'exception des quatre derniers, qui ont durci dans le court espace de trois à quatre jours. J'attribue cet effet à ce que les quatre derniers ciments ont été placés à côté de l'un des conduits laissés dans la masse des briques pour y distribuer la chaleur, et qu'ainsi ils se sont trouvés pendant la cuisson exposés à un courant d'air, ce qui contribue à la promptitude du durcissement, ainsi que j'aurai occasion de le faire voir plus bas.

Les expériences rapportées dans les tableaux n°s 16, 17, 18, 19 et 20, font voir que la présence de la chaux a une grande influence lorsqu'elle se trouve à l'état de carbonate dans les argiles que l'on fait cuire pour les transformer en pouzzolanes artificielles, attendu que la chaleur nécessaire pour parvenir à ce résultat fait dégager une grande partie de l'acide carbonique, et que la chaux, mêlée avec l'argile, la fait passer facilement à un commencement de vitrification qui détruit toute propriété hydraulique dans ces ciments. Il en résulte en outre 1° que les argiles qui ne contiennent point de chaux demandent à être assez fortement calcinées pour acquérir la propriété de former de bonnes pouzzolanes artificielles, et que la chaleur nécessaire pour bien cuire la brique est pour elle le point convenable; 2° que, lorsque les argiles contiennent jusqu'à un dixième de carbonate de chaux, la température employée pour cuire les tuiles est suffisante; 3° que le degré de chaleur est trop fort pour celles qui contiennent depuis un dixième jusqu'à un cinquième de carbonate de chaux, ainsi que cela se rencontre quelquefois, mais que l'on peut encore obtenir de bons résultats avec ces argiles en les calcinant à une température moindre que celle qui convient pour la cuisson des tuiles; 4° il ne paraît pas que la présence de la chaux dans l'argile contribue à en faire des pouzzolanes plus énergiques. Si elle donne de l'énergie à quelques argiles, cette amélioration est peu de chose; et d'ailleurs il peut résulter de ce mélange, lorsqu'on en pousse la calcination trop loin, que les ciments perdent toute leur propriété hydraulique. A la fin de ce chapitre, je développerai tous les moyens qu'il faut prendre pour fabriquer de bonnes pouzzolanes artificielles.

Parmi les substances que l'on rencontre le plus fréquemment après la chaux dans les argiles, il faut ranger le carbonate de magnésie. J'ai, en conséquence, fait les expériences suivantes avec de l'argile de Holsheim et diverses proportions de carbonate de magnésie.

TABLEAU.

TABLEAU N° 21.

N.os des mortiers.	COMPOSITION DES MORTIERS.		Nombre de jours qu'ils ont mis à durcir dans l'eau.	Poids qu'ils ont supporté avant de se rompre.
			jours.	kil.
1	Chaux commune mesurée en pâte . . . . 1 Ciment d'argile de Holsheim 2	} 3	20	150
2	Chaux *idem.* . . . . 1 Ciment de la même argile, avec 0,01 de carbonate de magnésie 2	} 3	*idem.*	155
3	Chaux *idem.* . . . . 1 Ciment de la même argile, avec 0,03 de *idem* . . 2	} 3	*idem.*	150
4	Chaux *idem* . . . . 1 Ciment de la même argile, avec 0,05 de *idem*. . . 2	} 3	*idem.*	155
5	Chaux *idem.* . . . . 1 Ciment de la même argile, avec 0,07 de *idem*. . . 2	} 3	*idem.*	150
6	Chaux *idem* . . . . 1 Ciment de la même argile, avec 0,10 de *idem*. . . 2	} 3	*idem.*	150
7	Chaux *idem* . . . . 1 Ciment de la même argile, fortement chauffée, avec 0,05 de carbonate de magnésie 2	} 3	*idem.*	105

Observations sur les expériences du Tableau n° 21.

J'ai fait les mélanges ci-dessus de l'argile de Holsheim avec le carbonate de magnésie, de la même manière que j'ai opéré dans les tableaux précédents pour le mélange de la chaux. On voit que le durcissement a été plus lent qu'à l'ordinaire; mais cela tient à ce que les expériences ont été faites au mois de janvier, par un froid assez vif.

Ces argiles ont été placées dans le four à chaux, entre les briques et les tuiles, et l'on voit, par le résultat qu'a produit le n° 1, que le degré de chaleur n'a pas été tout-à-fait assez fort pour donner à cette argile toute l'énergie dont elle est susceptible. On voit aussi qu'à ce degré de chaleur, le carbonate de magnésie n'a pas eu une grande action sur la transformation de cette argile en pouzzolane. Mais le ciment du n° 7 a été plus fortement chauffé en le plaçant entre les briques et la chaux; l'argile de ce numéro contient la même quantité de carbonate de magnésie que le n° 4, et l'on voit qu'il a supporté 50 kilogrammes de moins. On ne peut pas en conclure que cet effet soit dû à la magnésie; attendu que l'argile de Holsheim seule perd beaucoup de sa force lorsqu'elle est trop chauffée, ainsi qu'on le verra par le n° 1 du tableau n° 23. Il paraît donc que la magnésie est à peu près passive dans la confection des pouzzolanes artificielles.

L'argile est, comme on le sait, un mélange de silice et d'alumine : j'ai en conséquence fait les expériences suivantes, en ajoutant du sable à l'argile, que j'ai fait chauffer.

TABLEAU N° 22.

NUMEROS des MORTIERS.	COMPOSITION DES MORTIERS.	NOMBRE de jours qu'ils ont mis à durcir dans l'eau.	POIDS qu'ils ont supporté avant de se rompre.
1	Chaux commune éteinte en poudre et mesurée *idem*. . . . . 1 Ciment de terre à pipe chauffée pendant 6 heures dans un fourneau à réverbère. 2 } 3	12	190
2	Chaux *idem*.. . . . . 1 Ciment de l'argile ci-dessus que l'on a dépouillée d'une partie de son sable, et à laquelle on a ajouté 0,10 de sable blanc broyé fin. . . . . 2 } 3	14	170
3	Chaux *idem* . . . . 1 Ciment d'argile du n° 2 avec 0,20 de sable *idem*. . . . . 2 } 3	15	172
4	Chaux *idem*. . . . . 1 Ciment d'argile du n° 2, avec 0,30 de sable *idem*. . . . . 2 } 3	15	174
5	Chaux *idem* . . . . 1 Ciment d'argile du n° 2, avec 0,40 de sable *idem*. . . . . 2 } 3	15	215
6	Chaux *idem* . . . . 1 Ciment d'argile du n° 2, avec 0,50 de sable *idem* . . . . 2 } 3	15	210
7	Chaux *idem*.. . . . . 1 Ciment d'argile ocreuse jaune. . . . . 2 } 3	16	85
8	Chaux *idem*. . . . . 1 Ciment d'argile ocreuse jaune, dépouillée d'une partie de son sable. . . . . . . 2 } 3	20	65
9	Chaux *idem*. . . . . 1 Ciment de l'argile du n° 8, avec 0,10 de sable blanc broyé fin. . . . . 2 } 3	20	75

Suite du Tableau n° 22.

NUMÉROS des mortiers.	COMPOSITION DES MORTIERS.	NOMBRE de jours qu'ils ont mis à durcir dans l'eau.	POIDS qu'ils ont supporté avant de se rompre.
10	Chaux *idem* . . . . 1 Ciment de l'argile n° 8, avec 0,20 de sable *idem*. . . . . 2 } 3	18+	8o
11	Chaux *idem* . . . . 1 Ciment de l'argile du n° 8, avec 0,30 de sable *idem*. . . . . 2 } 3	16	86
12	Chaux *idem* . . . . 1 Ciment de l'argile du n° 8, avec 0,40 de sable *idem*. . . . . 2 } 3	18	70
13	Chaux *idem* . . . . 1 Ciment de l'argile n° 8, avec 0,50 de sable *idem*. . . . . 2 } 3	20	6o
14	Chaux *idem* . . . . 1 Ciment d'argile dite Rintzel . . . . 2 } 3	12	16o
15	Chaux *idem* . . . . 1 Ciment d'argile dite Rintzel, dépouillée d'une partie de son sable. . . . . 2 } 3	10	19o

Observations sur les expériences du Tableau n° 22.

Pour faire les six expériences ci-dessus, j'ai pris de l'argile blanche que l'on envoie des environs de Cologne à Strasbourg aux fabricants de pipes. L'analyse de cette argile a été donnée à la page 55, et fait voir qu'elle ne contient que très peu de fer, et que l'alumine qui s'y trouve est à peu près le tiers de la silice. J'ai pris une portion de cette argile, je l'ai délayée dans une grande masse d'eau, et, en la décantant plusieurs fois, je l'ai dépouillée d'une partie de sa silice; j'ai alors fait le mortier n° 1 avec l'argile naturelle; les autres mortiers, jusqu'au n° 8, ont été composés avec l'argile dépouillée d'une partie de sa silice et à laquelle j'ai ajouté successivement les portions de sable qui sont indiquées au tableau ci-dessus. Le sable dont je me suis servi était blanc et siliceux; il a été broyé très fin et mélangé avec l'argile.

J'ai omis de faire un mortier qui aurait dû être composé avec une portion de cette argile dépouillée d'une partie de son sable, ainsi que je l'ai fait pour une autre argile qui se trouve sous le n° 8. L'argile des six premiers numéros a été calcinée pendant six heures dans un fourneau à réverbère. Le n° 2, qui a moins de sable que le n° 1 , a donné un résultat moins fort. La bonté des mortiers suivants est allée en augmentant jusqu'au n° 5, auquel j'avais ajouté quatre dixièmes de sable; enfin, le n° 6, qui contient 0,50 de sable, a donné un résultat moins bon que le n° 5.

Les expériences depuis le n° 7 jusqu'au n° 13 ont été faites avec une argile très grasse; c'est une terre ocreuse jaune; je n'en ai point l'analyse. J'ai traité cette argile comme la précédente, c'est-à-dire que j'en ai pris une portion que j'ai délayée dans une grande masse d'eau, et que j'ai décantée à plusieurs reprises afin de la séparer d'une partie du sable qu'elle contenait. Le n° 7 a été fait avec l'argile ocreuse naturelle; le n° 8 l'a été avec l'argile dépouillée d'une portion de son sable. Pour faire les mortiers suivants, jusqu'au n° 13, j'ai ajouté à l'argile que j'avais séparée d'une partie de son sable les diverses parties de sable qui sont indiquées au tableau; ces argiles ont, comme la terre à pipe, été chauffées pendant six heures dans un fourneau à réverbère, en les tenant à un rouge tendre. On voit que pour cette argile, comme pour la terre à pipe, on a obtenu un résultat moins bon lorsqu'on a privé l'argile d'une trop grande quantité de sable, et que l'on a augmenté son énergie en ajoutant un peu de cette substance, mais que, passé une certaine quantité, cette énergie est allée en diminuant. La comparaison des expériences ci-dessus, faites avec la terre à pipe et l'argile ocreuse, fait voir que les terres ocreuses ne sont point les plus favorables pour la confection des pouzzolanes artificielles, ainsi qu'on l'a cru pendant long-temps; divers autres résultats confirment encore cette remarque.

Les expériences n°ˢ 14 et 15 ont été faites avec une argile qui se trouve aux environs de Haguenau, et qui est employée à divers usages; cette argile est grise, et ne contient point de chaux; elle est réfractaire. On l'emploie à la construction des fours où l'on fait chauffer la garance. En la pétrissant dans la main, on sent qu'elle contient une assez grande quantité de sable. Le n° 14 est composé de cette argile naturelle; mais dans le n° 15 elle est dépouillée d'une partie de son sable; dans cet état, elle était devenue beaucoup plus grasse au toucher. La comparaison des n°ˢ 14 et 15 fait voir que cette argile a donné un meilleur résultat lorsqu'elle a été dépouillée d'une partie du sable qu'elle contenait. En résumé, les expériences faites avec les trois espèces d'argiles ci-dessus prouvent que les argiles qui contiennent une trop grande quantité de sable sont moins propres à la confection des pouzzolanes artificielles que celles qui, ayant plus d'alumine, sont grasses au toucher. Lorsque les argiles contiennent une partie d'alumine contre trois de silice, elles sont très grasses; elles le sont encore assez lorsque ce rapport est de un à cinq; mais, passé ce terme, elles deviennent maigres : c'est donc dans les argiles un peu grasses que l'on doit chercher celles dont on veut faire des pouzzolanes artificielles.

On a vu, d'après l'analyse du trass et de la pouzzolane qui a été faite par M. Berthier, que ces substances contenaient de la potasse et de la soude : j'ai en conséquence mêlé de ces substances avec des argiles que j'ai fait chauffer, et je vais rapporter les résultats que j'ai obtenus :

TABLEAU.

TABLEAU N° 23.

N°	COMPOSITION DES MORTIERS.		L'argile ayant été cuite avec les briques.		L'argile ayant été cuite avec la chaux.	
			D. (jours)	P. (kil.)	P. (jours)	D. (kil.)
1	Chaux commune, mesurée en pâte.... 1 Ciment d'argile de Holzheim...... 2	} 3	15	150	25	45
2	Chaux *idem* .... 1 Ciment de la même argile, avec $\frac{1}{10}$ d'eau de soude à 5°. 2	} 3	id.	145	»	»
3	Chaux *idem*. .... 1 Ciment *idem*, avec $\frac{1}{8}$ d'eau *idem*.... 2	} 3	id.	140	»	»
4	Chaux *idem* .... 1 Ciment *idem*, avec $\frac{1}{3}$ d'eau *idem*, ... 2	} 3	id.	135	»	»
5	Chaux *idem*. .... 1 Ciment *idem*, avec $\frac{1}{3}$ d'eau *idem* 2	} 3	id.	135	»	»
6	Chaux *idem* .... 1 Ciment *idem*, avec $\frac{1}{2}$ d'eau *idem*, ... 2	}• 3	id.	150	25	135
7	Chaux *idem* .... 1 Ciment d'argile *idem*, avec $\frac{1}{10}$ d'eau de potasse à 5°. 2	} 3	id.	155	»	»
8	Chaux *idem* .... 1 Ciment *idem*, avec $\frac{1}{6}$ d'eau *idem*.... 2	} 3	id.	165	»	»
9	Chaux *idem*. .... 1 Ciment *idem*, avec $\frac{1}{4}$ d'eau *idem*.... 2	} 3	id.	170	»	»
10	Chaux *idem*. .... 1 Ciment *idem*, avec $\frac{1}{3}$ d'eau *idem*.... 2	} 3	id.	165	»	»
11	Chaux *idem* .... 1 Ciment *idem*, avec $\frac{1}{2}$ d'eau *idem*.... 2	} 3	id.	155	25	120
12	Chaux *idem* .... 1 Ciment *idem*, avec $\frac{1}{2}$ d'eau salpêtrée à 5° 2	} 3	id.	(1)	id.	120
13	Chaux *idem* .... 1 Ciment *idem*, avec $\frac{1}{2}$ d'eau salpêtrée à 10° 2	} 3	»	»	id.	110
14	Chaux *idem* .... 1 Ciment *idem*, avec $\frac{1}{2}$ d'eau salée à 5°.. 2	} 3	id.	150	id.	120

(1) Ce mortier s'est rompu en le taillant, mais il était très dur.

Observations sur les expériences du Tableau n° 23.

Pour faire les expériences ci-dessus, j'ai pris de l'argile de Holsheim, et je l'ai mélangée avec diverses quantités d'eau chargée de soude à 5° du pèse-acide. Les quantités d'eau chargées de soude que ces argiles contiennent sont prises par rapport au volume de l'argile. J'ai fait une opération semblable avec de la potasse, ainsi que l'indiquent les numéros depuis 7 jusqu'à 11 ; les n° 12 et 13 ont eu leur argile mêlée avec de l'eau contenant du salpêtre ; enfin, le n° 14 a eu son argile mouillée avec de l'eau salée.

Les argiles des onze premiers numéros de la première colonne du tableau ont été chauffées dans le four à chaux entre les tuiles et les briques, afin de ne leur donner qu'un degré de chaleur modéré. Celles des n° 1, 6 et 11 de la deuxième colonne ont été cuites avec la chaux, et ont reçu un coup de feu très fort.

Si l'on observe le résultat que présentent les onze premiers numéros dont l'argile a été chauffée avec les briques, on verra que le premier de ceux qui contiennent de la soude diffère peu du n° 1, qui n'en contient point, mais que la résistance des numéros suivants est allée en diminuant un peu, à mesure que la proportion de soude a augmenté. Avec la potasse, j'ai obtenu un résultat différent ; la résistance des mortiers va en augmentant jusqu'au n° 9, et ensuite elle a diminué. Les argiles qui ont été placées entre les tuiles et les briques ont reçu un degré de chaleur un peu trop faible, car le n° 1 n'a supporté qu'un poids de 150 kilogrammes, tandis qu'on a vu qu'il en pouvait supporter jusqu'à 180, lorsque cette argile était chauffée convenablement.

L'argile des n° 1, 6 et 11, qui avait été placée au milieu de la chaux, a reçu un degré de chaleur beaucoup plus grand qu'à l'ordinaire : car le ciment du n° 1 était devenu bleu comme de l'ardoise, tandis que le plus souvent il est d'un rouge foncé assez ressemblant à la couleur de la pouzzolane que j'ai employée.

On voit que le mortier n° 1 a beaucoup perdu de sa force lorsque son ciment a été calciné avec la chaux, puisque, au lieu de 150 kilogrammes, il n'en a plus supporté que 45 ; mais il est singulier que les n° 6 et 11, qui ont reçu le même degré de chaleur et dont les ciments étaient également bleus, aient présenté une résistance beaucoup plus grande que le n° 1 correspondant. L'effet de la soude et de la potasse a donc été d'empêcher cette argile de perdre une grande partie de sa propriété hydraulique par suite d'une trop forte calcination. J'avais pensé que j'aurais obtenu un résultat opposé, attendu que ces substances, chauffées avec la silice, forment du verre, et que toute substance vitrifiée fait de très mauvaise pouzzolane. Mais ces ciments ne m'ont présenté aucune trace de vitrification. J'ai obtenu aussi un peu d'avantage à humecter de l'argile avec de la lessive de cendres marquant 5° au pèse-acide.

Les n° 12 et 13 sont composés avec la même argile, délayée avec de l'eau contenant du salpêtre (nitrate de potasse). Cette expérience a été faite en double : le ciment de l'une a été peu chauffé et l'autre l'a été beaucoup. Malheureusement le premier mortier s'est rompu en le taillant ; la seconde expérience a donné un résultat semblable à celui que j'ai obtenu avec la potasse. Cet essai avait pour but de vérifier si le ciment à l'eau-forte , que l'on emploie depuis long-temps, mérite sa grande réputation. On sait que le ciment dit *à l'eau-forte* est un résidu argileux, provenant de la distillation du nitrate de potasse avec de l'argile pour en extraire l'acide nitrique. Cette opération se fait dans des cornues de grès ou de verre ; le résidu est une combinaison d'argile ferrugineuse, de potasse et de quelques sels alcalins. On le pulvérise , et c'est ce que l'on appelle le ciment à l'eau-forte. On en obtient de très bons résultats. Mais je présume , d'après ce que j'ai dit ci-dessus , que la qualité de ce ciment doit être très variable, suivant la composition des argiles dont on se sert, et surtout d'après la chaux qu'elles peuvent contenir. Il est fâcheux que le mortier n° 12, dont l'argile avait été calcinée modérément, ait été rompu. On voit que l'expérience dont l'argile avait été fortement calcinée a donné un résultat moyen. Le n° 13 ne diffère du n° 12 qu'en ce que l'eau était plus chargée de nitrate de potasse. L'expérience du n° 9 ayant donné un résultat sensiblement supérieur à celle n° 1 , qui lui correspond, tout me porte à croire que le ciment à l'eau-forte doit être très bon ; mais ces expériences auraient besoin d'être répétées.

J'ai rapporté plus haut que les Hollandais font un très bon trass factice en calcinant une argile qu'ils tirent du fond de la mer : en conséquence j'ai mêlé pour le n° 14 la même argile de Holsheim avec de l'eau salée. Si l'on compare le n° 14 de de la première colonne du tableau avec le n° 1 correspondant , on voit que le résultat est le même. Si l'on fait la même comparaison dans la seconde colonne, qui comprend les argiles calcinées avec la chaux , on remarque que le mortier dont l'argile a été mêlée avec l'eau salée a conservé une grande supériorité. On est donc en droit de conclure que le sel marin a agi comme la potasse et la soude , c'est-à-dire qu'il a empêché qu'une trop forte calcination n'ait enlevé à l'argile une grande partie de ses propriétés hydrauliques. Il résulte de là que , lorsqu'on aura à fabriquer des pouzzolanes factices près des bords de la mer, on fera bien d'essayer si , en mélangeant l'argile avec de l'eau de mer, on ne détruirait pas le mauvais effet qu'éprouve une argile qui est trop fortement calcinée. Cela serait avantageux , attendu qu'il est assez difficile de donner le même degré de cuisson à une fournée lorsqu'elle est forte. Ces expériences auraient besoin d'être faites à différents degrés de température , afin d'en comparer les résultats. Dans l'intérieur même il ne serait pas coûteux d'imbiber les argiles que l'on doit faire calciner avec de l'eau chargée d'un peu de sel ordinaire.

Si , d'après les expériences du tableau n° 23 , la soude mélangée avec l'argile de Holsheim produit des résultats un peu moins bons que ceux que l'on obtient avec cette argile naturelle, il n'en est pas de même de la potasse. Elle a donné des résultats sensiblement meilleurs lorsque la dose n'a pas été trop forte. Toutefois, ce moyen ne peut pas être employé, à cause de la dépense qui en résulterait tant pour l'achat de la potasse que pour opérer le mélange. Je montrerai plus tard qu'il est facile de parvenir au même but d'une manière moins dispendieuse, en faisant un choix convenable des argiles; mais l'observation des effets de la potasse servira à jeter quelque jour sur la théorie des pouzzolanes et des tras.

Le durcissement des mortiers du tableau ci-dessus a été un peu lent ; une des causes de cette lenteur est que ces expériences ont été faites au commencement de l'hiver. Les mortiers de la première série ont tous mis à peu près quinze jours à durcir, et ceux de la seconde vingt-cinq jours.

Je vais maintenant donner les résultats que j'ai obtenus avec différents ciments naturels des environs de Strasbourg ou provenant des argiles qu'on y emploie à différents usages.

TABLEAU.

sensiblement meilleurs lorsque la dose n'a pas été trop forte. Toutefois, ce moyen ne peut pas être employé, à cause de la dépense qui en résulterait tant pour l'achat de la potasse que pour opérer le mélange. Je montrerai plus tard qu'il est facile de parvenir au même but d'une manière moins dispendieuse, en faisant un choix convenable des argiles; mais l'observation des effets de la potasse servira à jeter quelque jour sur la théorie des pouzzolanes et des tras.

Le durcissement des mortiers du tableau ci-dessus a été un peu lent ; une des causes de cette lenteur est que ces expériences ont été faites au commencement de l'hiver. Les mortiers de la première série ont tous mis à peu près quinze jours à durcir, et ceux de la seconde vingt-cinq jours.

Je vais maintenant donner les résultats que j'ai obtenus avec différents ciments naturels des environs de Strasbourg ou provenant des argiles qu'on y emploie à différents usages.

TABLEAU N° 24.

NUMÉROS des MORTIERS.	COMPOSITION DES MORTIERS.	NOMBRE de jours qu'ils ont mis à durcir dans l'eau.	POIDS qu'ils ont supporté avant de se rompre.
1	Chaux commune, sable et trass.	4 à 20	105 à 252
2	Chaux *idem* et trass.	5 à 16	120 à 265
3	Chaux *idem*, sable et pouzzolane.	4 à 5	160 à 227
4	Chaux *idem* et pouzzolane.	5 à 6	130 à 250
5	Chaux *idem*, sable et ciment d'argile de Francfort.	4 à 6	190 à 255
6	Chaux *idem* et ciment d'argile de Francfort.	3 à 5	192 à 263
7	Chaux *idem*, sable et ciment d'argile de Cologne.	14 à 18	130 à 215
8	Chaux *idem* et ciment d'argile de Cologne.	12 à 15	140 à 225
9	Chaux *idem*, sable et ciment d'argile de Wissembourg.	14 à 16	110 à 195
10	Chaux *idem* et ciment d'argile de Wissembourg.	12 à 15	100 à 210
11	Chaux *idem*, sable et ciment d'argile de Holsheim.	12 à 18	115 à 190
12	Chaux *idem* et ciment d'argile de Holsheim.	10 à 15	125 à 200
13	Chaux *idem*, sable et ciment de briques de Sufflenheim.	16 à 20	105 à 185
14	Chaux *idem* et ciment de briques de Sufflenheim.	15 à 18	115 à 210
15	Chaux *idem*, sable et ciment d'argile de Kolbsheim.	10 à 12	105 à 140
16	Chaux *idem* et ciment d'argile de Kolbsheim.	8 à 10	115 à 145
17	Chaux *idem* et ciment de briques blanchâtres d'Achenheim.	12 à 15	110 à 150
18	Chaux *idem* et ciment de briques rouges d'Achenheim.	25 à 35	55 à 55
19	Chaux *idem* et ciment de briques jaunes de Kehl.	25 à 40	25 à 35
20	Chaux *idem* et ciments divers du magasin.	10 à 50	55 à 150
21	Chaux *idem* et ciment d'ardoises.	12 à 15	145 à 205
22	Chaux *idem* et ciment de Sanguine.	15	160
23	Chaux *idem* et ciment d'ocre jaune	18	135
24	Chaux *idem* et deux parties de ciment de Paris.	4	85 *
25	Chaux *idem*, sable et ciment de Paris.	5	45 *

(*) Ces deux mortiers étaient fendus.

Observations sur les expériences du Tableau N° 24.

J'ai réuni dans le tableau ci-dessus diverses expériences que j'ai faites pour produire des mortiers hydrauliques avec de la chaux commune et différentes espèces d'argile que j'ai fait calciner sans y rien ajouter. En tête du tableau, j'ai mis les résultats donnés par le trass et la pouzzolane. J'ai réuni toutes les expériences du même genre en une seule, attendu que quelquefois j'ai fait les mortiers en prenant de la chaux en poudre et d'autre fois de la chaux en pâte pour faire le dosage. Les proportions de sable et de trass ou de ciments ont également varié. On voit qu'il eût fallu un tableau très étendu pour séparer ces expériences. En les réunissant comme je l'ai fait, on saisit mieux l'ensemble des résultats.

Le n° 1 comprend les mortiers composés de diverses chaux communes, de sable et de trass. Plusieurs causes ont contribué à en faire varier le durcissement et la résistance : ce sont principalement la qualité des trass; le temps pendant lequel on a laissé la chaux à l'air après l'avoir éteinte avec un peu d'eau; le dosage, et enfin la saison. Cette observation s'applique à tous les mortiers suivants. La plus faible résistance des mêmes mortiers n° 1 est de 105 kilogrammes, et la plus forte de 232.

Le n° 2 comprend la série des expériences faites avec la chaux commune et du trass seulement. Les résistances ont varié de 120 à 265; ce dernier résultat est le plus fort que j'aie obtenu dans toutes mes expériences. Ce mortier a été fait en été avec de la chaux éteinte en poudre depuis deux mois, et il est probable que le morceau de trass était d'une très bonne qualité.

Les deux séries d'expériences sous les n° 3 et 4 ont été faites avec de la chaux commune, du sable et de la pouzzolane, et avec cette dernière substance seulement. La pouzzolane s'est comportée de la même manière que le trass. D'après la colonne qui indique le durcissement, on serait porté à croire que les mortiers de pouzzolanes durcissent beaucoup plus vite que ceux de trass; mais ce serait une erreur. Cette colonne comprend, pour les trass, les mortiers qui ont été faits en été comme en hiver; mais avec la pouzzolane je n'ai fait d'expériences qu'en été, et dans cette saison le durcissement a été à peu de chose près le même avec ces deux substances. Il y a eu cependant un léger avantage en faveur de la pouzzolane, mais je ne puis l'évaluer qu'à un demi-jour. Ainsi que je l'ai dit, je regarde ces deux substances comme m'ayant donné les mêmes résultats.

Les n° 5 et 6 comprennent les expériences faites avec une argile que l'on tire d'un village nommé Kingelsberg, à douze lieues de Francfort; cette argile est employée à Strasbourg pour en faire de l'alun; on la préfère aux argiles du pays, parce qu'elle ne contient presque point de fer; on l'a fait calciner pendant trente-six heures avant de la faire dissoudre dans l'acide sulfurique. Lorsque cette argile est crue, elle est noirâtre, et cette couleur est due à des débris de végétaux. En la calcinant un peu, elle devient bleue; dans cet état elle ne donne que de mauvais résultats; lorsqu'on la calcine fortement, alors elle devient très blanche, et forme une excellente pouzzolane artificielle, comme le font voir les n°" 5 et 6. L'analyse de cette argile montre qu'elle ne contient point de chaux, et l'on peut regarder comme sans action la petite quantité de fer qui s'y trouve. Ainsi donc, on a été dans l'erreur lorsqu'on a attribué une grande influence au fer dans la confection des pouzzolanes artificielles; les expériences faites sous les n°" 5 et 6 prouvent que l'on peut obtenir une très bonne pouzzolane artificielle avec une argile qui ne contient ni fer ni chaux. L'analyse de cette argile fait voir que l'alumine s'y trouve, par rapport à la silice, à peu près dans le rapport de trois à cinq (V. page 55); cette argile est très grasse au toucher. Les mortiers faits avec ce ciment et du sable ont donné quelquefois des résultats supérieurs à ceux dans lesquels il n'entrait que de ce ciment, et quelquefois ils se sont trouvés un peu inférieurs, comme cela a lieu pour le trass. Le durcissement a toujours été aussi prompt qu'avec la pouzzolane; je dirai tout à l'heure à quoi tient cet effet.

Les séries n°" 7 et 8 sont faites avec de l'argile blanche que l'on fait venir de Cologne à Strasbourg pour fabriquer des pipes. On a vu à la page 55 qu'elle ne contient point de chaux, et très peu de fer. Le tableau fait voir que les mortiers faits avec ce ciment ont donné aussi de très bons résultats, quoique cette argile ne contienne pas autant d'alumine que celle de Francfort, mais le durcissement a été plus lent.

Les mortier n°" 9 et 10 sont composés avec une argile des environs de Wissembourg; elle est employée à Strasbourg à faire des pipes communes. Cette argile ne contient point de chaux; elle est comme marbrée par des veines d'oxide rouge de fer; si l'analyse n'en indique pas beaucoup plus que dans l'argile de Cologne, c'est que l'échantillon que j'ai envoyé pour être analysé a été pris entre ces veines. Le tableau fait voir que les résultats obtenus sont très bons.

Les séries n°" 11 et 12 sont faites avec de l'argile de Holsheim; elle ne contient point de chaux, mais une assez grande quantité de fer; elle est d'une couleur rougeâtre, et assez douce au toucher, quoique la portion d'alumine qui s'y trouve soit à peine le quart de celle de la silice. Le ciment de cette argile a donné de très bons résultats, mais le durcissement a été lent.

Les séries n°" 13 et 14 sont faites avec des briques de Sufflenheim, dont l'argile ne contient point de chaux, mais renferme une assez grande quantité de fer; elle n'est pas très grasse, et en effet l'alumine n'y est qu'à peu près le septième de la silice. Le ciment dont j'ai fait ces divers mortiers provient de briques que j'ai réduites a poudre; on voit que les résultats sont également très bons.

Les séries n°" 15 et 16 sont faites avec des briques de Kolbsheim; la terre de cette tuilerie est assez grasse, puisqu'elle contient un quart d'alumine par rapport à la silice. Elle renferme une assez grande quantité de fer, et plus d'un dixième de chaux; les résultats ont été moins bons qu'avec le ciment de Holsheim et de Sufflenheim. Les expériences ont été faites avec du ciment provenant de briques; je n'en ai pas fait un grand nombre, et il est possible que je me sois servi de briques qui étaient un peu trop cuites.

Les mortiers nᵒˢ 17 et 18 ont été faits avec du ciment de briques d'Achenheim. Le nᵒ 17 est fait avec du ciment provenant de briques blanchâtres; il contient peu de fer et peu de chaux. Les résultats obtenus sont assez bons. Le nᵒ 18 est fait avec du ciment de briques qui sont très rouges; ce ciment contient beaucoup de fer et une grande quantité de chaux. On voit que les mortiers faits avec ce ciment sont très mauvais. Je ne suis pas certain si les briques blanchâtres du nᵒ 17 sont faites avec des terres d'Achenheim même, ou si on les fait venir des environs.

Les expériences sous le nᵒ 19 ont été faites avec des briques jaunes de Kehl. Je ne connais point l'analyse de cette terre, mais les briques sont faites avec une terre ocreuse jaune qui contient une assez grande quantité de chaux; on voit que je n'ai obtenu que de mauvais résultats.

La série nᵒ 20 a été faite avec divers ciments pris au magasin de l'entrepreneur; ces ciments provenaient d'un mélange de tuileaux et de briques diverses. On voit que, si j'ai quelquefois obtenu un bon résultat, il y en a eu aussi de bien mauvais; cela devait être, d'après ce que j'ai dit ci-dessus, puisque ces ciments ont été faits avec des briques et des tuiles prises au hasard.

Les expériences sous le nᵒ 21 sont faites avec des ardoises des environs de Mayence; je n'en ai point l'analyse, mais je me suis assuré qu'elles ne contenaient point de chaux. Je les ai en conséquence fait calciner fortement, et elles ont produit un très bon ciment. J'ai eu occasion de remarquer que pour obtenir un bon résultat il fallait calciner ces ardoises jusqu'à ce qu'elles commençassent à prendre une *légère* couleur rouge après leur refroidissement, ce qui exige un coup de feu assez fort. Je suis surpris que dans les expériences de Cherbourg, par M. Gratien le père, on n'ait pas obtenu de meilleurs résultats: cela me paraît tenir au degré de cuisson que l'on n'aura pas assez varié pour reconnaître celui qui convenait le mieux. Je présume que l'on feroit de bons ciments avec les bancs schisteux des ardoisières qui se trouvent vers la surface, et qui sont trop tendres pour être façonnés en ardoises. Ils seraient plus faciles à réduire en poudre après leur calcination.

Le nᵒ 22 est fait avec du ciment provenant de la substance connue sous le nom de sanguine: on voit que la résistance de ce mortier est assez forte.

Le mortier nᵒ 23 a été fait avec du ciment provenant de la calcination de l'argile connue sous le nom d'ocre jaune: le résultat a été moindre que celui du mortier précédent. Il m'a paru que les argiles ocreuses jaunes étaient moins bonnes que les autres pour la confection des pouzzolanes artificielles: il est possible que cela tienne à ce que l'oxide de fer s'y trouve à l'état de combinaison avec la silice, ainsi que M. Berzélius l'a fait voir.

On trouve, dans les *Annales de chimie* de 1824, qu'à la fin de 1823 M. de Saint-Léger a fait confectionner à Paris de la pouzzolane factice en employant de l'argile de Passy et de Meudon dans la proportion de trois parties de ces argiles contre une partie de chaux éteinte et mesurée en pâte. En 1825, j'ai fait deux mortiers avec ce ciment, qui m'a été donné par M. de Saint-Léger.

Le mortier n° 24 est une des expériences que j'ai faites avec ce ciment; il a été fait avec une partie de chaux grasse mesurée en pâte, mélangée avec deux parties de ce ciment : ce mortier a durci promptement. Au bout d'un an, je l'ai soumis à la rupture comme les autres; mais il était fendu, et n'a supporté que 85 kilogrammes.

Le n° 25 est fait avec une partie de la même chaux, du sable et du même ciment, dosés par parties égales : ce mortier a durci promptement; mais il était également fendu, et n'a supporté que le faible poids de 45 kilogrammes. L'on verra dans la seconde section que j'ai fait avec ce ciment un mortier qui a été exposé à l'air pendant un an, et qu'il avait si peu de consistance, qu'il se broyait facilement entre les doigts.

Les mauvais résultats que j'ai obtenus avec les ciments de M. de Saint-Léger me paraissent tenir à la quantité de chaux qu'on a mêlée avec l'argile pour faire le ciment. J'ai dit dans mon mémoire de 1822, dont un extrait se trouve dans *le Moniteur* du 22 janvier 1823 : « La substance dont il importe le plus d'observer les pro-
« portions, c'est la chaux. Si la terre argileuse que l'on emploie contient un dixième
« de chaux, ou une proportion plus grande, et qu'on la fasse chauffer à la chaleur
« nécessaire pour bien cuire la brique, le trass que l'on obtient est très mauvais;
« si cette terre est chauffée à une chaleur telle que celle des briques que l'on appelle
« peu cuites, alors on obtient un trass artificiel dont la qualité est médiocre, mais
« qui peut cependant être employé dans les travaux qui n'exigent pas un prompt
« durcissement. Il paraîtrait qu'une très petite quantité de chaux, telle que quatre
« ou cinq centièmes, dans les terres argileuses, loin de nuire à la bonté des trass ou
« pouzzolanes factices, amène au contraire l'argile au degré convenable pour que
« le trass qui en provient fasse durcir le mortier très promptement, et lui donne
« en même temps une grande force. Lorsqu'il ne se trouve point de chaux dans les
« terres argileuses, il faut une plus forte cuisson et le durcissement est un peu plus
« lent. »

On voit que dès 1822 j'ai regardé la chaux comme une substance à laquelle on devait avoir la plus grande attention lorsqu'on la rencontrait naturellement dans les argiles que l'on voulait convertir en pouzzolane; mais je l'ai considérée comme devant plutôt être évitée que recherchée, en observant toutefois que quelques centièmes de cette substance étaient plutôt utiles que nuisibles, lorsque l'on avait soin de ménager le degré de cuisson. On ne doit donc point faire la dépense de mélanger de la chaux avec les argiles que l'on veut convertir en pouzzolane.

En mélangeant de la chaux commune éteinte en pâte avec de l'argile, j'ai été à même d'observer un singulier phénomène, dont je n'ai pu me rendre compte : c'est que, si l'on détrempe de l'argile avec de l'eau, au point de l'amener à la consistance de sirop clair, et qu'après avoir réduit la chaux au même état, on mêle ces deux matières ensemble, aussitôt que le mélange s'opère, il devient si épais, qu'il serait difficile de continuer cette opération, si l'on n'ajoutait pas de nouveau une quantité d'eau assez considérable. J'ignore à quoi cela peut tenir.

Les résultats des expériences 18, 19 et 20, font voir combien il peut être dangereux d'employer les premiers ciments que l'on rencontre. Je puis citer un exemple à ce sujet : Lorsque le maréchal de Vauban fit construire la citadelle de Strasbourg, on établit trois grandes casemates dans les deux bastions qui sont du côté de la ville. Les souterrains du bastion de droite sont très secs, et on les emploie souvent à contenir des poudres confectionnées. Les souterrains de gauche étaient au contraire très humides; l'eau suintait partout à travers les voûtes; elles avaient toutes des chapes en ciment, mais celles de droite avaient été faites avec de bon ciment, et celles de gauche avec du mauvais. En 1808, on fut obligé de refaire les chapes de ces souterrains. En démolissant les chapes on trouva qu'elles étaient faites en ciment, mais que l'humidité les avait pénétrées depuis longtemps, et que plusieurs parties se détachaient d'elles-mêmes. Dans le rapport sur la reconstruction de ces chapes il est dit ce qui suit : « On a suivi rigoureusement, dans l'exécution de cet ouvrage, la méthode indiquée par M. Fleuret. Le « ciment a été fabriqué sous la surveillance d'un ouvrier envoyé par lui, et mis en « œuvre par des maçons déjà exercés à ce genre de travail. L'épaisseur de la chape, « qui est de six centimètres, est composée de trois couches de ciment appliquées « successivement à la truelle, et massivées à la batte. La dernière a été battue et « ensuite cirée au caillou jusqu'à ce que le ciment ait acquis assez de dureté pour « n'être plus susceptible de recevoir d'empreinte. (Rapport du capitaine du génie Gleizes, du 30 janvier 1808.) On voit que ce ne sont pas les soins et les précautions qui ont manqué dans ce travail. Malgré cela, dix ans après, l'eau filtrait de toute part à travers ces voûtes, et l'on a encore été obligé de refaire ces chapes. En les démolissant, on a reconnu que plusieurs parties des trois couches de mortier que l'on avait posées successivement pour former la chape n'avaient aucune liaison entre elles. Je pense que c'est une grande faute de faire les chapes des voûtes par couches successives; on doit, à mon avis, les faire d'une seule couche, quelle que soit l'épaisseur que l'on veuille leur donner. M. Fleuret attache une grande importance à beaucoup battre les mortiers, et l'on verra plus bas que c'est encore une erreur. Les chapes de Strasbourg ont manqué une seconde fois, parce que l'on s'est servi de chaux commune et de ciment pris au hasard; il s'est trouvé n'avoir aucune propriété hydraulique, et le mortier n'avait point de consistance. M. Fleuret a bien réussi à faire des pierres et des tuyaux factices lorsqu'il a employé de la chaux de Metz; mais l'entrepreneur de Phalsbourg, qui a voulu appliquer son procédé à la construction des tuyaux de conduits de la fontaine militaire avec les matériaux du pays, a manqué son travail et s'est ruiné. A Landau, des chapes qui ont été faites d'après le procédé de M. Fleuret ont également manqué. On a refait les chapes des souterrains de Strasbourg en 1819, avec de bons matériaux : elles ont bien réussi, et ces souterrains sont devenus très secs. J'ai cru devoir entrer dans ces détails pour faire voir combien il était important de ne point employer des ciments sans essai préalable, attendu que c'est toujours une substance assez chère, et qu'il peut arriver, s'ils sont mal choisis, qu'on n'ait pas un meilleur résultat qu'en employant du sable.

Je vais rapporter comment je suis parvenu à reconnaître une action importante que l'air exerce dans la confection des pouzzolanes artificielles. On remarquera que toutes les expériences faites avec l'argile de Francfort ont durci très vite et ont donné des mortiers d'une grande résistance. Je prenais ces argiles dans un four particulier où on les faisait calciner pour en faire de l'alun. Ayant fait chauffer un jour quelques briques de cette argile dans un four à chaux, je fus surpris de voir que le durcissement était beaucoup plus lent, quoiqu'elles eussent reçu à peu près le même degré de chaleur, ce qu'il était facile de reconnaître à leur couleur. En examinant la construction des deux fours, je remarquai que les briques étaient cuites dans le four en les plaçant au-dessus de la chaux; que par-dessus les briques on mettait les tuiles, et qu'enfin par-dessus tout cela on plaçait des carreaux de terre cuite qu'on couvrait de décombres en ne laissant de vide que dans quelques endroits, ce qui détermine un courant d'air dans quelques parties seulement du four. Il résultait de cette disposition, faite pour perdre le moins de chaleur, que les briques ou les tuiles qui se trouvaient sur ces directions étaient les seules qui fussent exposées à un courant d'air atmosphérique pendant la calcination. Je remarquai que les ciments provenant de ces briques ou de ces tuiles faisaient toujours durcir les mortiers plus promptement que les autres. D'un autre côté, j'observai que l'aire du four de la fabrication d'alun était percée de beaucoup de trous qui produisaient un grand courant d'air dans toute la masse des argiles soumises à la calcination. La figure 2 donne le plan et la coupe de ce four. La calcination se faisait au moyen de bois que l'on plaçait sous les voûtes inférieures. Je pensai alors que, si j'obtenais de bons résultats avec cette argile, et surtout un durcissement très prompt, cela pouvait provenir de ce que l'hydrate d'alumine absorbait, à une température élevée, de l'oxygène. J'étais conduit à cette supposition parce que j'avais reconnu, comme je l'ai dit à la page 42, que l'hydrate de chaux absorbait de l'oxygène. Je fis calciner un peu d'argile à un courant d'air et en vase clos, et j'ai reconnu que l'alumine de celle qui avait été calcinée à un courant d'air se dissolvait plus facilement que l'autre dans l'acide sulfurique : c'était une présomption pour mon hypothèse, mais ce n'était point une preuve. J'avais pareillement fait chauffer de ces deux manières un peu d'alumine extraite de l'alun, et j'en fis des mortiers avec de la chaux de marbre blanc. Le mortier fait avec de l'alumine chauffée à un courant d'air me parut d'abord prendre consistance plus vite que l'autre, mais au bout de quelque temps ces deux mortiers se retrouvèrent également mous, et au bout d'un an ils n'avaient aucune espèce de consistance. Cette expérience semble prouver que l'alumine seule ne peut point former de pouzzolane, et qu'il faut qu'elle soit mélangée avec une certaine quantité de silice; d'ailleurs ce résultat est d'accord avec ceux du tableau n° 22, dans lequel on a vu qu'en enlevant à l'argile une trop grande quantité de sable on diminuait l'énergie du ciment, et qu'elle augmentait lorsqu'on y ajoutait du sable siliceux très fin. L'alumine dont je me suis servi ayant déjà été calcinée et dissoute dans l'acide sulfurique pour former de l'alun, il est possible que cela lui ait ôté la propriété de former de la pouzzolane, et l'expérience aurait peut-être dû être faite avec de l'alumine naturelle; mais cette substance est très rare, et je n'en avais pas à ma disposition. Après ces premiers essais, j'ai fait les quatre dernières expériences qui se trouvent rapportées dans le tableau n° 20. On a vu que le durcissement a été très prompt : cela tient, comme je l'ai dit en parlant de ces expériences, à ce que ces briques se trouvaient exposées à un courant d'air pendant la calcination. Le dernier mortier, dont le ciment a été cuit à un degré convenable, a donné une bonne résistance en même temps qu'un durcissement très prompt. J'ai alors fait les expériences suivantes : J'ai pris de l'argile de Holsheim dont j'ai fait deux briques : l'une de ces briques était d'argile naturelle, et l'autre était mélangée avec 0,02 de chaux commune en pâte. J'ai fait calciner ces deux briques dans le four à chaux en les plaçant dans un endroit où il me paraissait qu'elles seraient peu en contact avec le courant d'air. J'ai fait en même temps des boules de la grosseur d'une noix avec la même argile naturelle de Holsheim, et avec celle qui contenait 0,02 de chaux, et ensuite j'ai fait calciner ces deux espèces d'argiles dans un fourneau à réverbère, en les tenant au rouge, pendant six heures, dans un creuset de Hesse, au fond duquel il y avait un trou. On voit donc ainsi que ces dernières argiles ont éprouvé l'effet d'un courant d'air pendant la calcination, tandis que celles qui ont été mises dans le four à chaux n'y ont pas été exposées. Voici les résultats que j'ai obtenus : Le mortier d'argile naturelle chauffée au four à chaux n'a durci qu'au bout de trente jours, et a supporté un poids de 175 kilogrammes avant de se rompre; celui qui a été fait avec la même argile mélangée de 0,02 de chaux a durci dans l'espace de dix-sept jours, et s'est rompu sous le poids de 160 kilogrammes.

Le mortier d'argile naturelle, chauffée pendant six heures au milieu d'un courant d'air, a durci dans l'espace de cinq jours; mais il s'est rompu sous le poids de 150 kilogrammes. Enfin, le mortier fait avec l'argile qui contenait 0,02 de chaux, et qui avait été également chauffée pendant le même temps à un courant d'air, a durci dans l'espace de trois jours; mais ce mortier s'est trouvé fendu et il s'est rompu sous le poids de 90 kilogrammes. Ces expériences ont été faites au commencement de 1825.

Ayant communiqué ces résultats à M. le chef de bataillon du génie Bergère, il m'observa que M. Raucourt, ingénieur des ponts et chaussées, avait publié en 1822, à Pétersbourg, un mémoire dans lequel il faisait mention de l'influence de l'air sur

la calcination des argiles que l'on veut transformer en pouzzolanes; je me suis procuré cet ouvrage, et voici ce que dit cet ingénieur, à la page 136 : « J'avais pensé
« depuis long-temps que le degré de cuisson ne pouvait pas être la seule cause des
« qualités supérieures que les terres argileuses acquéraient par une torréfaction de
« quelques minutes; autrement les briques mal cuites auraient fourni d'excellentes
« pouzzolanes; ce qui est bien loin d'avoir lieu, et plusieurs essais faits avec de la
« brique pilée, cuite à tous les degrés, n'ont jamais fourni une pouzzolane comparable
« à celle donnée par l'argile exposée sur une plaque rouge.

« On peut donc en conclure que le contact de l'air est nécessaire pour modifier,
« de la manière la plus favorable, les oxides que contiennent les terres, afin qu'ils
« puissent former avec les chaux de bonnes combinaisons hydrauliques. Pour m'en
« assurer plus particulièrement, je fis des expériences directes qui confirment com-
« plétement cette induction, qui devait me conduire à faire des recherches plus par-
« ticulières qu'on ne l'avait fait jusqu'à présent sur les chaux hydrauliques
« factices. »

Les expériences du tableau nº 16 font voir que, contrairement à l'opinion de
M. Raucourt, les briques mal cuites (c'est-à-dire peu cuites) peuvent fournir
d'assez bonnes pouzzolanes, lorsqu'elles contiennent de la chaux et que le degré de
cuisson a été ménagé convenablement. Cet ingénieur annonce positivement, dans
cet endroit, la nécessité du contact de l'air pour modifier avantageusement les argiles; mais il n'a rapporté aucune des expériences qu'il annonce avoir faites.

A la page 135 de son Mémoire il dit :

« S'il est vrai, comme on l'assure, que les terres soient des oxides métalliques,
« on serait conduit à penser qu'elles ont besoin d'un certain degré de recuit au con-
« tact de l'air pour former, avec les chaux et le concours de l'eau, des combinaisons
« insolubles; et comme plusieurs chimistes ont déjà fait voir que la présence de la
« silice en gelée pouvait contribuer à rendre hydraulique une chaux grasse, qu'il
« en était de même des oxides de fer et de manganèse; que M. Vicat, par ses trans-
« formations avec l'argile, prouve aussi que l'alumine peut jouir de cette propriété;
« que si l'on observe la chaux très hydraulique IH (art 163) on reconnaît que la
« magnésie doit nécessairement remplir des fonctions analogues; l'on sera presque
« convaincu que presque tous les oxides métalliques, convenablement préparés par
« le feu, peuvent former avec la chaux des combinaisons susceptibles de durcir
« dans l'eau.

Il y a bien des erreurs dans ce passage; car il est bien démontré que le fer et le
manganèse ne jouent aucun rôle dans les chaux hydrauliques; et ce que M. Raucourt dit à cet égard prouve qu'il n'a point consulté l'expérience. Rien n'a prouvé
jusqu'ici que l'alumine et la magnésie eussent la propriété de former des chaux hydrauliques. (La chaux citée à l'art. 163 contient de l'argile.) Enfin, rien n'est plus
douteux que les propriétés semblables que M. Raucourt attribue à presque tous

les oxides métalliques. Dans une matière aussi délicate il ne faut point que l'imagination devance les faits.

M. Raucourt n'ayant point donné les expériences qui l'ont conduit à penser que l'air jouait un rôle dans la confection des pouzzolanes artificielles, je suis obligé de tirer mes conclusions des faits qui sont présentés dans mes tableaux précédents, et principalement des quatre derniers que j'ai rapportés à la page 116. Il y a deux choses à considérer dans les pouzzolanes artificielles : la première c'est la promptitude du durcissement des mortiers dans lesquels elles entrent ; la seconde c'est la résistance de ces mortiers. Les expériences de la fin du tableau n° 20, les observations que j'ai faites sur les n° 5 et 6 du tableau n° 24, enfin les quatre expériences citées à la page 116, prouvent que, lorsque les argiles sont calcinées à un courant d'air, le durcissement est beaucoup plus prompt. Mais la résistance des mortiers est-elle aussi plus grande? C'est ce que je ne puis affirmer positivement.

On voit, par exemple, dans les quatre expériences déjà citées, que le durcissement le plus prompt coïncide avec un résultat plus faible ; mais on ne doit pas en conclure d'une manière absolue que la calcination à un courant d'air diminue la résistance des mortiers en même temps qu'elle augmente la promptitude du durcissement, car le résultat obtenu peut dépendre d'une autre cause, comme d'un degré de calcination plus ou moins convenable. Ce qui me porte à croire que la calcination des argiles à un courant d'air, loin de faire diminuer la résistance des mortiers, l'augmente au contraire, c'est que, toutes les argiles des n° 5 et 6 du tableau n° 24 ayant été chauffées de cette manière, le durcissement a été très prompt en même temps que les résistances ont été très grandes. En un mot, cela me paraît probable, mais je ne puis l'affirmer positivement ; je n'ai pas eu le temps de faire les expériences directes que je m'étais proposées, pour constater ce point important d'une manière positive.

Dans la note que je fis imprimer en 1825, j'ai dit que j'étais porté à penser qu'à une température élevée, l'alumine contenue dans les argiles absorbait de l'oxygène, et que cette absorption rendait les ciments plus propres à se combiner avec les chaux communes par la voie humide. M. Vicat est d'un avis opposé. Il a inséré une note dans les *Annales de Chimie* de 1827, tome 34, où il dit qu'il a fait calciner pendant une demi-heure de l'argile pulvérisée dans des vases clos, et qu'il en a fait chauffer une même quantité, pendant cinq minutes, sur une plaque métallique tenue au rouge ordinaire. Après le refroidissement, les substances ont été pesées, et il s'est trouvé que les poids ont été à peu près les mêmes. M. Vicat conclut que les petites différences que l'on remarque entre le poids des argiles calcinées en vases clos et celui des argiles calcinées au contact de l'air établissent incontestablement qu'il n'y a aucune espèce d'absorption.

Je remarquerai que l'on ne peut rien conclure de cette expérience. Une partie de l'argile a été calcinée pendant une demi-heure, et l'autre pendant cinq minutes seu-

lement; les quantités d'eau perdues par ces deux portions d'argile ne peuvent donc
point être les mêmes, puisqu'elles n'ont point été chauffées également. Il est possible d'ailleurs qu'une petite portion d'oxygène, qu'il serait difficile d'apprécier avec
une balance, suffise pour donner à l'argile de nouvelles propriétés. Pour connaître si
l'alumine absorbe de l'oxygène, il faudrait la faire chauffer fortement dans un tube
non susceptible de s'oxider; pendant la calcination, il faudrait faire passer à plusieurs reprises un volume donné de gaze oxygène sur l'alumine incandescente, et mesurer ensuite le volume du gaze oxygène pour voir s'il a diminué. Je n'avais pas à
ma disposition les moyens nécessaires pour faire cette expérience; l'observation que
j'ai faite, que l'alumine calcinée à un courant d'air se dissolvait plus facilement
dans l'acide sulfurique que lorsqu'elle était calcinée en vase clos, m'a porté à penser qu'il y avait absorption d'oxygène, mais ce n'est point une preuve, et je n'ai
présenté ce fait que comme une présomption.

Plusieurs ingénieurs ont beaucoup vanté les bons résultats que l'on obtenait avec
la cendrée provenant de la combustion de la houille dans les fourneaux ou dans les
fours à chaux; d'autres au contraire ont nié l'efficacité de cette substance. J'ai été à
même de reconnaître qu'il en était de cette question comme de celle de savoir s'il
fallait employer les ciments de tuileaux peu cuits ou bien cuits. Les bons résultats
de la cendrée de Tournai sont connus depuis long-temps, et ne sont contestés par
personne; ayant été employé à Lille, en 1815 et 1816, j'ai été à même d'en reconnaître les bons effets. Mais lorsque j'ai voulu employer de la même manière les cendrées des houilles à Strasbourg, je n'ai obtenu aucuns bons résultats. J'ai fait des
mortiers composés d'une partie de chaux commune mesurée en pâte, et de deux
parties de cendrée de houille : au bout d'un an d'immersion dans l'eau, ces mortiers
étaient aussi mous que si je n'y avais mis que du sable. Ces effets opposés m'ont
frappé, et en examinant différentes houilles, ainsi que leur analyse, j'ai vu que plusieurs d'entre elles contenaient une assez grande quantité d'argile, tandis que d'autres
n'en contenaient presque point. Or les houilles sont ordinairement brûlées sur un
gril en fer; l'argile qu'elles contiennent est ainsi calcinée à un courant d'air, et c'est
le mélange de cette argile avec un peu de fer qui forme le résidu que l'on emploie
comme cendrée : on voit donc que c'est une véritable pouzzolane que l'on a faite
pendant long-temps sans s'en douter. Si les houilles ne contiennent point d'argile,
ou si cette argile se trouve mêlée avec une trop grande quantité de chaux, dans le
premier cas, on n'obtiendra aucun bon résultat, et dans le second, on pourra n'a-
voir que des cendrées de médiocre qualité, si la calcination a été trop forte.

Je pense que M. Sganzin est dans l'erreur lorsqu'il dit dans le résumé de son
Cours de construction, page 32 : « L'expérience a fait reconnaître que toutes les
« cendres des charbons de terre qui ont servi à la calcination de la chaux étaient
« propres à former un mortier qui durcit promptement dans l'eau. » On sait que, lorsqu'on fait calciner de la chaux avec de la houille, la cendre de ce combustible se

trouve mêlée avec une assez grande quantité de particules de chaux. Si la houille ne contenait point d'argile, et si la chaux que l'on a fait calciner était très hydraulique, je conçois qu'un mortier de chaux commune et de cette cendrée durcirait dans l'eau ; mais ce résultat serait dû à la présence de la chaux hydraulique ; je pense que l'on n'obtiendrait aucun résultat si l'on avait fait calciner de la chaux commune.

En 1826, j'ai été chargé d'inspecter plusieurs places du Pas-de-Calais. On emploie beaucoup de houille dans ces départements. A Boulogne, où les forts de la côte devaient être réparés, j'ai invité M. le capitaine du génie Le Marchand à faire quelques expériences avec les ciments et les cendrées des environs, attendu que l'emploi des galets dont j'ai parlé coûte fort cher, et qu'il est difficile de s'en procurer en grande quantité. Cet ingénieur a mis beaucoup de soin dans ses recherches, et m'a annoncé qu'il avait obtenu de bons résultats avec quelques ciments, et surtout avec des cendrées provenant de la combustion de la houille dans diverses fabriques de Boulogne. Il s'est procuré l'analyse de cette houille, qui est composée des substances suivantes : matières combustibles, 96,62 ; alumine, 2 ; silice et fer, 1,38. Ainsi la cendrée qu'il a employée n'est autre chose qu'une argile très alumineuse qui ne contient point de chaux, et qui a été calcinée à un courant d'air atmosphérique pendant la combustion de la houille : c'est donc une véritable pouzzolane artificielle que le résidu de la combustion de cette houille, et il n'est pas étonnant qu'on en obtienne de très bons mortiers. Les scories de forges, autre résidu de la combustion de la houille dans les ateliers des forgerons, doivent être assimilées aux cendrées ; il y en a de très bonnes et d'autres qui ne produisent aucun résultat : on ne doit donc jamais les employer ni les unes ni les autres avant de s'être assuré de leur qualité. Pour savoir si l'on peut s'en servir avec avantage, on pourra suivre le procédé-pratique que j'indiquerai bientôt pour distinguer les bons ciments de ceux qui n'ont aucune propriété hydraulique.

J'ai commencé mes expériences sur les pouzzolanes artificielles en 1821, et la première opération que j'ai faite a été de voir si l'on pouvait former de toute pièce de la pouzzolane et du trass. J'ai en conséquence pris les substances contenues dans le trass et dans la pouzzolane d'après l'ancienne analyse qui se trouve à la page 73 ; j'en ai fait une pâte avec de l'eau, puis j'ai calciné ces mélanges à un rouge tendre pendant six heures, et enfin je les ai réduites en poudre très fine. Comme je n'avais point d'alumine naturelle à ma disposition, et que je doutais de l'efficacité de celle que je pouvais me procurer par la décomposition de l'alun, j'ai pris de la terre à pipe de Cologne, que j'ai lavée plusieurs fois à grande eau et décantée ensuite pour séparer la plus grande partie du sable de l'alumine. Je me suis assuré, en faisant calciner une petite portion de cette terre, que j'ai fait dissoudre dans de l'acide sulfurique, qu'elle ne contenait plus guère de silice. C'est cette substance, à laquelle j'ai ajouté les autres matières dans les proportions indiquées par l'ancienne analyse. On voit donc que par cette opération mon trass et ma pouzzolane artificielle avaient un peu plus de silice que ces produits naturels, à cause de celle qui était contenue dans la terre alumineuse; mais cette augmentation de silice était la même pour les deux mélanges. J'ai fait deux mortiers en prenant une partie de chaux d'Obernai et deux parties de chacun de ces composés: le mortier de trass factice a durci dans l'espace de quatre jours, et s'est rompu sous le poids de 175 kilogrammes; celui fait avec la pouzzolane artificielle a durci dans trois jours, et a supporté 217 kilogrammes avant de rompre. La chaux était la même pour les deux expériences; toutes les autres circonstances étaient semblables: ainsi on ne peut attribuer la supériorité de la pouzzolane artificielle sur le trass factice qu'à ce que l'argile du premier mélange contenait beaucoup plus d'alumine que le second. Seulement j'ai eu tort de me servir de chaux hydraulique: j'aurais dû employer de la chaux commune, et c'est ce que j'ai toujours fait ensuite lorsque j'ai voulu connaître la bonté des pouzzolanes ou des substances analogues. Cette expérience et celles qui ont été faites avec les argiles très alumineuses de Francfort et de Cologne prouvent que l'on obtient des résultats absolument semblables à ceux de la pouzzolane naturelle en faisant calciner convenablement des argiles grasses. Je n'ai pu déterminer les rapports dans lesquels l'alumine et la silice doivent se trouver pour donner les meilleurs résultats, mais je serais porté à croire qu'il faut que l'alumine soit dans la proportion du tiers au moins de la silice. On a vu cependant que l'argile de Suffenheim, qui contient sept parties de silice et une seulement d'alumine, avait produit quelquefois de très bons ciments; mais il est probable que les meilleurs ont été obtenus avec des portions d'argiles qui étaient plus alumineuses que les autres. Les résultats contenus dans le tableau n° 22 viennent à l'appui de cette opinion. Il est vrai qu'on serait tenté de conclure le contraire d'après la nouvelle analyse des trass et pouzzolanes faite par M. Berthier, et qui se trouve à la page 73. La proportion d'alumine est à peu près la même dans le trass et dans la pouzzolane, d'après M. Berthier, et elle est beaucoup moins forte que selon l'ancienne analyse; mais l'analyse d'un seul échantillon ne peut fixer les proportions absolues d'une substance qui donne, ainsi qu'on l'a vu, des résultats très différents, et tout porte à penser que les divers morceaux de trass et de pouzzolane varient beaucoup dans leur composition. Il est possible que les échantillons de trass et de pouzzolane que j'ai envoyés à M. Berthier fussent doués d'une grande énergie, quoique contenant peu d'alumine, en raison de la potasse qu'ils renferment: car cette substance augmente d'une manière sensible l'énergie des pouzzolanes, ainsi qu'on l'a vu dans les expériences du tableau n° 23. Mais les bons résultats obtenus par la calcination des argiles qui sont grasses prouvent que l'on peut sans potasse parvenir à confectionner des ciments qui sont tout aussi bons que le trass et la pouzzolane.

Les expériences ci-dessus font voir qu'avec de la pouzzolane artificielle et de la chaux commune j'ai obtenu des mortiers beaucoup supérieurs à ceux faits avec les chaux hydrauliques artificielles, et même naturelles, et du sable. S'il m'est arrivé, avec quelques morceaux de chaux d'Obernai, d'obtenir des résultats qui approchent de ceux que j'ai eus avec les pouzzolanes artificielles, ces exemples ont été rares, et, en pareilles circonstances, c'est l'ensemble des faits que l'on doit examiner. J'ai annoncé ces résultats dans la petite brochure que j'ai publiée en 1824, et je disais de plus qu'il en résultait une économie sensible. M. Vicat, dans la critique qu'il a faite de cette brochure, a cherché à prouver le contraire ; mais il ne sera pas difficile de faire voir qu'il s'est encore trompé dans ses calculs. Cet ingénieur dit : « L'objection « de M. Treussart contre le prix élevé des chaux artificielles est sans fondement.

« En effet, le mortier de trass coûte, savoir :

« Pour deux mètres cubes de trass à 27 fr. 50 c. . . . . 55 fr.

« Pour une mesure de chaux commune en pâte, à 12 fr. 12

—————

67 fr.

« Les trois mètres cubes de matières se réduisent, après le mélange, à 2 ^{m}, 30 : « il s'ensuit que le mètre cube revient à 29 fr. 13 c.

« D'un autre côté, pour fabriquer un mètre cube de mortier à chaux hydraulique, « il faut avoir :

« 0,90 de sable ordinaire, à 1 fr. 50 c. . . . . 1 fr. 35 c.

« 0,43 de chaux hydraulique en pâte forte, laquelle, pour « arriver au prix moyen du mortier, sera payée. 27   78

—————

29 fr. 13 c.

Ainsi donc, les prix seraient exactement les même, puisque, dans les deux cas, on trouve 29 fr. 13 c. ; mais voyons si la base de ce calcul est exacte. Je ferai d'abord remarquer que je n'ai pas négligé de dire, dans la brochure de 1824, que les mortiers de chaux commune, sable et trass, m'avaient donné des résultats qui étaient souvent supérieurs à ceux dans lesquels il n'entrait que du trass ; et qu'il en était de même avec les mortiers de pouzzolane. On peut s'assurer par le tableau n° 13 que, lorsque les mortiers du trass ou de pouzzolane seuls l'emportent sur ceux auxquels on a ajouté du sable, l'avantage des premiers n'est pas assez grand pour les faire préférer aux seconds. J'ai obtenu un résultat semblable avec les pouzzolanes artificielles du tableau n° 24. C'est donc à tort que M. Vicat a comparé le prix du mortier à chaux hydraulique artificielle avec celui de chaux commune et trass seulement : il fallait le comparer avec celui du mortier de chaux commune, sable et trass. Si l'on rectifie de cette manière le premier calcul ci-dessus, le prix de 55 fr., provenant de deux mètres cubes de trass à 27 fr. 50 c., se réduira à 29 fr., résultant d'un mètre cube de sable à 1 fr. 50 c., et d'un mètre cube de trass à 27 fr. 50 c. : par conséquent le mètre cube de mortier de chaux commune, sable et trass, ne reviendrait qu'à 17 fr. 83 c., au lieu de 29 fr. 13 c. Ainsi donc, l'objection que j'ai faite n'est point sans fondement, comme M. Vicat l'a pensé. Je dois dire que le prix que je viens de donner, en me servant des bases établies par M. Vicat, me paraît trop faible, pour les principaux lieux de la France ; mais j'ai été obligé de me servir des prix élémentaires qu'il a lui-même établis.

Il est possible que, dans les pays où l'on trouve en abondance de la craie, il n'en coûte pas plus cher de faire du mortier hydraulique avec de la chaux hydraulique artificielle et du sable qu'avec de la chaux commune, du sable et du trass factice ; mais, dans beaucoup de contrées, on ne trouve point de craie, et alors on serait obligé de mêler la chaux commune avec l'argile, et de faire subir une seconde cuisson à ce mélange, ce qui cause de l'embarras et une augmentation de dépense. Je suis convaincu que, dans ce cas, on aura généralement de l'économie à faire directement du mortier hydraulique avec de la chaux commune, du sable et du trass artificiel ; et d'ailleurs le rapport des résistances de ces deux espèces de mortiers est d'une considération importante. Si l'on compare les résultats obtenus dans tous les tableaux ci-dessus, on verra que les mortiers faits avec du sable et de la chaux hydraulique, soit naturelle, soit artificielle, offrent une résistance moyenne qui atteint à peine 100 kilogrammes, tandis qu'elle est de plus de 160 pour les mortiers faits avec de la chaux commune, du sable et du trass naturel ou artificiel. Pour évaluer la dépense avec justesse, il faudrait donc diminuer une partie du trass pour y substituer du sable, jusqu'à ce qu'on arrive à des résistances égales.

Je dois en outre observer qu'on est bien plus certain d'obtenir des résultats uniformes avec des mortiers hydrauliques composés de chaux commune, de sable et de trass factice, qu'avec ceux qu'on pourrait faire avec de la chaux hydraulique, soit naturelle, soit artificielle, et du sable seulement. On a vu, en effet, que les chaux hydrauliques se détériorent sensiblement lorsqu'elles ont été un peu trop calcinées ; il faut les tenir soigneusement à l'abri de la pluie, et elles perdent en général promptement une grande partie de leurs propriétés hydrauliques, si on ne les emploie pas peu de temps après leur sortie du four, ce qui occasione souvent des embarras. Avec les chaux communes et les trass factices, on évite tous ces inconvénients, car cette chaux ne perd nullement de sa qualité lorsqu'elle est un peu plus calcinée qu'il ne faut. Il n'est pas nécessaire de l'employer immédiatement, ni de prendre aucune précaution gênante. Quant au trass factice, une fois qu'il a été préparé, il n'exige plus aucun soin : car ni l'influence de l'air ni celle de l'humidité, ne lui font perdre aucune de ses propriétés.

Il résulte de ce que je viens de dire que, lorsqu'on se trouve dans un pays où il y a de bonnes chaux hydrauliques naturelles, on doit les employer de préférence aux chaux communes, qui demandent toujours à être mêlées avec des trass naturels ou factices, lorsqu'il s'agit de constructions dans l'eau ou à l'humidité. Il y aura économie, et l'on n'a point de mauvais succès à craindre, en prenant les précautions que j'ai indiquées. Cependant, lorsqu'on fera des ouvrages qui demandent beaucoup de soins, tels que des radiers d'écluse, des chapes de voûtes, etc., je pense qu'il sera convenable d'ajouter au mortier un peu de trass naturel ou factice. La proportion à y mettre dépend de la qualité de la chaux hydraulique et du trass. Si l'un et l'autre sont de bonne qualité, et si l'on a reconnu, par exemple, que la chaux que l'on emploie peut comporter deux parties et demie de sable, alors on pourra composer son mortier d'une partie de cette chaux, de deux parties de sable et d'une demi-partie de trass factice. Cette petite quantité de trass n'augmentera pas de beaucoup la dépense, et corrigera toujours les mauvais effets des portions de chaux qui auraient été un peu trop cuites, ou qui auraient déjà perdu un peu de leurs propriétés par le contact de l'air. Plus les chaux hydrauliques s'éloigneront d'avoir les qualités que je viens de supposer, plus il faudra augmenter la proportion du trass naturel ou factice.

La question est maintenant de savoir ce que l'on doit faire dans un pays où il n'y a point de chaux hydrauliques naturelles, ou bien dans le cas où elles sont de médiocre qualité. C'est en ce point que je diffère complétement de l'avis de M. Vicat. Cet ingénieur prétend qu'il faut faire des chaux hydrauliques factices par le procédé qu'il a indiqué, et moi je pense qu'on aura en général plus d'économie, et que l'on obtiendra des résultats meilleurs et plus uniformes, en faisant directement le mortier hydraulique avec de la chaux commune, du sable et du trass factice. Il me paraît que l'ensemble des expériences très nombreuses que j'ai présentées ne laisse aucun doute à cet égard.

J'ajouterai à ce que je viens de dire que, depuis un temps immémorial, on s'est servi avec un grand avantage des chaux hydrauliques naturelles dans les pays où il s'en trouve de bonnes. Dans les endroits où l'on n'en a point trouvé, on a toujours fait directement du mortier hydraulique avec de la chaux commune et des ciments. J'ai eu plusieurs fois occasion de démolir des ouvrages dans l'eau dont les mortiers avaient été faits de cette manière. On voit donc que, par le fait, je ne propose que de continuer une méthode employée depuis bien long-temps, avec cette différence qu'au lieu d'employer toute espèce de ciment indistinctement, je donne les moyens de distinguer ceux qui sont bons de ceux qui sont mauvais, et d'en faire qui produisent absolument les mêmes résultats que les pouzzolanes ou les trass naturels.

Pour reconnaître quels sont les ciments propres à produire de bons mortiers hydrauliques par leur mélange avec la chaux commune, on emploiera le moyen suivant : On se rendra dans une briqueterie, et l'on demandera trois briques, dont l'une sera prise parmi les moins cuites ; la seconde sera choisie parmi celles qui sont ce qu'on appelle bien cuites, ou cuites à point : ce sont celles que l'on vend comme étant les meilleures ; enfin, on prendra une troisième brique parmi celles qui sont les plus cuites, mais sans avoir aucune trace de vitrification. Les briquetiers savent très bien les distinguer par le son qu'elles rendent et par leur couleur. On prendra un fragment de chacune de ces briques et on les réduira séparément en poudre très fine que l'on passera à travers un tamis de fil de fer très serré. Plus le ciment est fin, mieux

il vaut ; il faut qu'en le prenant entre les doigts, on ne sente point de graine ; il doit
être doux au toucher. On prendra ensuite de la chaux commune coulée depuis
quelque temps, et l'on fera un peu de mortier en prenant une partie de cette chaux
mesurée en pâte et deux parties de l'un des ciments dont je viens de parler. On
mêlera bien la chaux et le ciment, en y ajoutant la quantité d'eau nécessaire pour
réduire le tout en pâte. On placera ce mortier au fond d'un verre. S'il a été fait
épais, on remplira de suite le verre avec de l'eau ; si, au contraire, le mortier a été
fait un peu clair (ce qui n'a pas d'inconvénient, parce que le mélange est plus facile), on le laissera reposer quelques heures à l'air, pour qu'il prenne une demi-
consistance ; alors on remplira d'eau le verre. On fera la même opération avec les
deux autres ciments, et l'on placera des étiquettes sur les verres. Il faudra mettre
dans le mélange la quantité d'eau nécessaire, selon le degré de cuisson, pour amener
ces trois mortiers au même degré de consistance à peu près. On laissera alors reposer ces mortiers dans l'eau, et, au bout de deux à trois jours, on les touchera
légèrement avec le doigt pour voir s'ils commencent à prendre un peu de consistance, et lorsqu'ils seront parvenus à cet état, on les examinera tous les jours, on
notera celui qui durcira le plus vite, et l'époque où chacun d'eux sera arrivé
à un degré de solidité tel qu'en les pressant fortement avec le pouce on n'y fasse
plus impression. Pour juger plus facilement cet état, on aura soin de jeter l'eau
qui sera trouble, et de nettoyer légèrement avec un linge la surface du mortier, qui
est toujours couverte d'un peu de matière boueuse. Si le mortier n'est pas encore
assez solide pour ne plus recevoir d'impression quand on le presse fortement avec le
pouce, alors on le couvrira d'une nouvelle eau, jusqu'à ce qu'il arrive à cet état. S'il y a
plusieurs briqueteries dans les environs, et qu'on y emploie des argiles différentes,
alors on répétera ces épreuves sur les ciments de ces diverses briqueteries. Il sera
inutile d'essayer le ciment des tuiles, si elles sont faites avec les mêmes terres que
les briques, parce que le résultat serait au fond le même.

On a vu que des ciments de briques qui avaient été cuites à un courant d'air
ont durci dans l'espace de trois à quatre jours, tandis que d'autres, de briques
chauffées sans que cette circonstance eût lieu, ont généralement mis de dix à vingt
jours, et quelquefois même jusqu'à trente, et ont cependant formé de bons mortiers. J'ai fait remarquer aussi que les mortiers de chaux hydrauliques qui ont durci
très vite n'ont pas donné de grandes résistances ; mais ceux des ciments qui ont fait
durcir les chaux communes promptement ont toujours donné de bons mortiers.
Ainsi donc on devra préférer les ciments qui font durcir les chaux communes
promptement. S'il s'en trouve qui, au bout de quinze à vingt jours, n'ont fait
prendre à la chaux commune qu'un faible degré de consistance, alors on ne devra
pas les employer.

Pour faire l'essai des cendrées et des scories de forges, on suivra le même procédé. On trouvera de ces substances qui, au bout d'un mois, n'auront fait prendre

à la chaux commune qu'une bien faible consistance, et quelquefois le mortier res-
tera entièrement mou. Dans ces deux cas, on devra ne point les employer.

Au moyen d'un procédé chimique bien simple, on pourra connaître d'avance si
l'on doit choisir pour faire son ciment des briques peu ou très cuites. A cet effet, on
prendra un peu d'argile crue de la briqueterie, ou bien un peu de ciment dont on
veut faire l'essai, et on le mettra dans un verre; on y versera ensuite un peu d'a-
cide muriatique ou nitrique, étendu d'un peu d'eau, ou même du fort vinaigre; s'il
ne se fait point d'effervescence, c'est une preuve que les briques doivent être fortement cuites pour produire du bon ciment. S'il se fait une effervescence un peu considérable, c'est que l'argile contient une assez grande quantité de carbonate de
chaux. Pour déterminer à peu près la quantité de chaux qui s'y trouve, on fera
sécher à une chaleur douce une petite quantité d'argile, et on la pèsera; on la dé-
laiera ensuite dans une petite quantité d'eau, et l'on y versera peu à peu de l'acide
muriatique, jusqu'à ce qu'il ne se fasse plus d'effervescence; alors on filtrera le tout,
ou bien on décantera doucement; on lavera le résidu dans une grande quantité d'eau,
et l'on décantera encore; on fera alors sécher le résidu à une chaleur douce comme
la première fois, et on pèsera de nouveau: si le poids est moindre d'un dixième que
la première fois, c'est une preuve que l'argile contient cette quantité, à peu près, de
carbonate de chaux, qui se sera dissous dans l'acide qu'on a versé. Il faudra alors
prendre des briques peu cuites, et d'autant moins que la perte de l'argile aura été
plus considérable. Si l'argile n'a perdu que quatre ou cinq centièmes de son poids,
alors on pourra prendre les briques qu'on appelle bien cuites. Malgré l'opération
que je viens d'indiquer, il sera toujours convenable de faire l'essai dont j'ai parlé
en premier lieu, et qui est le plus certain.

Avec les ciments de briques, on peut facilement obtenir des mortiers qui, en
employant la méthode dont je me suis servi pour connaître leur ténacité, pourront
supporter un poids de 100 à 150 kilogrammes avant de se rompre, lorsqu'ils auront
été faits avec parties égales de chaux, sable et ciment. Cette force est suffisante pour
les grosses maçonneries; mais pour les ouvrages importants, tels que les radiers des
écluses, les fondations des bâtardeaux, les chappes des voûtes, les pierres factices
dont je parlerai plus tard, alors il faudrait avoir des ciments qui pussent donner
des mortiers capables de supporter de 150 à 200 kilogrammes.

Pour avoir des ciments ou pouzzolanes factices de la force dont je viens de parler,
on pourra procéder de la manière suivante: On choisira des argiles douces au toucher, et l'on prendra de préférence celles dont on fait les poteries, les grès, les faïences et les pipes. On pourra s'assurer par le procédé chimique que j'ai décrit ci-dessus
quelle est à peu près la quantité de chaux que les argiles contiennent, ou si elles
n'en contiennent pas du tout. On fera avec ces argiles des boules de la grosseur d'un
œuf, et on les fera calciner dans un fourneau à réverbère en les chauffant légèrement
d'abord, et au bout d'une heure environ on poussera le feu de manière à les tenir

constamment à un rouge tendre. Ces boules, qui seront au nombre de dix à douze, seront placées dans un grand creuset de Hesse dont le fond sera percé d'un trou. Pour éviter d'exposer ces argiles à être constamment frappées par un air froid si on les mettait au fond du creuset, on placera au milieu de sa hauteur (ils sont ordinairement de forme conique et plus étroits par le bas) une ardoise percée de plusieurs trous : par ce moyen les boules d'argile se trouveront au centre de la chaleur, et seront pendant leur calcination constamment en contact avec un courant d'air atmosphérique. Lorsqu'elles auront été chauffées pendant trois ou quatre heures, suivant la quantité de chaux qu'on y aura reconnu, on retirera une de ces boules, et après son refroidissement on marquera dessus le nombre d'heures pendant lesquelles elle aura été calcinée ; d'heure en heure, on en retirera une autre que l'on marquera de même. Lorsque toutes ces boules auront été retirées, on les réduira en poudre fine, et l'on en fera autant de mortiers qu'il y a de boules, en suivant en tout point ce que j'ai dit ci-dessus pour faire l'essai des ciments d'une briqueterie. On connaîtra par ce moyen le temps nécessaire à la cuisson de l'argile pour faire durcir la chaux commune le plus promptement, et l'on aura des données sur la difficulté que l'on pourra éprouver à réduire ce ciment en poudre. Pour opérer en grand, on s'y prendra de la manière suivante :

On fera faire un four semblable à celui de la planche figure 2, si l'on se trouve dans un pays où l'on ne puisse employer que du bois. La terre argileuse que l'on devra faire chauffer étant grasse, il ne sera pas nécessaire de la faire corroyer, ce qui sera une économie. On se bornera à faire couper dans un banc de glaise des parallélipipèdes de la forme et de la dimension des briques de moyenne grandeur. On les fera sécher à l'air comme les briques ordinaires ; puis on les placera de champ sur l'aire du four, en les posant obliquement par rapport à son axe, et à une petite distance les unes des autres ; le second rang de briques sera posé sur le premier en les croisant avec celles-ci. On fera ensuite du feu en plaçant du bois sous les deux voûtes qui sont sous l'âtre du four ; on fera d'abord un petit feu, que l'on augmentera graduellement. On remarquera facilement que les argiles seront calcinées de la sorte à un courant d'air à cause des trous qui se trouvent dans l'âtre du four. Ces briques seront chauffées moins fortement que dans le petit fourneau à réverbère où l'on aura fait l'essai de ces argiles : ainsi il faudra les laisser plus long-temps. Au bout de douze ou dix-huit heures de calcination, on retirera une des briques. Si l'argile dont on s'est servi est colorée par le fer, on comparera la couleur qu'aura prise la brique que l'on vient de retirer avec l'échantillon de l'argile du fourneau d'épreuve qui aura fait durcir la chaux commune le plus promptement. Si les couleurs sont absolument les mêmes, c'est une preuve que les argiles du four ont reçu un degré de calcination suffisant, et l'on arrêtera le feu ; mais si les couleurs sont différentes, on continuera à chauffer, et au bout de quelque temps on retirera une nouvelle brique, dont on comparera encore la couleur avec le morceau d'argile d'épreuve ;

enfin, on répétera cette opération jusqu'à ce que l'on ait obtenu la couleur qui est l'indice du degré de calcination convenable.

Si l'argile ne contient presque point de fer, ou si les expériences du fourneau d'épreuve ont fait connaître qu'elle ne varie pas beaucoup de couleur pour des intensités de feu sensiblement différentes, alors, après avoir retiré successivement plusieurs briques du four, on les réduira en poudre fine, et l'on fera avec ces divers ciments et de la chaux commune des mortiers dont on observera la promptitude du durcissement en prenant toutes les précautions dont j'ai parlé pour le premier essai du fourneau d'épreuve. Dans les premières fournées que l'on fera en grand, il faudra sans doute quelques soins pour déterminer le temps nécessaire à la calcination pour obtenir le meilleur résultat; mais, lorsqu'on y sera une fois parvenu après quelques tâtonnements, alors la cuisson des argiles ne présentera plus aucune difficulté, et cette opération pourra être confiée à un manœuvre ordinaire.

Si l'on se trouve dans un pays où l'on puisse employer de la houille ou de la tourbe, il sera préférable de se servir, pour la cuisson des argiles, d'un four conique. J'observerai en passant que M. Chaptal, en faisant calciner ses argiles du midi dans un four conique, les avait placées par hasard, à ce qu'il paraît, dans la position la plus avantageuse, puisque, par ce moyen, il les faisait cuire à un courant d'air atmosphérique. Si ce célèbre chimiste avait remarqué la grande action que la chaux exerce sur la calcination des argiles, et qu'il faut chauffer peu lorsqu'elles en contiennent environ un dixième, et chauffer beaucoup lorsqu'elles n'en contiennent presque point, alors il aurait complétement résolu la question importante de la confection des pouzzolanes artificielles. On se sert, dans beaucoup de départements du nord, de fours coniques pour calciner la chaux. La figure 3 représente un de ces fours, que j'ai vu dans les environs de Paris. Voici la manière dont il conviendra de s'y prendre pour y opérer la cuisson des argiles. Au lieu de faire des briques avec l'argile, on coupera dans le banc, avec la pelle, des espèces de cubes. Un ouvrier aplatira de suite les quatre angles avec les mains, et leur donnera une forme arrondie de la grosseur d'une pomme, ce qui n'exigera pas une grande main-d'œuvre. On laissera ensuite sécher ces boules à l'air. Pour les placer dans le four, on fera, à la hauteur des quatre portes du four, une voûte en pierre sèche s'appuyant d'une part à la paroi, et de l'autre sur le noyau en maçonnerie qui est au milieu. Ce noyau sert aussi à amener les matières calcinées vers les quatre ouvertures par où on les retire après la calcination. La voûte en pierre sèche sera faite de manière à ce qu'il reste entre les pierres quelques intervalles pour donner passage à l'air. On mettra une couche un peu forte de houille ou de tourbe sur cette voûte en pierre sèche et par-dessus les boules d'argiles, en garnissant ainsi successivement tout le four de couches de combustible et de boules d'argile. Lorsqu'il sera aux deux tiers plein, on placera du combustible dans le bas du four, jusqu'à la voûte en pierre sèche. On allumera le feu par les quatre ouvertures, et il gagnera l'intérieur de tout le four. Les argiles seront de la sorte calcinées à un courant d'air. Au bout d'un certain temps, on démolira une petite portion de la voûte en pierre sèche, afin de pouvoir retirer quelques unes des boules d'argile, avec lesquelles on fera les différents essais que j'ai indiqués en parlant des argiles calcinées dans le four précédent. Cette voûte en pierre sèche permettra de renouveler le combustible au-dessous d'elle, jusqu'à ce que les boules d'argile qui sont dans le bas et qui sont les moins chauffées aient atteint le degré de calcination convenable. A mesure que le combustible se brûlera, la masse des boules d'argile s'affaissera. On continuera alors de le remplir de couches successives de combustible et de boules d'argile. Lorsque les essais auront fait connaître que les argiles du bas ont éprouvé un degré de calcination suffisant, on cessera le feu dans le bas, on défera la voûte de pierre sèche. Alors les premières boules d'argile tomberont vers les ouvertures, et on les retirera au moyen de pinces. Les autres descendront pareillement lorsque le combustible se consumera. A mesure qu'on les retirera par le bas, on chargera le four par le haut de nouvelles argiles et de combustible, en sorte que la fournée sera continuelle. S'il se trouve des boules d'argile qui n'ont point été assez calcinées, on les mettra de côté, et, lorsqu'il y en aura une certaine quantité, on les fera cuire de nouveau en les mêlant avec moins de combustible.

Le four que l'on ferait construire dans le seul but de fabriquer de la pouzzolane pourrait être d'une dimension moindre que celui qui est représenté à la figure 3. Peut-être pourrait-on ne conserver que deux ouvertures : dans ce cas, on remplacerait le noyau du milieu par un mur de même hauteur, qui serait en talus des deux côtés, et présenterait un arc de cercle vers chacune des ouvertures (1). Ce genre de four serait d'un bien grand avantage pour la calcination des chaux hydrauliques, puisque l'on aurait continuellement de la chaux vive pendant toute la saison des travaux, objet bien important, ainsi qu'on l'a vu par les expériences ci-dessus. On aurait aussi une cuisson plus uniforme que dans les fours ordinaires tels qu'on les construit en Alsace, où la chaux est calcinée d'une manière très inégale. Je suis persuadé que, dans les lieux où l'on peut se procurer de la houille à un prix modéré, on retirerait un grand avantage en faisant des fours coniques qui serviraient en

---

(1) Dans les endroits où l'argile calcinée serait dure à broyer, et où l'on manquerait de machines pour faire cette opération, on pourrait laisser sécher l'argile crue à l'air; on la réduirait alors bien facilement en poudre; on ferait un four dont l'âtre aurait la plus forte inclinaison que l'on pourrait donner sans faire glisser du ciment; on placerait sur cet âtre incliné une couche de cette poudre d'argile sèche d'une épaisseur de 15 à 20 centimètres. Le devant du four aurait une portion horizontale sur laquelle on ferait le feu avec du bois. L'inclinaison de l'âtre ferait que la flamme et la chaleur, en montant pour se rendre dans une cheminée située à la partie opposée du four, chaufferaient la poudre d'argile. De temps à autre, on suspendrait le feu pour remuer l'argile avec un rateau. De cette manière elle se trouverait calcinée à un courant d'air, et l'on éviterait l'opération longue et assez dispendieuse de broyer le ciment lorsqu'on n'a pas de machines disposées pour cet effet, et mues par un courant d'eau.

même temps à la calcination des chaux hydrauliques et à la cuisson des argiles dont on veut faire des pouzzolanes artificielles.

Dans les pays où il n'y a ni houille ni tourbe, il me semble que l'on pourrait encore chauffer l'argile dans des fours coniques. Il suffirait pour cela de prendre du bois sec, et, de préférence, des rondins, que l'on couperait de la longueur d'un décimètre; on mélangerait les petits morceaux avec les boules, et l'on opérerait comme je l'ai dit pour la houille. Je ne doute pas que l'on n'obtienne un bon résultat par ce moyen.

Les argiles qui sont grasses au toucher se façonneront facilement en boules ou en forme de briques sans aucune préparation; mais il est possible que l'on soit obligé de corroyer celles dont on fait les briques, qui sont en général beaucoup plus maigres.

Lorsqu'on se servira d'argiles très grasses au toucher, et qui ne contiendront point de chaux, il sera quelquefois difficile d'en réduire les ciments en poudre sans machines. On doit donc préférer, dans ce cas, les argiles qui ne sont pas trop grasses et qui contiennent environ cinq centièmes de chaux; elles sont d'ailleurs moins rares que les autres. Ce n'est point dans le but de donner plus d'énergie aux pouzzolanes factices que l'on doit désirer avoir des terres qui contiennent un peu de chaux; on a même vu que quelquefois elle produisait un effet contraire. Mais la présence de cette substance a deux avantages qui sont assez grands: le premier, c'est qu'il faut chauffer moins les argiles pour les amener à produire de bonnes pouzzolanes, ce qui procure une économie de combustible; le second est qu'on peut réduire plus facilement en poudre celles qui contiennent de la chaux. Ainsi il serait bon de mêler un peu de chaux avec les argiles qui n'en contiennent point, ou bien de mêler ensemble des terres qui en contiennent trop avec d'autres qui n'en ont pas; mais cette opération exige une main-d'œuvre assez dispendieuse, et il faudrait calculer s'il ne serait pas aussi économique de chauffer les argiles un peu plus et de les broyer plus difficilement, que de mélanger de la chaux avec des argiles ou de les mêler entre elles. Cela dépend du prix du combustible et des moyens que l'on a pour broyer les argiles. Un moulin à pilon ou de grosses meules, semblables à celles dont on se sert pour broyer les pierres à plâtre, me paraissent le moyen le plus économique.

Le nom de pouzzolanes exprime que cette substance est tirée du village de Pouzzol en Italie, et celui de trass n'a aucune étymologie. Dans la notice que j'ai rédigée en 1825, j'ai proposé de donner le nom de *ciments hydrauliques* à ceux qui pouvaient remplacer avantageusement les trass et les pouzzolanes. Cette dénomination me paraît convenable, et c'est le nom que je leur donnerai quelquefois. Je suis entré dans beaucoup de détails sur la fabrication de ces produits, parce qu'ils sont d'une grande importance pour les constructions. Je vais maintenant rapporter diverses expériences que j'ai faites sur les mortiers hydrauliques.

CHAPITRE VII.

EXPÉRIENCES DIVERSES SUR LES MORTIERS MIS DANS L'EAU.

On a attaché une grande importance à la manière dont on devait éteindre la chaux. M. Lafaye a publié, en 1777, un mémoire dans lequel il a donné, comme un secret retrouvé des Romains, le moyen d'éteindre la chaux en la plongeant vive dans l'eau pendant quelques secondes et en la retirant ensuite pour la laisser fuser et tomber en poussière. On conservait cette chaux réduite en poudre dans un lieu couvert. D'autres ingénieurs ont prétendu qu'il y avait un grand avantage à éteindre la chaux à l'étouffée, c'est-à-dire à la couvrir de sable avant qu'elle ne commence à fuser, afin de conserver les vapeurs qui s'échappent pendant l'extinction. M. Fleuret attribue une grande efficacité à cette vapeur, car il dit : « Cette vapeur « réveille et excite l'appétit des ouvriers, d'où je conclus qu'elle contient des prin- « cipes propres à la régénération de la chaux, et par conséquent au durcissement « des mortiers. » Mais il est bien prouvé qu'il ne s'échappe que de l'eau en vapeur, contenant quelques particules de chaux. J'ai fait à ce sujet les expériences qui se trouvent dans le tableau suivant :

TABLEAU N° 25.

NUMEROS des MORTIERS.	COMPOSITION DES MORTIERS.	NOMBRE de jours qu'ils ont mis à durcir dans l'eau.	POIDS qu'ils ont supporté avant de se rompre.
1	Chaux d'Obernai éteinte en poudre avec ⅓ de son volume d'eau, en la laissant à l'air . . . . 1 } 5 Sable. 2	15 jours.	80 kil.
2	Chaux *idem* éteinte en poudre avec ⅓ de son volume d'eau, en la couvrant de son sable . . . . 1 } 5 Sable. 2	idem.	80
3	Chaux *idem* éteinte en la plongeant dans l'eau pendant 50 secondes. . . . . 1 } 5 Sable. 2	idem.	70

Observations sur les expériences du Tableau n° 25.

Pour faire les trois expériences ci-dessus, j'ai pris un morceau de chaux d'Obernai que j'ai partagé en trois parties. J'ai éteint le premier morceau en versant dessus ⅓ de son volume d'eau, et en laissant cette chaux reposer à l'air pendant douze heures avant d'en faire le mortier n° 1. Le durcissement a été lent, parce que ces expériences ont été faites en novembre.

Le n° 2 a été éteint de la même manière, avec cette différence que j'ai recouvert la chaux avec le sable aussitôt que j'y ai eu versé l'eau. Elle est également restée dans cet état pendant douze heures avant d'en faire le mortier n° 2. On voit que ces deux premières expériences m'ont donné le même résultat.

La troisième expérience ne diffère de la première qu'en ce que, pour éteindre la chaux, je l'ai plongée dans l'eau pendant cinquante secondes; ensuite je l'ai traitée de la même manière que le n° 1. Le résultat a été moindre de dix kilogrammes. Ce qu'il y a de singulier, c'est que j'ai fait les mêmes expériences en laissant les mortiers à l'air, et que j'ai trouvé un résultat semblable, ainsi qu'on le verra plus bas. Ce résultat me paraît tenir à ce que la chaux, plongée pendant cinquante secondes dans l'eau, en aura trop absorbé, et que cela lui a nui, ainsi que les expériences du tableau suivant le feront voir. Je me proposais de répéter cette expérience, en faisant varier le temps pendant lequel je laisserais la chaux plongée dans l'eau, mais je n'en ai pas eu le temps.

On a vu, d'après les tableaux n°s 4, 5 et 7, que les chaux d'Obernai et de Metz perdaient promptement une grande partie de leurs propriétés lorsqu'on les avait éteintes en poudre sèche, et qu'on les laissait dans cet état à l'air pendant quelque temps. Il est vrai qu'un morceau de chaux d'Obernai m'a donné, de cette manière, des résultats un peu plus favorables dans le tableau n° 6, mais seulement dans l'intervalle du premier mois d'extinction : car, ensuite, cette chaux a également perdu rapidement de sa qualité. On ne doit donc point appliquer le procédé de Lafaye aux chaux hydrauliques, à moins de s'être bien assuré que l'on obtient un résultat différent de ceux que j'ai eus, ce qui me paraît bien douteux.

Quant aux chaux communes, le tableau n° 14 a fait voir que, lorsqu'elles avaient été éteintes en poudre, et laissées dans cet état à l'air pendant une couple de mois, j'avais obtenu des résultats sensiblement meilleurs en mélant cette chaux avec du trass. Je pense donc qu'il faut éteindre les chaux communes en poudre, et les laisser pendant un mois ou deux dans cet état à l'air, avant de les employer en les mélangeant avec les ciments hydrauliques; mais on peut simplifier beaucoup le procédé de Lafaye, en se bornant à verser sur la chaux du quart au tiers de son volume d'eau : c'est ainsi que j'ai opéré, et l'on évite de la sorte l'embarras des paniers. On a vu ci-dessus que la chaux éteinte en poudre avait la propriété d'absorber de l'oxygène, et c'est à cela que j'attribue le résultat plus avantageux que l'on obtient en laissant la chaux exposée à l'air après l'avoir éteinte en poudre. Le tableau n° 15 offre un résultat semblable ; mais comme les dosages ne sont pas les mêmes, je ne sais pas lequel des deux moyens est préférable , ou d'éteindre la chaux commune en poudre , ou bien de la réduire de suite en pâte (1). On voit seulement que dans les deux cas il y a de l'avantage à ne point faire les mortiers de suite. Je me proposais de répéter ces expériences en faisant les dosages les mêmes, mais je n'en ai pas eu le temps. Il arrive quelquefois que la chaux hydraulique a été mouillée par de la pluie , soit dans la baraque , par défaut de précaution , soit dehors ; si la chaux a été éteinte à l'air et recouverte de sable. J'ai en conséquence fait les expériences suivantes avec de la chaux que j'ai éteinte avec plus d'eau qu'à l'ordinaire, et dont j'ai fait des mortiers à différentes époques :

TABLEAU N° 26.

COMPOSITION DU MORTIER.	fait immédiatement.		au bout de 12 heures.		au bout de 24 heures.		au bout de 36 heures.		au bout de 48 heures.		au bout de 60 heures.		au bout de 72 heures.		au bout de 84 heures.	
	D.	P.	D.	P.	D.	P.	D.	P.	D.	P.	D.	P.	D.	P.	D.	P.
Chaux d'Obernai éteinte en poudre humide avec un volume d'eau égal à celui de la chaux , et mesurée en poudre. . 1⁄3 Sable. . . . . 2⁄3	15	110	16	95	20	75	22	60	24	55	26	44	30	35	32	40

Observations sur les expériences du Tableau n° 26.

Pour faire les expériences du tableau ci-dessus, j'ai pris de la chaux d'Obernai sortant du four, et je l'ai éteinte en y versant un volume d'eau égal à celui de la chaux : dans cet état, elle était encore en poudre, mais en la pressant entre les doigts on sentait qu'elle était un peu humide. J'ai fait de suite un mortier en prenant une partie de cette chaux en poudre contre deux parties de sable, et je l'ai mis dans l'eau après l'avoir laissé reposer douze heures ; j'ai fait les autres mortiers de la même manière, de douze en douze heures, et au bout d'un an, je les ai rompus tous. Le tableau fait voir qu'au bout de douze heures la chaux avait déjà perdu beaucoup de sa force, puisque le second mortier a supporté 15 kilogrammes de moins que le premier. Celui qui a été fait au bout de vingt-quatre heures a perdu

---

(1) En comparant les séries des n°s 1 et 3 du tableau n° 15 , on voit qu'au bout de six mois la chaux éteinte en poudre a supporté 20 kil. de plus que celle éteinte en pâte ; mais pour les mortiers suivants l'avantage n'est que de 5 kil. , ce qui est peu de chose.

35 kilogrammes, et au bout de trente-six heures, cette chaux a produit un mortier qui avait perdu presque la moitié de sa force. Le tableau fait voir que la force de ces mortiers est allée en décroissant d'une manière très rapide, puisque le dernier, qui a été fait au bout de quatre-vingt-quatre heures, n'a plus supporté qu'un poids de 30 kilogrammes au lieu de 110, qu'avait supporté le premier. On voit également que le durcissement est allé en décroissant d'une manière rapide. Ces expériences font voir combien il serait dangereux d'éteindre la chaux hydraulique avec trop d'eau, et combien il est important de la mettre à l'abri de la pluie. Dans les expériences que j'ai faites, j'ai presque toujours éteint la chaux hydraulique avec $\frac{1}{3}$ de son volume d'eau, et la chaux commune avec $\frac{1}{2}$, parce que l'on a vu dans le premier tableau que celle-ci absorbe plus d'eau que la chaux hydraulique avant de se réduire en pâte. Mais dans l'extinction en grand, les ouvriers en versent toujours un peu sur la terre : ainsi il n'y aura pas d'inconvénient à éteindre la chaux hydraulique avec $\frac{1}{3}$, et la chaux commune avec $\frac{1}{2}$ de son volume d'eau.

Les expériences du tableau ci-dessus expliquent maintenant pourquoi le mortier n° 3 du tableau n° 25 a pu donner un résultat moins bon que les deux autres : c'est que, pendant les cinquante secondes que la chaux a été plongée dans l'eau, elle en aura absorbé probablement une trop grande quantité, et comme elle est restée pendant douze heures exposée à l'air, elle aura perdu de sa force. Je vais maintenant rapporter quelques expériences que j'ai faites pour connaître l'influence de différentes quantités de trass sur la bonté des mortiers :

TABLEAU N° 27.

NUMÉROS des MORTIERS.	COMPOSITION DES MORTIERS.		NOMBRE de jours qu'ils ont mis à durcir dans l'eau.	POIDS qu'ils ont supporté avant de se rompre.
1	Chaux commune éteinte en poudre, et mesurée *idem*. . . . . 1 Sable. . . . . 1 Trass. . . . . » $\frac{1}{4}$	2 $\frac{1}{4}$	19	47 kil
2	Chaux *idem*. . . . . 1 Sable. . . . . 1 Trass. . . . . » $\frac{1}{2}$	2 $\frac{1}{2}$	15	74
3	Chaux *idem*. . . . . 1 Sable. . . . . 1 Trass. . . . . » $\frac{3}{4}$	2 $\frac{3}{4}$	10	98
4	Chaux *idem*. . . . . 1 Sable. . . . . 1 Trass. 1	3	8	57

Observations sur les expériences du Tableau n° 27.

On voit que dans les expériences ci-dessus j'ai d'abord mis une très petite quantité de trass, et que je l'ai augmentée peu à peu. Le n° 2, qui ne contient que très peu de trass, a donné un résultat supérieur à beaucoup de mortiers faits avec des chaux hydrauliques naturelles ou artificielles; un pareil mortier ne coûterait pas cher, et pourrait être employé avec avantage dans de grosses maçonneries.

Je n'ai point fait d'expériences pour connaître la quantité de sable et de pouzzolanes factices que peuvent comporter les chaux hydrauliques et communes des environs de Strasbourg, parce que je pense que ces expériences ne doivent pas être faites en petit. On a vu en effet que la même carrière fournit des pierres à chaux qui donnent des résultats bien différents. Il m'aurait fallu faire une foule d'essais sur divers morceaux de chaux calcinés à divers degrés, ce qui aurait demandé beaucoup de temps. Au lieu de suivre cette marche, je m'étais proposé (après avoir eu quelques données sur le dosage des mortiers au moyen des expériences ci-dessus) de prendre le mortier tout fait sur les ateliers où la chaux se trouve mêlée, attendu qu'on en éteint de grandes quantités à la fois: en répétant ces expériences plusieurs fois, j'aurais pu parvenir à connaître la quantité de sable et de ciment hydraulique qu'il convient de mêler avec la chaux que l'on emploie dans la place; mais j'ai quitté Strasbourg avant d'avoir pu faire ces expériences. On y employait, comme je l'ai dit, une partie de chaux mesurée vive contre deux et demie de sable; on obtenait un bon mortier, ainsi qu'on a eu occasion de s'en convaincre par quelques démolitions partielles.

M. Raucourt a émis l'opinion que les sables exigeaient des quantités de chaux différentes, suivant leur grosseur, et que, pour connaître cette quantité de chaux, il suffit de mesurer le vide que les sables laissent entre eux, et de les remplir avec de la chaux. En conséquence, il a fait remplir un vase de diverses espèces de sable, et il a déterminé la quantité d'eau qu'on pouvait verser sur chacune sans les faire déborder, d'où il a conclu les quantités de chaux qu'on doit y ajouter. Mais il aurait fallu faire des expériences pour savoir si on a les meilleurs mortiers lorsque l'on a rempli tous les vides du sable avec la chaux, et c'est ce que cet ingénieur ne fait pas connaître.

Avant la publication de l'ouvrage de M. Raucourt, M. le capitaine du génie Henri Soleirol avait entrepris des recherches dirigées dans le même sens. M. Soleirol pense aussi que l'on ne doit mettre dans un mortier que la quantité de chaux nécessaire pour remplir les vides du sable. Mais ses expériences ont présenté des anomalies qu'il est difficile d'expliquer, et elles ne sont point suffisantes pour faire admettre le principe avancé. Cette théorie est ingénieuse, mais elle manque jusqu'à présent de l'appui des faits. Le sujet est important, et mériterait que les ingénieurs s'en occupassent partout où ils peuvent en avoir le loisir.

Le tableau ci-dessous présente diverses expériences que j'ai faites sur les chaux communes relativement à la manipulation des mortiers.

TABLEAU N.º 28.

NUMEROS des MORTIERS.	COMPOSITION DES MORTIERS.	NOMBRE de jours qu'ils ont mis à durcir dans l'eau.	POIDS qu'ils ont supporté avant de se rompre.
1	Mortier par parties égales de chaux commune, de sable et de trass, mis dans l'eau immédiatement.	18½	132 liv.
2	Même mortier mis dans l'eau après avoir reposé douze heures sans avoir été rebattu.	13	149
3	Même mortier rebattu au bout de douze heures sans eau, et mis dans l'eau douze heures après.	13	150
4	Même mortier rebattu au bout de douze heures avec un peu d'eau, et mis dans l'eau douze heures après.	15	148
5	Même mortier mis dans l'eau au bout de vingt-quatre heures sans être rebattu.	12	140
6	Même mortier rebattu au bout de vingt-quatre heures avec un peu d'eau, et mis dans l'eau douze heures après.	15	165
7	Même mortier mis dans l'eau au bout de trente-six heures sans être rebattu.	12	145
8	Même mortier rebattu au bout de trente-six heures avec un peu d'eau, et mis dans l'eau douze heures après.	15	165
9	Même mortier mis dans l'eau au bout de quarante-huit heures sans avoir été rebattu.	12	145
10	Même mortier rebattu avec un peu d'eau au bout de quarante-huit heures, et mis dans l'eau douze heures après.	15	150
11	Même mortier mis dans l'eau au bout de soixante heures sans avoir été rebattu.	12	140
12	Mortier d'une partie de chaux d'Obernai et de deux parties de sable mis dans l'eau immédiatement.	15	70
13	Même mortier mis dans l'eau après avoir reposé douze heures sans avoir été rebattu..	15	75
14	Même mortier rebattu avec un peu d'eau au bout de douze heures, et mis dans l'eau douze heures après.	12	90
15	Mortier de chaux d'Obernai, sable et trass, par parties égales, mis dans l'eau immédiatement.	4	175
16	Même mortier rebattu avec un peu d'eau au bout de douze heures, et mis dans l'eau douze heures après.	3	240

Observations sur les expériences du Tableau n° 28.

Il arrive souvent sur un atelier que l'on a préparé beaucoup de mortier, et que le mauvais temps empêche de travailler pendant un ou deux jours. Si c'est du mortier hydraulique, il devient dur d'un jour à l'autre, et souvent du matin au soir ; il serait impossible de l'employer tel qu'il est. On peut, en le rebattant long-temps sans y ajouter d'eau, le ramollir comme il convient ; mais c'est un surcroît de dépense : on parviendrait à bien meilleur marché à le ramener à la consistance ordinaire en le rebattant quelques instants avec un peu d'eau. Quelques ingénieurs pensent que le mortier devient beaucoup meilleur lorsqu'il a été battu plusieurs fois par jour avant d'être employé. En conséquence on fait souvent son mortier plusieurs jours à l'avance, puis on le bat à sec, et on le laisse durcir de nouveau pour le rebattre encore, parce que, dit-on, le bon mortier doit être fait avec la sueur des hommes ; mais la sueur des hommes coûte de l'argent qu'il est important d'économiser. Ce sont ces considérations qui m'ont engagé à faire les expériences ci-dessus.

Les onze premiers mortiers sont composés de chaux commune, de sable et de trass, par parties égales. Le n° 1 a été mis dans l'eau immédiatement, tandis que le n° 2 a reposé douze heures à l'air, et a été mis dans l'eau sans avoir été rebattu. On voit que ce mortier a présenté une résistance sensiblement plus forte que le premier. Les n°⁵ 3, 4 et 5 sont restés vingt-quatre heures à l'air avant d'être mis dans l'eau, mais le n° 3 a été rebattu douze fois sans eau, le n° 4 l'a été avec de l'eau, et le n° 5 n'a point été rebattu. Il est important de remarquer que les résultats des n°⁵ 3 et 4 sont à peu de chose près semblables entre eux et à celui du n° 2. Le n° 5 a supporté un poids sensiblement plus foible que le n° 4.

Au bout de vingt-quatre heures, il ne m'a plus été possible de rebattre ces mortiers sans y ajouter un peu d'eau. En conséquence les n°⁵ 6 et 7 ont été mis dans l'eau au bout de trente-six heures, avec cette différence que le n° 6 a été rebattu avec un peu d'eau, tandis que le n° 7 n'a point été rebattu. On voit que le mortier n° 6 a donné un résultat sensiblement meilleur que le n° 7.

Les n°⁵ 8 et 9, 10 et 11, ont été faits de la même manière, et ont donné aussi pour résultat que les mortiers rebattus avec un peu d'eau ont présenté plus de résistance que ceux qui ne l'ont point été ; mais, au bout de soixante heures, la résistance a commencé à diminuer.

Si l'on compare les n°⁵ 4 et 5, 6 et 7, 8 et 9, 10 et 11, qui ont été laissés à l'air, on verra que ceux qui ont été rebattus avec un peu d'eau ont présenté plus de résistance que ceux qui ne l'ont pas été.

La comparaison des n°⁵ 2 et 3 fait voir que ce dernier mortier n'a presque pas gagné à avoir été rebattu ; cependant il l'a été douze fois de suite. Un excès de trituration semble donc tout-à-fait inutile, car 1 ou 2 kilogrammes de résistance de plus ne sont presque rien lorsque les mortiers peuvent en supporter 150.

18.

Les n°⁵ 12, 13 et 14 sont faits avec de la chaux hydraulique et du sable. Les deux premiers ont présenté une résistance à peu près égale ; le n° 14, qui a été rebattu avec de l'eau, est beaucoup meilleur.

Enfin les n°⁵ 15 et 16 sont composés de chaux d'Obernal, de sable et de trass ; le n° 15 a été mis immédiatement dans l'eau, et le n° 16 ne l'a été qu'après avoir été rebattu avec un peu d'eau. Le dernier a donné un résultat de beaucoup supérieur au précédent.

Je dois dire que, lorsque les mortiers avaient pris une demi-consistance à l'air, je les ai toujours comprimés légèrement avec la truelle avant de les mettre dans l'eau ; mais les n°⁵ 1 et 15 ayant été plongés sous l'eau aussitôt après leur confection n'ont point été comprimés, tandis que les n°⁵ 4 et 16 l'ont été. Je ne puis penser qu'une aussi légère compression puisse occasioner une si grande différence. On voit d'ailleurs qu'il existe une faible différence entre les n°⁵ 12 et 13, quoique ce dernier ait seul été comprimé, tandis que le n° 14, qui a été rebattu avec de l'eau, a offert une résistance beaucoup plus grande.

Les mortiers n°⁵ 12, 13 et 14 ne doivent point être comparés à ceux n°⁵ 15 et 16, d'abord parce que ces deux derniers mortiers ont du trass, et en second lieu parce que ce sont deux chaux de deux fournées différentes. Il résulte de ce tableau que, lorsque l'on a du mortier hydraulique composé de chaux commune, sable et trass, ou bien lorsqu'il est fait avec de la chaux hydraulique et du sable, ou mélangé avec du trass, dans ces cas il n'y a aucun inconvénient à le rebattre avec un peu d'eau, lorsque, par une circonstance quelconque, il est devenu trop sec pour pouvoir être employé. Il y a même de l'avantage à le faire : ainsi, en faisant le mortier le soir, et en lui donnant le lendemain matin un peu d'eau avec quelques coups de rabot pour le mélanger et le ramener à son premier état, ce mortier n'en sera que meilleur ; mais un excès de trituration à sec est inutile et n'augmente point la résistance du mortier en raison du surcroît de dépense qu'il occasione. Le tableau suivant contient diverses autres expériences que j'ai faites sur les mortiers.

TABLEAU.

TABLEAU N.° 29.

NUMEROS des MORTIERS.	COMPOSITION DES MORTIERS.	NOMBRE de jours qu'ils ont mis à durcir dans l'eau.	POIDS qu'ils ont supporté avant de se compre.
1	Mortier d'une partie de chaux commune et deux parties de trass.	4 j.	210 lb.
2	Même mortier fait avec le même trass mouillé. . .	4	205
3	Même mortier fait avec du trass plus gros que celui du n.° 1.	6	105
4	Mortier d'une partie de chaux d'Obernai et deux parties de sable, mis dans l'eau au bout de douze heures, sans être rebattu.	10	105
5	Même mortier rebattu au bout de douze heures, et mis dans l'eau douze heures après.	10	100
6	Mortier d'une partie de chaux d'Obernai et de deux parties de sable, gâché clair.	10	80
7	Même mortier gâché ferme.	10	75
8	Mortier d'une partie de chaux commune à demi-cuite et deux parties de sable.	»	»
9	Mortier d'une partie de chaux d'Obernai et deux parties de sable.	12	50
10	Même mortier avec le même sable broyé très fin. .	10	115
11	Mortier d'une partie de chaux d'Obernai et deux parties de sable terreux.	15	60
12	Même mortier avec le même sable qui a été lavé. . .	8	105

Observations sur les expériences du Tableau n° 29.

La première expérience a été faite avec du trass ordinaire qui était passé à un tamis de fil de fer serré : c'est ainsi que je l'ai employé dans toutes mes expériences. Le n° 2 est fait avec le même trass que j'avais laissé pendant un mois au fond d'un vase dans lequel il était couvert d'eau. Plusieurs constructeurs pensent qu'il faut mettre le trass à l'abri de l'humidité ; cette expérience prouve qu'il n'a rien à craindre de l'eau. Il n'y a aucun inconvénient à laisser dehors les moellons de trass, où les argiles cuites dont on veut faire du trass artificiel ; mais il est bon de le mettre à couvert, à cause du vent, qui l'emporterait lorsqu'il est moulu.

Le n° 3 a été fait avec le même trass, qui a été passé à travers un tamis beaucoup moins fin. Le résultat, comme on le voit, a été moitié moindre. Cela n'est pas étonnant, ainsi que je le dirai plus bas. On voit qu'il est important que les trass et les ciments hydrauliques soient broyés fin; il faut qu'en passant ces substances entre les doigts on ne sente point d'aspérités. Les deux expériences n° 4 et 5 ont le même but que celles du tableau précédent; elles ont été faites avec de la chaux d'une autre fournée. Le n° 4 a été mis dans l'eau au bout de douze heures de repos à l'air, sans avoir été rebattu. Le n° 5 a été rebattu sans eau au bout de douze heures et mis dans l'eau douze heures après. S'il y avait un avantage, ce serait plutôt en faveur du mortier qui n'a point été rebattu; mais la légère différence des résultats peut être regardée comme nulle. On doit seulement conclure que, lorsque les mortiers hydrauliques ont été bien mélangés, ce qui a lieu lorsqu'à l'œil ils paraissent homogènes, alors on ne gagne rien à continuer le mélange. Mais on a vu, par les expériences précédentes, que si, après avoir laissé reposer les mortiers pendant quelque temps, on les mêle de nouveau en y ajoutant une petite quantité d'eau, alors on leur donne plus de force. Les n° 6 et 7 sont faits avec de la même chaux d'Obernai. Ces deux mortiers ont reposé tous les deux à l'air pendant douze heures, avant d'être mis dans l'eau, et toutes les autres circonstances sont les mêmes. Il n'y a de différence entre ces deux mortiers qu'en ce que le n° 6 a été gâché clair, tandis que le n° 7 a été gâché ferme. On voit qu'il y a une différence assez sensible entre les résistances, et qu'elles sont faibles toutes deux, ce qui provient de ce que le morceau de chaux était de médiocre qualité. Ce résultat est contraire à l'opinion de M. Vicat, car, à la fin de la note qu'il a écrite sur les premières expériences que j'ai publiées, il dit : « M. Treussart affirme, relativement à la manipulation, que les mortiers de « trass gâchés à consistance ordinaire, c'est-à-dire mous, valent mieux que les « mêmes mortiers gâchés ferme. Ceci implique contradiction, non seulement avec « les faits généralement observés jusqu'à ce jour, mais aussi, jusqu'à un certain « point, avec les propres observations de l'auteur. »

Je n'ai annoncé ces résultats en 1823 que parce qu'ils sont importants pour la manipulation des mortiers, et qu'ils m'ont été fournis par mes expériences. Je n'ignorais point qu'elles étaient contraires à l'opinion généralement admise; mais je ne vois pas en quoi elles sont en contradiction avec mes propres observations, et M. Vicat ne le dit point. Elles coïncident au contraire avec tout ce qui précède.

On a vu, en effet, que les mortiers gagnaient sensiblement lorsque, après les avoir laissés prendre une demi-consistance, on les mélangeait de nouveau avec un peu d'eau. On a vu aussi, au commencement de ce Mémoire, que la chaux commune vive, réduite en pâte molle avec de l'eau, était susceptible, pendant assez longtemps, d'absorber de nouvelles quantités d'eau. N'est-il pas probable qu'il en est de même avec la chaux hydraulique? Lorsqu'on l'a réduite en pâte de consistance de mortier ordinaire, il est bien possible qu'elle n'ait point encore absorbé toute la quantité d'eau qui lui est nécessaire pour former le meilleur mortier. Il est possible qu'une masse de mortier, mise dans l'eau, n'en absorbe qu'une petite quantité à cause du durcissement qui s'opère promptement. Dans ce cas, il ne serait pas étonnant qu'une nouvelle quantité d'eau ajoutée au mortier après lui avoir laissé absorber la première, ou qu'un mortier fait plus clair, donnât un meilleur résultat. La question est importante en ce qu'il est plus facile de mélanger les mortiers lorsqu'ils sont faits de la consistance ordinaire que lorsqu'ils sont gâchés ferme, et qu'il en résulte par conséquent une économie sensible. J'ai dû présenter les résultats que j'ai obtenus avec la chaux d'Obernai, afin d'appeler l'attention sur ces faits, et engager les constructeurs qui emploient de ces sortes de chaux à faire quelques expériences sur cet objet. Ce que je puis assurer, c'est qu'à Strasbourg tous les mortiers hydrauliques, tant pour être mis dans l'eau que pour être employés à l'air, ont toujours été faits à la consistance des mortiers ordinaires, et que très souvent on les mélangeait avec une petite quantité d'eau, lorsque par une cause quelconque ils commençaient à prendre une demi-consistance. On a cependant toujours obtenu de très bons résultats.

L'expérience n° 8 a été faite pour vérifier un fait important annoncé par M. Minard, ingénieur des ponts et chaussées. Cet ingénieur a annoncé qu'en faisant cuire de la chaux faiblement, de manière à ce qu'elle conservât après la cuisson une certaine quantité d'acide carbonique, on obtenait par ce moyen de la chaux hydraulique très bonne. J'ai en conséquence répété cette expérience, en prenant un morceau de pierre à chaux commune et en la plaçant au-dessus des tuiles pour la faire cuire à demi. Je me suis assuré, au moyen de l'acide muriatique, qu'après cette faible cuisson ce morceau de chaux contenait encore beaucoup d'acide carbonique; mais il en avait perdu assez pour qu'en jetant de l'eau dessus il se soit réduit en poudre. J'en ai fait du mortier avec du sable et je l'ai mis dans l'eau; mais on voit que je n'ai obtenu aucun résultat : au bout d'un an, le mortier était entièrement mou.

Les expériences n°s 9 et 10 ont été faites avec la même chaux et le même sable; il n'y a de différence qu'en ce que le n° 9 a été fait avec du sable ordinaire, tandis que le n° 10 a été fait avec le même sable qui avait été broyé très fin. Ces deux mortiers ont été composés d'une partie de chaux en pâte contre deux parties et demie de sable. Plusieurs constructeurs pensent qu'il faut de préférence employer de gros sable pour de grosses maçonneries. On voit cependant que la résistance que j'ai obtenue avec le sable ordinaire, qui n'est pas gros, n'a été que de 50 kilogrammes, tandis que celle du mortier fait avec le même sable qui a été broyé très fin a été de 115 kilogrammes. J'avoue que ce résultat m'a bien surpris. Lorsque j'ai fait ces deux mortiers, que j'ai mis dans l'eau, j'en ai fait deux autres semblables que j'ai laissés à l'air. On verra dans le livre second que le mortier fait avec le sable ordinaire s'est rompu sous le poids de 85 kilogrammes, tandis que celui qui a été fait avec le sable broyé en a supporté 125, quoiqu'il fût fendu. Ordinairement les mortiers mis dans l'eau m'ont donné avec les chaux hydrauliques de meilleurs résultats qu'à l'air. Je serais donc porté à penser que le n° 9 ne m'a donné un si faible résultat que par quelque circonstance qui m'aura échappé. Il est possible que ce mortier se soit trouvé fendu sans que je m'en sois aperçu : il me paraît donc douteux qu'il y ait un aussi grand avantage que celui que j'ai trouvé par ces deux expériences à faire du mortier avec du sable fin; néanmoins il en résulte qu'avec de la chaux hydraulique il y a un avantage bien marqué à faire le mortier avec du sable fin. M. Vicat a obtenu un résultat semblable, ainsi qu'on le voit dans son tableau n° 16.

Les n°s 11 et 12 sont faits avec la même chaux dont on a pris une partie en pâte contre deux parties d'un sable terreux qu'on employait à Phalsbourg. Le n° 11 est fait avec ce sable terreux, et le n° 12 est fait avec le même sable que l'on a lavé pour le débarrasser de sa terre. On voit que le sable lavé m'a donné un résultat presque double de celui qui était terreux. Il est donc bien important d'employer du sable qui ne soit pas terreux.

On trouve dans le tome 7° des *Annales des mines* une discussion entre M. Vicat et M. Berthier, sur la cause de la solidification des mortiers. M. Vicat attribue cette solidification à l'action chimique que la chaux exerce sur les matières siliceuses. M. le docteur John avait établi au contraire en principe que les substances que l'on mêle avec la chaux pour faire les mortiers, et qu'il nomme *alliages*, sont tout-à-fait passives. Il ajoute que, d'après les expériences qu'il a faites, la chaux caustique n'attaque ni le quartz ni aucune substance pierreuse. M. Berthier, qui a examiné cette question, dit : « Je pense, avec M. John, que les alliages ne jouent aucun rôle « chimique dans les mortiers : ces alliages me paraissent avoir pour effet 1° de dimi-« nuer la consommation de la chaux; 2° de régulariser le retrait en le modérant « et en le rendant uniforme, et en empêchant par là les gerçures; 3° probablement « de faciliter la dessication et la régénération du carbonate de chaux, et d'accé-« lérer la prise; 4° enfin d'augmenter la solidité des mortiers. » D'après M. Berthier, les molécules des alliages contractent avec les molécules de la chaux une adhérence plus ou moins forte. Si cette adhérence est moins grande que celle qui lie entre elles les molécules de la chaux, le mortier ne sera pas plus solide que ne l'aurait été l'hydrate pur; seulement il coûtera moins cher, il prendra plus vite, et il sera moins sujet à se fendre en se desséchant, ce qui est déjà fort avantageux. Mais si la force de cohésion de la chaux est moindre que la force qui l'a fait adhérer à l'alliage, on conçoit que le mortier devra acquérir plus de ténacité que n'en aurait eu l'hydrate pur; or c'est probablement ce qui a lieu dans les bons mortiers.

D'autres savants et plusieurs ingénieurs ont pensé que la solidification des mortiers était due à ce que la chaux passait de nouveau à l'état de carbonate en absorbant l'acide carbonique de l'air. Mais cette opinion n'est pas soutenable, car on sait que l'acide carbonique ne pénètre que très lentement dans une portion d'hydrate de chaux exposée à l'air. De très grandes masses de mortiers plongés dans l'eau y prennent quelquefois une dureté complète en trois ou quatre jours, tandis que d'autres mortiers, contenant la même quantité de chaux, et placés dans la même circonstance, mettent souvent plus d'un mois à durcir. M. Darcet a analysé du mortier provenant de la Bastille, et il a trouvé que la chaux n'avait que la moitié de l'acide nécessaire pour la saturer. M. John a fait l'analyse de plusieurs mortiers anciens qui étaient très durs, et il y a trouvé une quantité d'acide carbonique beaucoup moindre. D'ailleurs, il s'en faut de beaucoup que tout l'acide carbonique que l'on trouve dans les anciens mortiers ait été absorbé par la chaux : car l'expérience fait connaître qu'il est difficile, par le moyen de la calcination, de dégager tout l'acide carbonique d'une pierre calcaire. La chaux que nous employons dans nos constructions en contient souvent une très grande quantité : il n'est donc point étonnant que l'analyse des anciens mortiers présente de grandes différences à cet égard. Voici du reste une preuve que l'absorption de l'acide carbonique n'a aucune influence sur le durcissement des mortiers, au moins dans les premiers temps : j'ai pris de la chaux hydraulique que j'ai réduite à l'état d'hydrate avec de l'eau distillée, et j'en ai fait une pâte un peu épaisse que j'ai placée au fond d'une fiole ; je l'ai ensuite remplie avec de l'eau distillée, et je l'ai bien bouchée ; enfin, la chaux en pâte étant assez épaisse pour ne point couler, j'ai renversé la fiole, et j'ai plongé le goulot dans un vase rempli d'eau. J'ai répété la même expérience avec du mortier fait avec de la chaux hydraulique et du sable, et avec un autre mortier de chaux commune et de trass. Ces trois substances ont durci aussi vite que si elles eussent été mises dans de l'eau en contact avec l'air. Se trouvant privées de toute communication avec l'air, on ne peut pas attribuer leur durcissement à l'acide carbonique. On a remarqué dans plusieurs mortiers anciens que la surface de ceux qui se trouvaient exposés à l'air était passée à l'état de carbonate ; mais cela n'a lieu que sur une faible épaisseur, et il faut plusieurs siècles pour opérer ce changement. On ne peut donc point attribuer le durcissement des mortiers à la régénération du carbonate de chaux.

Les raisons données par M. Vicat et par M. Berthier sur la question de savoir s'il y avait ou s'il n'y avait pas une combinaison de la chaux avec les substances que l'on mélange avec elle pour faire les mortiers ne m'ont pas paru concluantes : je vais en conséquence donner mon opinion sur ce sujet important sous le rapport de la théorie, en présentant quelques faits à l'appui.

Pour se rendre compte de la solidification des mortiers dans l'eau, il me semble qu'il faut les diviser en deux classes tout-à-fait distinctes : ceux qui sont composés de chaux hydraulique et de sable, et ceux de chaux commune avec pouzzolane ou autres substances analogues. Pour les mortiers faits avec la chaux hydraulique et du sable, il n'est nullement nécessaire de supposer qu'il y ait une combinaison chimique entre ces deux substances, car on a vu par les premiers tableaux que les

chaux hydrauliques seules, lorsqu'elles sont réduites en pâte, durcissent promptement dans l'eau sans qu'il soit nécessaire de les mélanger avec aucune matière. On
pourrait être porté à croire qu'il y a combinaison entre la chaux hydraulique et le
sable, d'après les expériences n°* 9 et 10 du tableau n° 29, qui prouvent que l'on
obtient une résistance beaucoup plus grande avec du sable fin; mais, d'un autre
côté, les faits cités par M. John, qui a trouvé que le sable n'était point attaqué par
la chaux vive, et les raisons données par M. Berthier, font penser qu'il n'y a point
de combinaison. Pour expliquer le durcissement des mortiers faits avec la chaux
hydraulique il n'est pas nécessaire de supposer qu'elle se combine avec le sable, puisque cette chaux durcit seule dans l'eau. Il resterait donc à expliquer comment la
chaux hydraulique jouit de la propriété de durcir seule dans l'eau. J'observerai à
cet égard que cette chaux particulière est une combinaison de la chaux avec une
certaine quantité d'argile par le moyen de la calcination : c'est donc une substance
tout-à-fait différente de la chaux, et elle a acquis de nouvelles propriétés que la
chaux n'avait pas; celle-ci se dissout dans l'eau, tandis que la bonne chaux hydraulique ne s'y dissout point.

On sait que, lorsqu'on mêle ensemble, dans de certaines proportions, de la soude
ou de la potasse, qui sont opaques et solubles dans l'eau, avec de la silice, qui est
également opaque, et qu'on fait chauffer ce mélange, on obtient un corps nouveau,
qui est transparent et insoluble dans l'eau, et auquel on a donné le nom de verre.
Il n'est donc pas étonnant que de la chaux mêlée avec une petite quantité d'argile,
et chauffée, produise un corps nouveau qui ait la propriété de durcir dans l'eau,
tandis que la chaux seule y reste constamment molle. Quoiqu'on donne à ce composé le nom de chaux hydraulique, il doit, dans le fait, être considéré comme une
substance tout-à-fait différente de la chaux : c'est un corps nouveau qui a de nouvelles propriétés.

Quant aux mortiers hydrauliques faits avec de la chaux commune et de la pouzzolane, ou d'autres substances analogues, je ne vois pas qu'on puisse en expliquer
le durcissement dans l'eau sans admettre une combinaison de la chaux commune
avec les pouzzolanes : car cette chaux, mise seule ou avec du sable dans l'eau, reste
toujours molle. Pour prouver la vérité de cette explication, j'ai fait l'expérience
suivante : j'ai pris un mortier composé d'une partie de chaux de marbre blanc et de
deux parties de pouzzolane, et qui était resté un an dans l'eau. J'ai pris, au centre
de ce mortier, un morceau que j'ai réduit en poudre très fine, et je l'ai mise dans
un vase que j'ai rempli d'eau distillée. Or on sait que, si l'on met de la chaux commune
dans de l'eau, celle-ci en dissout en quelques minutes environ $\frac{1}{78}$ de son poids. Cependant, au bout de vingt-quatre heures, l'eau distillée que j'avais mise sur le mortier de chaux et de pouzzolane réduit en poudre n'avait dissous aucune portion de
cette chaux. Je me suis assuré, d'un autre côté, que la chaux du mortier n'était point
passée à l'état de carbonate : car, en versant sur le mortier en poudre de l'acide

muriatique, je n'ai eu que très peu d'effervescence. La chaux n'était donc point passée
à l'état de carbonate, et cependant elle ne s'était point dissoute dans l'eau, ce qui
ne peut provenir que de ce qu'elle s'était combinée avec la pouzzolane. J'ai communiqué ce fait, il y a près de deux ans, à M. Berthier, en lui portant un peu du
mortier en poudre dont je m'étais servi pour faire mon expérience, et il a trouvé
le même résultat que moi. J'ajouterai que j'ai fait du mortier hydraulique avec une
partie de chaux commune mesurée en pâte et deux parties de pouzzolane ; j'ai pris
une partie de ce mortier, que j'ai placée au fond d'un verre, et je l'ai recouverte de
suite avec de l'eau ; l'autre partie a également été placée au fond d'un verre, mais
je ne l'ai recouverte d'eau qu'au bout de douze heures. Il s'est formé une forte pellicule de carbonate de chaux à la surface de toute l'eau du mortier qui avait été
recouvert immédiatement, tandis que, pour le mortier qui était resté douze heures
à l'air avant d'être recouvert d'eau, il ne s'est formé qu'une légère couche de carbonate de chaux, et dans quelques parties seulement de la surface ; il y avait plus
de la moitié de la surface de l'eau qui n'avait aucune pellicule. Cette expérience
prouve que la chaux se combine très promptement avec les pouzzolanes.

Le durcissement des mortiers hydrauliques dans l'eau peut donc être expliqué
de la manière suivante : si le mortier est fait avec de la chaux hydraulique et du
sable, cette dernière substance paraît y être à un état passif ; le durcissement du
mortier a lieu parce que la chaux hydraulique durcit d'elle-même dans l'eau, et
la chaux hydraulique durcit parce qu'elle n'est pas un corps simple, mais
une combinaison d'une petite quantité d'argile avec la chaux. Si l'on force trop la
quantité d'argile, alors on n'obtient plus de bonne chaux hydraulique. Un effet
semblable a lieu dans la formation du verre : si l'on force la quantité de soude ou
de potasse, on n'a plus qu'une composition déliquescente. Lorsque le mortier hydraulique est fait avec de la chaux commune et des pouzzolanes, le durcissement
a lieu, parce qu'il s'opère une combinaison de la chaux avec la pouzzolane par la voie
humide. Dans ce cas, pour que la combinaison se fasse bien, il faut que les pouzzolanes soient dans une proportion plus grande que la chaux.

Lorsqu'on fait du mortier, il y a toujours réduction de volume après le mélange
des matières. J'ai cherché à connaître cette diminution par des expériences en grand.
D'abord quatre tas, composés chacun de $0^m,30$ cubes de chaux vive d'Obernai et
$0^m,60$ cubes de sable, formant ensemble un volume de $3^m,60$ cubes, se sont réduits,
par la manipulation, à $2^m,878$ cubes de mortier de consistance ordinaire : ainsi
le volume a diminué dans le rapport de 1 à 0,799, c'est-à-dire de 0,201. Dans une
seconde expérience, cinquante-deux tas, composés chacun de $0^m,30$ cubes de
chaux vive, et de $0^m,75$ de sable, formant ensemble un volume de $60^m,90$ cubes,
ont produit en mortier $50^m,338$ cubes. Le volume primitif a donc diminué dans
le rapport de 1 à 0,827, c'est-à-dire de 0,173. D'après la première expérience, la
réduction a été d'un cinquième, et dans la seconde expérience, où il y avait plus de

sable, elle a été d'environ un sixième. Ces données sont nécessaires pour faire une analyse, afin de bien établir les prix.

M. Lacordaire, ingénieur des ponts et chaussées, employé au canal de Bourgogne, a annoncé qu'il avait obtenu de bons mortiers hydrauliques par le moyen suivant : Il fait calciner à moitié de la pierre à chaux hydraulique; il l'éteint ensuite par immersion. Les portions les plus cuites tombent en poussière, et il se sert de cette chaux, qu'il mêle avec du sable et avec la partie de la pierre à chaux qui ne s'est point éteinte, et qu'il emploie comme ciment après l'avoir fait broyer. On a établi à Pouilly une fabrique de cette matière, qui porte le nom de ciment de Pouilly et qu'on emploie comme tel avec les chaux grasses. On voit que M. Lacordaire a appliqué aux pierres à chaux hydrauliques un procédé analogue à celui que M. Minard avait proposé pour les pierres à chaux commune, et qui n'a donné aucun résultat, ainsi que je l'ai dit à la page 141.

Je me suis procuré deux échantillons de la pierre à chaux hydraulique de Pouilly, et un morceau de cette chaux à demi-cuite dont on fait le ciment de ce nom. L'une de ces pierres à chaux était d'un bleu prononcé, et l'autre d'une couleur cendrée. Le morceau de chaux peu cuite était de couleur brune, et sorti du four depuis environ six mois. J'ai fait avec cette chaux à demi cuite les essais suivants : J'en ai détaché un morceau sur lequel j'ai versé de l'eau : il n'y a point eu de chaleur produite et il ne s'est point réduit en poudre. J'ai mis ensuite ce morceau dans de l'acide muriatique étendu d'un peu d'eau : il y a eu un dégagement considérable d'acide carbonique, et il s'y est dissous en laissant un résidu d'environ un cinquième, qui était de l'argile mêlée d'un peu d'oxide rouge de fer. J'ai réduit en poudre très fine le morceau qui me restait, et j'ai fait les expériences suivantes : J'ai d'abord mélangé une partie de chaux grasse, mesurée en pâte, avec deux parties de cette poudre. Après avoir bien mêlé le tout avec un peu d'eau, pour l'amener à la consistance de sirop, je l'ai placé au fond d'un verre. Une heure après, j'ai été obligé de le couvrir d'eau, parce qu'il devenait consistant. Douze heures après l'avoir couvert d'eau, il était complétement dur. J'ai fait une seconde expérience en réduisant cette poudre toute seule en pâte avec de l'eau, et, une heure après l'avoir placée au fond d'un verre, je l'ai couverte d'eau : au bout de douze heures, j'ai également obtenu un durcissement complet. Enfin, j'ai fait une troisième expérience avec une partie de chaux grasse et deux parties de cette poudre, comme dans le premier essai; mais je n'ai ajouté que l'eau nécessaire pour réduire le mélange en pâte épaisse, et je l'ai laissé à l'air : il a durci avec autant de promptitude que le plâtre, et, quinze jours après, il m'a paru avoir une grande dureté. Il serait peut-être possible de substituer avec avantage l'emploi de cette substance à celui du plâtre.

Il résulte des essais que je viens de rapporter que cette matière, réduite en pâte avec un peu d'eau, durcit à l'air et dans l'eau avec une grande promptitude, et qu'employée en poudre avec de la chaux grasse, à la manière des pouzzolanes, on obtient également dans l'eau un durcissement très prompt. Il me paraît que le nom de ciment, qu'on a donné à cette matière, n'est pas convenable : car c'est réellement un sous-carbonate de chaux hydraulique, c'est-à-dire de la chaux hydraulique peu cuite et contenant par conséquent beaucoup d'acide carbonique. J'observerai que, si l'on mêlait une partie de chaux grasse avec deux parties de bonne chaux hydraulique réduite en poudre, ce mélange durcirait également dans l'eau, sans que l'on pût dire que cette chaux hydraulique en poudre est du ciment. On n'a donné ce nom qu'à de la poudre provenant d'argiles cuites; il est possible cependant que l'usage conserve à cette matière le nom de ciment, parce qu'on l'emploie de la même manière.

La belle observation de M. Lacordaire vient d'ouvrir un nouveau champ pour les mortiers hydrauliques. Il serait bien important de connaître la ténacité de cette matière : car on a vu, par les galets de Boulogne et par plusieurs autres mortiers, que ceux qui durcissent très vite n'ont pas toujours présenté une grande résistance. On a vu, par le tableau n° 3, que plusieurs chaux hydrauliques, bien cuites et réduites en pâte avec de l'eau, ont présenté seules des résistances plus grandes que lorsqu'on les a mélangées avec du sable. La grande promptitude du durcissement des mêmes chaux peu cuites mérite une attention particulière. Pour bien juger cette nouvelle manière d'employer les chaux hydrauliques, il faudrait faire des expériences comparatives, d'abord avec les mêmes pierres à chaux peu cuites et bien cuites, réduites seules en pâte avec de l'eau; après cela on les mélangerait avec les mêmes quantités de sable; enfin on ferait usage de la chaux peu cuite en l'employant comme ciment avec de la chaux commune et avec de la chaux hydraulique, et on essaierait ensuite de mélanger ce ciment avec du sable et ces deux espèces de chaux. On comparerait le durcissement de ces divers mélanges, et, au bout d'un an, on les soumettrait à la rupture pour connaître leur ténacité. En supposant qu'une partie de chaux grasse, mêlée avec deux parties de chaux hydraulique peu cuite employée comme ciment, donnât une résistance égale à celle d'un mortier composé de la même chaux bien cuite et de deux parties de sable, il faudrait examiner quel est celui des deux procédés qui est le moins coûteux. Dans le premier cas, on n'emploie que de la chaux, qui est une substance assez chère; mais la chaux hydraulique, qui y entre pour les deux tiers, étant beaucoup moins cuite, exige moins de combustible, et demande d'un autre côté une assez grande main d'œuvre pour être broyée. On voit donc que c'est en comparant la dépense avec la résistance des mortiers que l'on pourra connaître le procédé que l'on doit employer. Il y a sans doute des circonstances où il est important d'obtenir un durcissement très prompt; mais, dans les cas ordinaires, il n'y a aucun inconvénient à attendre huit ou dix jours pour laisser prendre au béton ou au mortier une dureté suffisante. Il est à présumer que nous ne tarderons pas à avoir des expériences qui nous feront connaître si cette nouvelle manière d'employer les chaux hydrauliques présente un résultat avantageux sous le rapport de la ténacité des mortiers. Dans les places où l'on rencontre de bonnes chaux hydrauliques, il serait bien important de faire les essais dont je viens de parler.

J'ai dit que la chaux à demi cuite que j'avais employée comme ciment avait été calcinée depuis six mois, et cependant j'ai obtenu un durcissement très prompt. Cela peut tenir à ce qu'elle était en pierre et que l'air n'a pas pu pénétrer dans l'intérieur. Il serait curieux de connaître si cette chaux se conserve aussi long-temps sans perdre de son énergie lorsqu'on l'a réduite en poudre. Il serait également nécessaire de savoir s'il est indifférent de plonger cette chaux dans l'eau à sa sortie du four, ou s'il ne serait pas préférable de cuire toute la chaux à demi, pour ne lui donner de l'eau qu'en la mélangeant avec la chaux bien cuite.

On trouve, dans le tome VII du *Journal des Mines*, les analyses de plusieurs mortiers anciens faites par M. le docteur John, et celles de plusieurs pierres à chaux, par M. Berthier. Je terminerai ce chapitre par l'exposition de ces analyses dans les tableaux ci-après.

Analyses de différents mortiers faites par M. John.

	MORTIERS A L'AIR.						MORTIERS HYDRAULIQUES.		
	1	2	3	4	5	6	7	8	9
Acide carbonique	0,0600	0,0575	0,0175	0,0500	0,0900	0,1200	0,0050	0,0225	0,0225
Chaux à l'état de carbonate.	0,0800	0,0781	0,0260	0,0663	0,1194	0,1591	0,0070	0,0295	0,0298
Chaux combinée avec d'autres substances . .	0,0170	0,0431	0,0665	0,0207	0,0322	0,0809	0,0505	0,0595	0,2977
Silice combinée	0,0100	0,0115	0,0375	0,0125	0,0025	0,0025	0,0200	0,0035	0,0800
Quartz et sable.	0,8000	0,8010	0,7850	0,8375	0,6884	0,5600	0,7750	0,8950	0,3300
Alumine, oxide de fer. .	. . . .	. . . .	. . . .	. . . .	0,0275	0,0275	. . . .	. . . .	. . . .
Eau	0,0330	0,0088	0,0675	0,0130	0,0400	0,0500	0,1625	0,0100	0,2400
	1,0000	1,0000	1,0000	1,0000	1,0000	1,0000	1,0000	1,0000	1,0000

1. Mortier de cent ans provenant des joints extérieurs de l'église de Saint-Pierre à Berlin.

2. Mortier de cent ans, provenant des joints intérieurs de la même église.

3. Mortier de six cents ans, provenant d'une fondation encombrée de la même église; très dur et très tenace.

4. Mortier de six cents ans, provenant des murs de la cathédrale de Brandebourg.

5. Mortier romain, provenant d'un mur de ville construit à Cologne, sous Agrippa, dans le premier siècle de l'ère chrétienne.

6. Mortier romain provenant d'une tour bâtie par Agrippa.

Il paraît que dans les deux derniers mortiers la portion de chaux non saturée d'acide carbonique est combinée avec de l'alumine.

7. Mortier de trois cents ans, provenant de l'enceinte du château de Berlin.

8. Ancien mortier hydraulique romain.

9. Mortier de Trèves, âgé de quatre ans.

On voit par le tableau ci-dessus qu'aucun de ces mortiers ne contient, à beaucoup près, une quantité d'acide carbonique suffisante pour la saturation de la chaux, puisque, suivant l'analyse de la page 2, la pierre à chaux contient ordinairement 33 pour cent d'acide carbonique. Le mortier n° 5, par exemple, qui date de près de deux mille ans, n'en contient qu'environ 13 pour cent; et il est à remarquer, ainsi que je l'ai déjà dit, que la chaux, telle que nous l'employons dans nos constructions, n'en est jamais complétement dépourvue. On remarque aussi que les mortiers hydrauliques sont ceux qui contiennent le moins de carbonate de chaux. Et enfin qu'une partie de la chaux se trouve unie chimiquement avec d'autres substances, telles que la silice, l'alumine ou le fer, et peut-être avec ces trois substances à la fois. Ces substances paraissent s'être combinées avec la chaux par la calcination.

Chaux produites par différentes pierres calcinées donnant de la chaux commune d'après les analyses de M. Berthier.

	CHAUX GRASSES.						CHAUX MAIGRES.	
	1	2	3	4	5	6	7	8
Chaux	0,964	0,954	0,972	0,935	0,916	0,860	0,780	0,600
Magnésie	0,018	0,018	. . . .	0,010	0,015	0,090	0,200	0,261
Argile	0,018	0,028	0,028	1,040	0,069	0,050	0,020	. . . .
Oxide de fer, etc.	. . . .	. . . .	. . . .	0,015	. . . .	. . . .	. . . .	0,138
	1,000	1,000	1,000	1,000	1,000	1,000	1,000	1,000

1. Calcaire d'eau douce de Château-Landon près Nemours; compacte, jaunâtre, un peu cellulaire, sonore; donne de la chaux très grasse.

155

2. Calcaire de Saint-Jacques; compacte, jaunâtre, un peu saccharoïde; il fait la base des montagnes du Jura; il donne une chaux très grasse, qui ne fait prise que lentement.

3. Calcaire grossier de Paris; donne de la chaux très grasse.

4. Calcaire qui forme le toit de la mine de fer de La Voulte (Ardèche); compacte, blanc jaunâtre; renferme des coquilles qui prouvent qu'il est d'une formation contemporaine au calcaire du Jura; pesanteur spécifique, 267; donne de très bonne chaux grasse.

5. Calcaire de Lagneux (Ain); compacte, d'un gris jaunâtre peu foncé; il donne de la chaux grasse qui est très employée à Lyon.

6. Calcaire d'eau douce de Vichy (Allier); compacte, cellulaire, blanc jaunâtre; donne de très bonnes chaux, mais médiocrement grosse.

7. Calcaire des environs de Paris, qui paraît appartenir à la formation d'eau douce; compacte, jaunâtre; donne de la chaux maigre, mais non hydraulique.

8. Calcaire secondaire de Villefranche (Aveyron); lamellaire, de couleur ocracée; la chaux qu'on en a obtenue dans une expérience en petit s'est trouvée très maigre sans être hydraulique.

Chaux produites par différentes pierres calcaires donnant de la chaux hydraulique, d'après les analyses de M. Berthier.

	MOYENNEMENT HYDRAULIQUES.					TRÈS HYDRAULIQUES.					
	1	2	3	4	5	6	7	8	9	10	11
Chaux.	0,870	0,830	0,840	0,820	0,820	0,745	0,688	0,740	0,683	0,700	0,746
Magnésie.	0,040	. . .	0,025	0,015	0,015	0,035	0,060	0,020	0,020	0,010	0,160
Argile	0,090	0,070	0,155	0,165	0,165	0,220	0,252	0,170	0,240	0,290	0,078
Oxide de fer, etc. . .	. . .	0,100	. . .	. . .	. . .	. . .	. . .	0,070	0,057	. . .	0,016
	1,000	1,000	1,000	1,000	1,000	1,000	1,000	1,000	1,000	1,000	1,000

1. Calcaire de Vougny (Loire); sublamellaire, jaunâtre, rempli d'ammonites et d'autres coquilles; donne de très bonne chaux qui prend dans l'eau.

2. Calcaire de Saint-Germain (Ain); compacte, d'un gris foncé, veiné de calcaire blanc, lamellaire et pénétré de griphites, etc.; on emploie à Lyon la chaux qu'il produit, quand on construit dans l'eau.

3. Calcaire de Chaunay près Mâcon; compacte, à grains fins, blanc jaunâtre; il est de formation secondaire; cette chaux est hydraulique.

4. Calcaire de Digne (Jura); compacte, pénétré de lamelles de calcaire et empâtant un grand nombre de griphites, d'un gris très foncé; cette chaux est hydraulique.

5. Calcaire qui accompagne le précédent, et qui jouit des mêmes propriétés; compacte, à grains presque terreux, d'un gris clair.

6. Calcaire secondaire de Nîmes (Gard); compacte, gris jaunâtre; donne une chaux hydraulique qui passe dans le pays pour être d'excellente qualité.

7. Chaux de Lezoux (Puy-de-Dôme); fabriquée avec un calcaire d'eau douce marneux; on la dit excellente; on a coutume de l'éteindre en la laissant exposée en tas à l'air, après l'avoir humectée; elle produit une gelée abondante avec les acides.

8. Calcaire compacte dont la localité est inconnue; donne de très bonne chaux hydraulique.

9. Calcaire secondaire de Metz (Moselle); compacte, à grains presque terreux, d'un gris bleuâtre plus ou moins foncé; la chaux qu'il produit est connue pour être très hydraulique.

10. Calcaire marneux de Senonches, près Dreux (Eure-et-Loir); compacte, très tendre; se délaie dans l'eau presque comme une argile, mais ne tombe pas en poussière lorsqu'on le calcine. Cette pierre n'est pas, comme les autres calcaires qui ont la cassure terreuse, un mélange de chaux carbonatée et d'argile. Elle laisse dans les acides un résidu farineux, doux au toucher, qui ne contient qu'une trace d'alumine, qui se dissout dans la potasse caustique liquide, même à froid, et qui se comporte en tout comme de la silice qu'on aurait séparée d'une combinaison; cependant il est certain que cette substance n'est dans la pierre de Senonches qu'à l'état de simple mélange : car, en opérant avec le plus grand soin, on trouve, par l'analyse, que la proportion de l'acide carbonique est justement celle qu'il faut pour la saturation de la chaux. J'ai déjà rencontré de la silice soluble dans les alcalis, quoique hors de toute combinaison, dans quelques variétés de magnésie carbonatée; mais je n'en avais jamais trouvé dans les calcaires.

La chaux de Senonches est très renommée; on l'emploie beaucoup à Paris; elle prend plus promptement et elle acquiert plus de dureté que la chaux de Metz; elle se dissout dans les acides sans laisser le moindre résidu. (Ce que M. Berthier vient de dire de la chaux de Senonches est bien remarquable, et mérite de fixer l'attention sur cette espèce particulière de chaux.)

11. Mélange de quatre parties de craie de Meudon et d'une partie d'argile de Passy (en volume), que M. de Saint Léger emploie pour faire de la chaux hydraulique artificielle près de Paris.

Si l'on compare les chaux communes du premier tableau ci-dessus avec les chaux hydrauliques du second, on verra 1° que celles-ci contiennent en général beaucoup plus d'argile que les chaux communes; 2° que plusieurs chaux contiennent plus de deux dixièmes de magnésie sans être hydrauliques, tandis qu'elles le deviennent à un degré éminent lorsqu'elles renferment la même quantité d'argile ; 3° que presque toutes les chaux communes contiennent cependant une petite portion d'argile. On voit que le n° 5 des chaux communes contient à un millième près autant d'argile que le n° 2 des chaux moyennement hydrauliques : il est donc probable que ces deux chaux doivent avoir à peu près le même degré d'hydraulicité, mais qu'il est faible. Il serait intéressant de connaître la résistance des mortiers faits avec toutes les chaux renfermées dans les deux tableaux ci-dessus. Ce n'est qu'en déterminant la ténacité des mortiers faits avec des chaux dont la composition est bien connue que l'on pourra déterminer la composition et la proportion d'argile les plus convenables pour produire les meilleures chaux hydrauliques.

CHAPITRE VIII.

DU SABLE ET DES ARÈNES.

On a classé les sables relativement à leurs parties constituantes : ainsi il y a des sables siliceux, granitiques, calcaires, etc.; quelques uns proviennent de la décomposition lente des roches de même nature. Quelquefois ils sont mêlés, et il arrive souvent qu'ils contiennent diverses substances métalliques, et principalement du fer. Les différentes révolutions que notre globe a subies ont donné lieu à des dépôts considérables de sable dans des endroits où il n'y a plus de nos jours aucun cours d'eau, et même à de grandes hauteurs; sur certaines côtes on trouve des amas de sable auxquels on a donné le nom de dunes; ils ont été amoncelés par les vents. Les rivières charrient beaucoup de sable, et leurs rives en sont quelquefois couvertes. Les sables sont souvent mêlés de terre végétale. Dans ce cas ils ne sont point propres à faire du mortier : pour qu'ils soient bons à cet usage, il faut qu'ils ne contiennent point ou très peu de terre. En parlant des mortiers à l'air, j'indiquerai un moyen bien simple que j'ai fait employer il y a plusieurs années pour débarrasser le sable de la terre qu'il contient.

Les constructeurs distinguent les sables en sable de rivière, de mer, et de carrière ou de mine. Ce dernier se trouve dans les grands dépôts dont j'ai parlé ci-dessus; on lui donne aussi le nom de sable fossile; il a généralement un grain plus anguleux que celui de rivière et de mer. Du reste tous ces sables contiennent les mêmes éléments. Les sables siliceux et granitiques ou ceux mêlés de ces deux substances sont les plus communs; les sables calcaires sont les plus rares.

Vitruve, et d'autres après lui, ont pensé que le sable fossile était le meilleur pour faire le mortier. Bélidor a pensé au contraire que le sable de rivière était préférable. M. Rondelet a fait en dernier lieu des expériences qui paraissent établir que le sable de mine ou fossile est préférable à celui de rivière.

Je me proposais d'examiner si effectivement il y a un grande différence à composer les mortiers avec tel sable plutôt qu'avec tel autre; mais j'ai quitté Strasbourg avant d'avoir pu m'occuper de cet objet. Cependant quelques faits dont je parlerai à l'occasion des mortiers à l'air me portent à croire que la divergence d'opinion sur les sables que l'on doit regarder comme les meilleurs proviennent de ce que l'on a employé pour faire les expériences des sables plus ou moins terreux et plus ou moins fins. Les expériences citées à la page 142 font voir que de la terre mêlée au sable nuit beaucoup à la qualité des mortiers. Or les auteurs dont j'ai parlé ne disent point si, avant de faire leurs expériences sur les sables fossiles et sur les sables de rivière, ils ont eu soin de les bien laver tous les deux. S'ils ne l'ont point fait, la prééminence qu'ils ont trouvée à tel sable sur tel autre peut tenir d'une part à ce que celui qui a donné le meilleur résultat était le moins terreux, et de l'autre au degré de finesse des sables employés. J'ai trouvé ces résultats avec les sables granitiques, mais il resterait à savoir s'ils seraient les mêmes avec tous les sables. Cette question est importante, et aurait besoin d'être examinée avec soin.

On vient de découvrir une espèce de sable fossile qui est bien remarquable; la connaissance de cette substance singulière est due à M. Girard de Caudemberg, ingénieur des ponts et chaussées. Cet ingénieur a publié sur cet objet, en 1827, une notice très intéressante et qui ne peut pas manquer d'avoir de grands résultats. Je vais rapporter succinctement les principaux faits contenus dans cette notice, et j'y ajouterai quelques observations qui ont été faites depuis.

« Il existe, dit M. Girard, dans la vallée de l'Isle, des sables fossiles dont la
« couleur varie du rouge-brun au rouge-jaunâtre et même au jaune d'ocre. On
« leur donne le nom d'arènes (1), que nous leur conserverons dans cette notice pour
« les distinguer du sable ordinaire. Ces sables sont employés souvent seuls comme
« mortiers dans les murs des clôtures et des maisons, et comme ils ont la propriété
« de faire pâte avec l'eau, et qu'ils subissent d'ailleurs moins de retrait que l'argile,
« ils sont très propres à ce genre de construction; ils représentent alors une espèce
« de pisé, qui acquiert de la dureté et résiste aux intempéries. Mais les proprié-
« taires des moulins situés sur la rivière de l'Isle, dans le département de la Gironde,
« ont découvert par hasard aux arènes une propriété bien plus importante et digne
« d'une sérieuse attention; ils les emploient, avec les chaux ordinaires plus ou moins
« grasses, à former des mortiers qui font corps sous l'eau et qui acquièrent ensuite
« une assez grande dureté. »

M. Girard dit qu'à défaut de chaux hydrauliques, il a fait exécuter plusieurs écluses avec du mortier composé de chaux commune et de ces arènes. Il annonce qu'il a obtenu de très bons résultats, et que l'année suivante il a fallu employer le pic pour entamer le béton qu'il avait fait avec cette arène.

L'examen des arènes a appris à M. Girard qu'elles étaient toutes formées de sable

---

(1) Il paraît que le mot arène était connu de plusieurs constructeurs, car M. Sganzin dit, page 25, en parlant des sables : « On appelle *arène* ceux dont les parties sont plus atténuées et plus « régulières. » Mais voilà tout ce qu'il en dit.

et d'argile en diverses proportions. Il a fait, au moyen du lavage et de la décantation, la séparation de l'argile et du sable : dans huit espèces d'arènes, il a trouvé que les proportions de l'argile variaient de 10 à 70 pour cent. Il a reconnu que les arènes qui étaient maigres n'étaient hydrauliques qu'à un degré très faible. Le sable des arènes est tantôt gros et tantôt fin ; quelquefois il est calcaire, mais le plus souvent il est siliceux ou mêlé. Il y a des arènes qui sont rouges, d'autres sont brunes, jaunes, et quelquefois blanches.

On trouve généralement les arènes au sommet des coteaux qui forment le bassin des rivières ou des ruisseaux ; on les trouve rarement dans les vallées. Les bancs d'arènes sont superposés à des masses de tuf argileux ou à des roches calcaires ; ils ont tous les caractères d'un dépôt alluvionnaire. Souvent les bancs sont séparés par des galets. On remarque d'ailleurs des cailloux roulés qui sont disséminés çà et là dans toute la masse. Il y a de ces bancs qui ont plus de quinze mètres d'épaisseur. M. Girard dit qu'il lui a paru que les environs de Bordeaux, les vallées de l'Aube et de la Seine supérieure en contenaient beaucoup, et qu'il en existe dans une multitude d'endroits.

M. Girard a eu occasion de reconnaître que les arènes ont été employées dans plusieurs constructions anciennes, et il cite entre autres les épais revêtements d'un reste de fortification à Mucidan (Dordogne), qui datent de plusieurs siècles, et il paraît que des constructions très anciennes à Nîmes ont été faites avec des arènes.

M. Girard dit qu'il s'est assuré par des expériences qu'en conservant sous l'eau, pendant une année, des mortiers dosés également d'arène énergique crue et de même arène torréfiée, il n'y avait point de différence appréciable dans leur consistance, mais que la torréfaction des arènes avait l'avantage de hâter d'une manière remarquable le moment où la prise des bétons est consommée.

MM. Avril et Payen ont découvert à peu près à la même époque, en Bretagne, des propriétés pouzzolaniques à un degré assez faible, il est vrai, dans les grauwachs et dans les granits décomposés. Ils ont remarqué en outre que ces pouzzolanes naturelles acquéraient un nouveau degré d'énergie par une légère calcination.

M. le capitaine du génie Leblanc, employé à Péronne, a adressé, le 30 novembre 1827, un mémoire intéressant sur les arènes qui se trouvent en grande quantité dans les environs de cette place. Je vais rapporter textuellement le commencement de ce mémoire. « Dans les nombreuses démolitions faites en 1825 et surtout en « 1826 pour mettre en état la couronne de Paris, on avait remarqué que les mortiers « anciens (ils avaient de 150 à 600 ans) étaient généralement très durs. On remar- « qua surtout, lors de la démolition des piles du pont 41, qui se trouvaient dans « un sable bouillant au-dessous de toutes les eaux du pays, que le mortier était « encore plus dur que partout ailleurs. A ces faits il ne se présenta qu'une exception « lors de la démolition de l'escarpe 33 à la fin de 1826. Le mortier de cette maçon- « nerie était encore mou. En examinant les différents mortiers qui étaient bien

« dure, on voyait que le sable qui entrait dans leur composition était d'un grain
« très fin; qu'à l'aspect enfin ces mortiers paraissaient faits avec le sable du pays,
« rejeté par tous les devis comme terreux. (Ce sable est employé dans toutes les
« constructions bourgeoises.) Une autre considération portait à penser qu'on avait
« dû employer du sable du pays : car ces maçonneries paraissaient presque toutes
« fort mal soignées; le mortier, mal broyé, présentait partout des morceaux de
« chaux de la grosseur d'une noisette, non mêlée avec le sable et encore molle,
« quoique tout le mortier qui l'environnait fût entièrement dur. Il était présu-
« mable qu'en mettant si peu de soin dans toutes les parties du travail, on n'en
« avait pas mis davantage dans le choix du sable; qu'on avait pris celui qui se
« trouvait le plus à portée, c'est-à-dire le sable terreux du pays. Nous avons dit
« qu'on avait trouvé le mortier de l'escarpe 33 encore mou après plus de 200 ans :
« en l'examinant il avait l'air très maigre; et, quoique le sable parût être du sable
« du pays, ce mortier ne paraissait pas être le même que les autres; toutefois cet
« exemple suspendit alors les conclusions qu'on avait déjà tirées sur l'emploi avan-
« tageux des sables de Péronne. »

L'auteur annonce que, dès l'ouverture des travaux de 1827, il fit six cubes de
mortiers, dont trois étaient composés du sable qu'on recommandait dans le devis,
et les trois autres du sable argileux dont les bonnes maçonneries paraissaient avoir
été faites. Deux cubes de chaque espèce de ces mortiers furent laissés à l'air, deux
autres furent mis dans de la terre humide, et enfin les deux autres furent mis
dans l'eau.

Ce fut sur ces entrefaites, dit M. le capitaine Le Blanc, que parut la notice de
M. Gérard sur les arènes. Ce qui est dit dans cette notice fit connaître que le sable
argileux des environs de Péronne était de la véritable arène. Les mortiers qui furent
faits avec de la chaux commune et cette arène ont durci complétement dans l'eau au
bout d'un mois, au point de ne plus recevoir aucune impression lorsqu'on les pres-
sait fortement avec le pouce. On a fait en même temps du mortier avec la même
chaux et du sable dont on se servait habituellement et qui était recommandé par le
devis : au bout de plusieurs mois, ce mortier est resté entièrement mou. En faisant
chauffer l'arène, M. Le Blanc a reconnu que le durcissement avait lieu beaucoup
plus promptement, car les mortiers faits avec l'arène crue ont mis un mois à
durcir, tandis que ceux qui ont été faits avec l'arène cuite ont durci dans huit ou
dix jours. Cet officier a entrepris des expériences pour déterminer le degré de calcination qu'il convient de leur faire subir, pour obtenir le durcissement le plus
promptement, pour connaître si l'effet de la calcination est d'augmenter d'une manière
sensible la résistance des mortiers; mais ces expériences ne sont point encore terminées. Dans tous les cas, la découverte des arènes aux environs de Péronne est
d'un grand avantage pour les travaux que l'on exécute dans cette place. Les maçonneries à l'air pourront être exécutées avec les arènes crues, et si, effectivement,

leur calcination augmente la promptitude du durcissement, en même temps que la solidité des mortiers, on pourra leur faire subir cette opération pour les constructions que l'on aura à exécuter dans l'eau.

L'arène des environs de Péronne se trouve, comme celle de la vallée de l'Isle, au sommet des coteaux qui bordent la vallée de la Somme, et elle est superposée à une masse calcaire. Vers le bas des berges, l'arène est mêlée de sable fin, de sable moyen, et quelquefois de gros grains. Ce n'est que vers le haut des coteaux que l'on rencontre l'arène entièrement composée de sable très fin. Les habitants la nomment de l'argile. On en rencontre aussi sur des hauteurs assez élevées. M. Le Blanc dit que celles qui ne contiennent que du sable très fin sont moins hydrauliques que celles qui sont un peu plus bas et qui contiennent du sable fin mélangé avec du moyen; que, dans les endroits où le sol monte d'abord doucement en quittant la rivière, les bancs de sable sont toujours mêlés et quelquefois séparés par des cailloux roulés ou brisés, ce qui est encore un point de ressemblance avec les arènes de la vallée de l'Isle dont a parlé M. Girard. La couleur de cette arène est rougeâtre, mais sale, ressemblant assez à du bistre; elle a l'apparence d'une terre ocreuse.

Le capitaine Le Blanc ajoute que, depuis la découverte des arènes de Péronne, on en a trouvé à Bapaume, à Douai, sur la route de Béthune à Arras, et que cette substance paraît très commune dans la vallée de la Somme et dans la Flandre. A Bapaume, les ouvriers du pays savaient depuis long-temps que cette argile était hydraulique; les meuniers des environs en font depuis long-temps des travaux dans l'eau, et les résultats qu'on en a obtenus sont très bons. Au mois de juillet dernier, le capitaine Le Blanc m'a annoncé qu'on venait de trouver, aux environs de Ham, une arène qu'on annonçait être plus hydraulique que celle de Péronne, et que, depuis bien long-temps, on l'employait aux travaux des fortifications du château.

Je me suis procuré de l'arène de Ham; on m'en a envoyé de deux espèces : l'une est jaune et l'autre verdâtre. On voit de suite que ce sont des argiles. Je me suis assuré qu'elles ne contiennent point de chaux. J'ai fait deux mortiers avec ces deux espèces d'arènes, en prenant une partie de chaux en pâte contre deux parties de ces arènes, et je les ai plongés sous l'eau. J'ai fait un mortier semblable avec de la pouzzolane. Le mortier avec la pouzzolane a durci complétement dans six jours; les deux mortiers avec les arènes n'avaient pas encore acquis un durcissement complet au bout de trois mois. Ces expériences ont été faites dans le mois de décembre dernier. Cette circonstance a sans doute retardé le durcissement; mais ces mortiers étant placés dans une chambre où la température était d'environ dix degrés, j'ai été étonné de la lenteur du durcissement.

J'ai fait calciner une portion de l'arène verdâtre en la tenant à un rouge tendre dans un creuset pendant une demi-heure, ensuite pendant une heure, et enfin pendant deux heures. J'ai fait trois mortiers semblables aux précédents avec cette arène calcinée à ces trois degrés. Les deux mortiers d'arène calcinée pendant une demi-heure et une heure ont durci au bout d'un mois. Celui fait avec l'arène calcinée pendant deux heures a demandé près de deux mois avant d'acquérir la même dureté. J'ai été surpris que l'arène que j'ai calcinée n'ait pas fait durcir le mortier plus promptement; il est vrai qu'elle n'a point été chauffée à un courant d'air. Il serait important de faire beaucoup d'expériences sur différentes arènes crues et calcinées à divers degrés, afin de connaître la promptitude du durcissement des mortiers qu'on en ferait, et leur ténacité, tant pour ceux plongés dans l'eau que pour ceux laissés à l'air.

On m'a adressé deux échantillons de mortiers tirés du château de Ham : l'un de ces mortiers a été fait en 1601 et l'autre en 1802; ils ont tous les deux une fort bonne consistance. Cependant j'ai trouvé qu'ils ne présentaient pas le même degré de dureté que les mortiers faits avec le trass ou des ciments hydrauliques; mais leur emploi n'en est pas moins un bien grand avantage pour les constructions dans l'eau et pour celles à l'air, attendu la grande économie qu'ils présentent. Dans les lieux où l'on trouvera de bonnes arènes à proximité, on devra toujours les employer, sauf à les mêler avec des ciments hydrauliques dans les cas où l'on aurait besoin d'un prompt durcissement, et pour les chapes des voûtes, etc.

J'ai eu occasion de rencontrer, il y a peu de temps, entre le parc de Versailles et Saint-Cyr, un monticule de sable argileux qui m'a paru avoir la même apparence que celui de Ham; il y en a de jaune et de rouge; ces couleurs sont bien séparées. J'ai fait avec ces deux sables argileux deux mortiers composés d'une partie de chaux grasse et de deux de ces sables; je les ai ensuite placés sous l'eau. Je n'ai point obtenu de durcissement au bout de quatre mois, mais on sentait au toucher que ces mortiers prenaient une sorte de consistance.

A Paris, on construit les maisons avec du plâtre, mais les caves sont faites en maçonnerie de mortier. J'ai eu occasion d'observer dernièrement que plusieurs de ces mortiers étaient faits avec un sable argileux qui m'a paru être une espèce d'arène; il y en avait de jaune et de verdâtre comme celle de Ham; elles contiennent un peu de chaux. J'ai appris qu'on tirait ce sable des environs de l'ancien jardin de Tivoli, et il paraît qu'il y a long-temps qu'on l'emploie à Paris pour la confection des mortiers. J'ai fait deux mortiers avec ces deux sables argileux, en employant un dosage semblable à celui dont je me suis servi pour le sable de Saint-Cyr, et je les ai placés sous l'eau. J'ai obtenu un résultat semblable à celui que j'avais eu avec le sable argileux de Saint-Cyr. On voit, d'après ce que je viens de dire, que ces sables argileux sont des arènes peu énergiques; elles ne me paraissent point propres aux mortiers qui doivent être placés dans l'eau; mais le degré d'hydraulicité qu'elles ont, tout faible qu'il est, doit les rendre propres à faire à l'air des mortiers beaucoup meilleurs que si l'on employait du sable ordinaire. D'après ce que je viens de dire, il me paraît probable qu'il existe plusieurs bancs d'arènes dans les environs de la capitale, et il est possible qu'on en trouve de plus énergiques que celles dont j'ai fait l'essai : il serait donc important de faire des recherches pour reconnaître ces diverses arènes en suivant le procédé que j'ai indiqué à la page 124 pour les ciments.

Si l'on mêlait de l'argile avec de la chaux grasse, le mortier qui en résulterait ne prendrait aucune consistance dans l'eau. Il faut que ces argiles aient été plus ou moins calcinées pour qu'elles deviennent hydrauliques. M. Girard paraît porté à penser que les arènes ont subi l'action du feu, et qu'elles ont peut-être une origine volcanique ; mais cette seconde assertion ne me paraît pas être une conséquence nécessaire de la première : tout ce que l'on peut affirmer, c'est que les arènes sont des argiles qui ont subi l'action du feu. D'un autre côté, les cailloux roulés et les galets qu'on trouve dans quelques unes prouvent également que ce sont des dépôts d'alluvion. Il est difficile de rencontrer des faits importants sans chercher à les expliquer, au risque de se tromper.

L'aplatissement des pôles et le renflement de l'équateur démontrent que notre globe a été dans un état de mollesse. Parmi les naturalistes, les uns soutiennent que la terre a été primitivement dans un état de fusion : on leur donne le nom de *vulcanistes*. Les autres prétendent que l'état de mollesse de la terre a été un effet des eaux : on les nomme *neptunistes*. L'opinion des *vulcanistes* est très ancienne, et a long-temps prévalu; mais le grand nombre de coquilles, de débris d'animaux marins et d'autres objets que l'on rencontre sur des points très élevés, ont fait succéder l'hypothèse des *neptunistes* à celle des *vulcanistes*. Plus tard, de nouvelles observations, et entre autres la grande chaleur de certaines eaux thermales, celle que l'on éprouve au fond des mines qui ont une grande profondeur, la formation subite de quelques îles qui ont été soulevées du fond des mers, et plusieurs autres faits, ont fait revenir à l'opinion ancienne, que notre globe a été primitivement à l'état d'incandescence ; il y a même aujourd'hui plusieurs savants qui pensent que la terre n'est refroidie qu'à sa surface, qu'elle est encore à l'état d'incandescence dans son intérieur, et que les volcans communiquent avec ce vaste foyer de chaleur. Au reste, quelle que soit l'opinion que l'on adopte sur l'état primitif du globe, on ne peut méconnaître qu'il a subi plusieurs modifications successives par l'effet du feu et par celui des eaux. L'hypothèse que notre globe a été primitivement à l'état d'incandescence, et que plus tard il a subi des révolutions par l'effet des eaux, est celle qui me paraît satisfaire le mieux les différents faits observés jusqu'à ce jour. La présence des arènes sur une étendue considérable de la France, dans les lieux où l'on ne rencontre point de traces d'anciens volcans, est une circonstance importante pour les naturalistes. Il est curieux de voir l'étude des mortiers hydrauliques fournir de nouveaux arguments en faveur de l'opinion des vulcanistes; mais, ainsi qu'on l'a observé souvent, toutes les sciences se touchent.

Les expériences que je rapporterai dans la seconde section sur les mortiers laissés à l'air, et faits avec les chaux grasses et du sable, feront voir combien il est important de faire des recherches pour se procurer de bonnes arènes dans les environs de nos places fortes, attendu que c'est un moyen de confectionner de bons mortiers à très bon marché; c'est même le seul moyen dans les pays où il n'existe point de chaux hydrauliques naturelles.

Les expériences que je rapporterai dans la seconde section sur les mortiers laissés à l'air, et faits avec les chaux grasses et du sable, feront voir combien il est important de faire des recherches pour se procurer de bonnes arènes dans les environs de nos places fortes, attendu que c'est un moyen de confectionner de bons mortiers à très bon marché; c'est même le seul moyen dans les pays où il n'existe point de chaux hydrauliques naturelles.

CHAPITRE IX.

DU BÉTON. — CIRCONSTANCES DANS LESQUELLES IL EST AVANTAGEUX DE
L'EMPLOYER.

Du temps de Bélidor, on faisait dans l'eau beaucoup de fondations avec des pierres qu'on jetait dans l'endroit où on voulait fonder, et on plaçait avec ces pierres du mortier susceptible de durcir dans l'eau. On donnait le nom de béton à ce mortier, et cette manière de fonder s'appelait fondation à pierres perdues. Cette méthode avait le grand inconvénient d'exposer à mettre trop de mortier dans des endroits et pas assez dans d'autres, attendu que, lorsqu'on fondait à une grande profondeur sous l'eau, on ne pouvait pas voir à bien distribuer le mortier. De nos jours, on a pris le parti, pour éviter cet inconvénient, de concasser les pierres de la grosseur d'un œuf, de les mélanger sur terre avec le mortier qui a la propriété de durcir dans l'eau, et de descendre ce mélange dans les endroits où l'on veut fonder sous l'eau. On a vu qu'on a donné le nom de mortier hydraulique à celui qui a la propriété de durcir dans l'eau, et l'on n'a plus donné le nom de béton qu'au mélange de ce mortier avec les pierres concassées. Ainsi le béton n'est autre chose qu'une maçonnerie faite avec de petits matériaux; et, en faisant sur terre le mélange du mortier hydraulique avec les pierres concassées, on a le grand avantage d'obtenir dans l'eau un massif bien homogène. On forme ainsi une maçonnerie très dure, si le mortier hydraulique que l'on a fait est de bonne qualité. On voit donc que la bonté du béton dépend principalement de celle du mortier hydraulique.

La méthode de mélanger de petites pierres avec le mortier hydraulique, pour former le béton dans l'eau, paraît avoir été employée par les Romains. On a vu, à la page 72, que j'ai cité le passage de Vitruve dans lequel il dit que l'on fait des constructions très solides dans l'eau, en mêlant la pouzzolane, la chaux et des pierres (quelques auteurs ont traduit par *des petites pierres*). J'ignore si l'on a trouvé des constructions romaines dans l'eau avec de petites pierres; mais on a trouvé des constructions de ce genre faites à l'air, et il est évident que c'est là le béton tel que nous le faisons aujourd'hui. Il paraît que, pendant long-temps, on avait abandonné la méthode des anciens, et que l'on y est revenu après avoir aperçu les inconvénients de fonder à pierres perdues.

Si l'on descendait dans l'eau du bon mortier hydraulique, sans aucun mélange de pierres, la fondation n'en serait pas moins solide, mais elle coûterait fort cher. Les pierres que l'on ajoute au mortier hydraulique ont pour objet de diminuer considérablement la dépense. Pour la diminuer encore, on ajoute aux pierres concassées une certaine quantité de graviers qui occupent une partie des vides que les pierres laissent entre elles. Dans les pays où il n'y a point de pierres à bon marché, on peut y substituer des briques que l'on concasserait de la même manière que les pierres. Dans ceux où l'on peut se procurer des graviers à bon compte, et où les pierres et les briques sont chères, on peut former le béton en ne mélangeant que du gravier avec le mortier hydraulique. Dans les places où l'on fait à la fois des travaux de maçonnerie et des bétons, on doit mettre de côté les recoupes des pierres, les morceaux de briques et de tuileaux ; ces matériaux peuvent être utilement employés à la formation des bétons, et procurent une grande économie en ce que l'on évite d'acheter des moellons ou des briques qu'il faut concasser en petits morceaux.

Lorsqu'on fonde un ouvrage hydraulique dans un endroit où il y a peu d'eau, on fait souvent cette fondation en maçonnerie de moellons et en mortier hydraulique. Pour cela on construit des bâtardeaux qui entourent l'ouvrage et l'on épuise l'eau avec des machines. On maçonne alors comme on le ferait sur un terrain sec ; mais, lorsque la profondeur d'eau est de deux à trois mètres, la difficulté d'épuiser devient très grande, surtout dans les terrains sablonneux. On fait beaucoup de dépenses en épuisements, et souvent les eaux se font jour à travers les maçonneries ; le mortier est délayé et quelquefois emporté en grande partie, ce qui peut occasioner de grands accidents dans les constructions. Enfin, lorsque la profondeur d'eau dépasse trois mètres (et l'on est souvent obligé de fonder à une profondeur beaucoup plus grande, telle que cinq, six et huit mètres), alors il deviendrait impossible de faire des épuisements, à cause de la grande quantité d'eau qui se ferait jour de toutes parts, et qui empêcherait de faire le travail par ce moyen. Dans ce cas, on fonde au moyen de caissons ou bien en béton. Le premier moyen consiste à faire un grand caisson fermé hermétiquement par le fond et par les côtés, afin que l'eau ne puisse pas s'y introduire ; on construit la maçonnerie à sec, et, à mesure que sa charge fait enfoncer le caisson, on soutient celui-ci sur l'eau au moyen de corps flottants, jusqu'à ce que la maçonnerie soit amenée au point convenable, et alors on fait échouer le caisson rempli de maçonnerie dans le lieu de la fondation. Ce moyen est souvent dispendieux, à cause de la construction du caisson, qui demande beaucoup de soins, et il est sujet à plusieurs inconvénients. Pour fonder en béton, on entoure de palplanches plus ou moins fortes l'espace dans lequel on veut fonder, en les enfonçant à une profondeur un peu plus grande que le niveau auquel on veut fonder. On enlève les terres qui se trouvent renfermées entre les palplanches ; à mesure qu'on les enlève, elles sont remplacées par de l'eau, et lorsqu'on est arrivé à la profondeur convenable, on descend le béton en petites portions et par couches. Lorsqu'il est parvenu au niveau des eaux ou un peu au-dessous, on s'arrête, et on laisse reposer le béton jusqu'à ce qu'il ait pris assez de consistance pour que l'on puisse établir dessus la maçonnerie ordinaire. Si le mortier hydraulique est de bonne qualité, on peut commencer la nette maçonnerie sur le béton au bout de dix à douze jours de repos. Si, pour des raisons particulières, la fondation n'a été amenée qu'à une petite distance de la surface des eaux, on les épuise jusqu'au niveau du béton, afin de pouvoir poser les premières assises de la nette maçonnerie. Si le terrain est consistant et si la fondation en béton doit être peu profonde, on peut se dispenser d'enfoncer des palplanches, et il suffit d'enlever les terres dans l'endroit où l'on veut fonder. Enfin, si le terrain est mauvais et la fondation profonde, alors, après avoir enfoncé les palplanches et enlevé un peu de terre pour commencer l'excavation, il faut maintenir les palplanches dans la partie supérieure, afin de les empêcher de céder à la pression des terres. Une chose importante pendant qu'on descend le béton, c'est d'éviter autant que possible qu'il y ait dans l'encaissement un courant d'eau prononcé, qui délaverait une partie du mortier. On doit surtout avoir soin de ménager dans les palplanches, au niveau de l'eau, une petite ouverture, afin que l'eau de l'espace dans lequel on coule le béton se tienne toujours au même niveau que les eaux environnantes ; sans cela la différence des pressions occasionerait à travers le béton des filtrations très nuisibles. Il peut arriver que l'on ait à fonder dans un endroit où il se trouve des sources considérables qui délaveraient le béton et l'empêcheraient de prendre consistance : dans ce cas, le moyen le plus simple de remédier à cet inconvénient me paraît être de tendre une forte toile goudronnée sur le fond du terrain où se trouvent les sources. Il y a plusieurs manières de descendre le béton dans l'eau : on se sert quelquefois d'un auget incliné qui le conduit jusqu'à peu de distance du fond ; mais ce moyen à l'inconvénient de forcer à diviser le béton en petites portions, pour qu'il puisse couler facilement dans l'auget, et alors il est délavé par les eaux. On a en outre l'embarras d'être obligé de changer souvent cet auget de place. Bélidor a proposé, pour descendre le mortier hydraulique, d'employer une caisse que l'on manœuvre au moyen de cordes ; on en adapte une au fond de la caisse et elle sert à la renverser lorsqu'elle est parvenue au fond pleine de mortier. On a pratiqué à Strasbourg un moyen à peu près semblable, mais plus commode ; le voici : On a fait faire une cuillère en forte tôle de quatre décimètres de largeur sur cinq de longueur ; le fond de la cuillère est plat, et elle a des rebords d'un décimètre et demi des deux côtés et sur le derrière ; le devant n'a point de rebord et est un peu relevé. Cette cuillère est fixée à une anse en fer et carrée, ayant un anneau au milieu. Cet anneau est suspendu à une douille en fer fixée à un manche en bois. De cette manière, la cuillère est mobile autour de son anse ; on la remplit de béton et elle se maintient alors dans une position horizontale ; au moyen du manche on la descend remplie au fond de l'eau ; alors, en tirant une ficelle attachée contre le derrière de la cuillère, on la renverse, le béton tombe, et l'on retire la cuillère pour recommencer de nouveau. Cette machine est très commode ; elle permet de distribuer le béton partout où l'on veut avec facilité. Elle a été imaginée par M. le capitaine du génie Bizos. Lorsque l'excavation est grande, on emploie plusieurs ouvriers qui ont chacun une cuillère semblable à celle dont je viens de parler. On trouve, dans le n° 4 du *Mémorial de l'officier du génie*, des détails sur la fondation d'un bâtardeau en béton ; cependant j'ai cru devoir rapporter succinctement la manière dont on descendait le béton dans l'emplacement qui lui était destiné et les précautions qu'il convenait de prendre.

Lorsqu'on a descendu dans l'eau du béton auquel on a laissé prendre à l'air une demi-consistance, il se ramollit aussitôt. On en place une couche de trente à quarante centimètres d'épaisseur : quelque temps après s'être ramolli, le béton reprend un peu de fermeté. Au bout de douze heures environ de repos, on le comprime légèrement et un peu plus fortement ensuite au moyen d'une dame plate. On met alors une seconde couche de béton par-dessus la première, et on la traite de la même manière. Quelque précaution que l'on prenne, il y a toujours une partie du béton qui se délave et forme une couche de bouillie au-dessus de la dernière couche de béton. Si cette bouillie était un peu épaisse, elle pourrait empêcher les couches de béton de se lier entre elles : il faut donc l'enlever, et l'on peut s'y prendre de plusieurs manières. Si l'on fonde dans une rivière ou à côté, on envoie, une heure avant de commencer les travaux, une couple d'ouvriers qui ont des balais de crin ; ils balaient doucement toute la surface du béton, et l'eau devient trouble ; ils débouchent alors en amont et en aval du bétonnement les ouvertures que l'on y a pratiquées d'avance un peu au-dessous du niveau des eaux. Il s'établit alors un léger courant d'eau à la surface de l'encaissement, l'eau trouble est entraînée, et l'on continue à balayer doucement le béton jusqu'à ce qu'elle devienne un peu claire. Le béton, qui a pris un commencement de consistance pendant la nuit, ne souffre point de cette opération si elle est faite légèrement. Si le béton est descendu dans une eau à laquelle il est impossible d'imprimer un léger courant, alors, au moyen des balais de crin, on amoncellera la bouillie dans un coin de l'encaissement, et on l'enlèvera avec des dragues. Si la masse du béton est peu épaisse, on peut se dispenser de faire l'opération dont je viens de parler ; mais si son épaisseur est de deux à trois mètres, alors il est convenable de faire cette opération deux ou trois fois pendant l'exécution du travail.

Les constructeurs ont beaucoup varié sur les proportions de recoupes de pierres et de graviers qu'ils ont mélangés avec le mortier hydraulique. Je vais indiquer les proportions des matières qui ont été employées à Strasbourg pour former le béton.

Le premier soin est de bien confectionner le mortier qui doit servir à faire le béton, car c'est de lui que dépend la qualité du béton. On s'assurera donc par les procédés que j'ai indiqués de la qualité de la chaux hydraulique et des ciments que l'on se propose d'employer. Si l'on a de la bonne chaux hydraulique, on en fera du mortier avec du sable, ainsi que je l'ai expliqué à la page 12. J'ai dit qu'on éteignait la chaux le soir en prenant une caisse sans fond d'environ le tiers d'un mètre cube , dans laquelle on mesurait la chaux vive, le sable et les autres matières; qu'après avoir éteint la chaux hydraulique avec le quart environ de son volume d'eau pour la réduire en poudre, on la recouvrait avec le sable ou les pouzzolanes. Les expériences que j'ai rapportées ont montré qu'il était avantageux de laisser la chaux hydraulique reposer pendant douze heures au moins après l'avoir éteinte en poudre et recouverte de son sable, mais qu'il ne fallait pas la laisser dans cet état plus de dix à quinze jours avant d'en faire du mortier.

Si l'on fait le mortier hydraulique avec de la chaux commune et du ciment hydraulique, on a vu qu'il y avait de l'avantage à éteindre la chaux commune un ou deux mois d'avance avec le tiers environ de son volume d'eau. Lorsque la chaux sera éteinte de cette manière, on la mettra dans un endroit couvert, et au bout du temps dont je viens de parler, on la mesurera soit en poudre, soit après l'avoir réduite en pâte, et on la mélangera avec les quantités de sable et de ciment hydraulique que l'expérience aura fait juger nécessaires pour faire le mortier. Si l'on est pressé, on peut faire le mortier avec de la chaux sortant du four, et même avec celle qui est coulée depuis long-temps, mais cela est moins avantageux.

Je suppose donc que l'on emploie de la chaux hydraulique, et qu'on l'ait éteinte le soir avec le quart de son volume d'eau, comme je l'ai dit ci-dessus : alors, le lendemain matin, ou quelques jours après, on prend un des tas, on le passe une couple de fois au rabot à sec, et on lui donne ensuite la quantité d'eau nécessaire pour le réduire en pâte de consistance ordinaire; après l'avoir mélangé jusqu'à ce qu'on s'aperçoive qu'il est bien homogène, on le remettra en tas jusqu'au soir, si l'on n'est pas pressé. Le soir on le bat de nouveau avec un peu d'eau, de manière à le ramener à la consistance ordinaire; alors on l'étendra sur une couche de dix à quinze centimètres d'épaisseur, et on le recouvrira le plus également possible avec les recoupes de pierres et le gravier; on retournera le tout à plusieurs reprises avec la pelle, jusqu'à ce que les pierres et le mortier soient bien mélangés. Alors le béton sera fait; on le mettra en tas, et on le laissera reposer jusqu'à ce qu'il ait pris une demi-consistance qui permette de le détacher en gros morceaux(1). C'est dans cet état qu'on le mettra dans la cuillère dont j'ai parlé pour le descendre dans l'eau, ainsi que cela a été dit. On a vu par les expériences du tableau n° 28 que les mortiers hydrauliques gagnaient sensiblement lorsqu'on les laissait reposer jusqu'à ce qu'ils eussent pris une

---

(1) Dans le dernier devis instructif du génie, il est dit, page 65, qu'après avoir mêlé le mortier du béton avec les recoupes, on relèvera toutes les matières en tas pour être employées immédiatement, et dans la note 55 qui y a rapport on dit que c'est le procédé qui a été employé à Strasbourg. C'est une erreur : à Strasbourg, on a toujours laissé reposer le béton à l'air jusqu'à ce qu'il eût pris assez de consistance pour être attaqué avec la pioche, et on ne l'a jamais employé immédiatement après sa confection.

demi-consistance. Le temps au bout duquel il parvient à cet état dépend de la saison : quand il fait bien chaud, le béton a pris cette consistance au bout de douze à quinze heures ; il lui faut moyennement vingt-quatre heures et quelquefois trente-six heures.

Si le béton est fait avec de la chaux commune, du sable et du ciment hydraulique, après avoir éteint la chaux en poudre, et l'avoir laissée reposer à l'air pendant quelque temps, on fera le mortier comme avec la chaux hydraulique, et on le traitera de la même manière pour former le béton. On voit donc qu'il n'y a de différence dans la manière d'employer ces deux chaux qu'en ce qu'avec la chaux hydraulique, pour obtenir les meilleurs résultats, il faut faire le mortier peu de temps après que la chaux est sortie du four, tandis qu'avec la chaux commune il est préférable de laisser la chaux à l'air pendant un mois ou deux après l'avoir éteinte en poudre.

Les quantités de recoupes et de graviers qu'on mêle avec le mortier ont beaucoup varié suivant les divers constructeurs. Ainsi que je l'ai dit, le but de ces matières est de diminuer la dépense, et on doit en mettre une quantité telle que tous les morceaux de pierre soient liés par une quantité suffisante de mortier. Les premiers bétons que l'on a faits à Strasbourg ont été composés de 0,30 de chaux hydraulique mesurée vive, de 0,60 de sable, 0,20 de gravier, et 0,40 de recoupes : ce béton était destiné aux fondations des revêtements et autres travaux de ce genre. Pour faire les radiers des écluses et des manœuvres d'eau, le béton était composé de 0,30 de chaux hydraulique, 0,30 de sable, 0,30 de trass ou ciment hydraulique, 0,20 de gravier et 0,40 de recoupes. Ces matières, formant ensemble un total de 1^m,50, diminuaient d'un cinquième, et ne formaient plus que 1^m,20 de béton.

Plus tard, l'expérience a appris que l'on pouvait faire les mortiers avec une partie de chaux d'Obernai mesurée vive et deux parties et demie de sable, sans qu'ils fussent trop maigres. D'un autre côté, on a fait divers cubes de béton ayant 0,^{m}50 de côté, et contenant diverses quantités de recoupes de pierres et de gravier. On les a plongés dans un fossé plein d'eau, et au bout d'un an on les a rompus avec des masses de fer pour connaître la quantité de recoupes et de gravier qu'on pouvait sans inconvénient mettre dans le mortier. D'après l'observation de ces essais, on a formé sa pâte d'une partie de chaux vive d'Obernai et de deux parties et demie de sable seul ou de cette substance mêlée avec le ciment hydraulique dans diverses proportions, suivant l'importance des travaux. Ainsi le mortier ordinaire, soit pour le béton des gros ouvrages, soit pour les grosses maçonneries, était composé de 0,30 de chaux vive d'Obernai et de 0,75 de sable. Pour des ouvrages plus importants, le mortier a été composé de 0,30 de chaux vive d'Obernai, 0,30 de ciment hydraulique, et 0,45 de sable. Quelquefois on l'a fait avec 0,30 de chaux vive d'Obernai, 0,20 de ciment hydraulique et 0,55 de sable. On a presque toujours ajouté à ce mortier de 0,60 à 0,75 de recoupes et de gravier, à peu près dans la même proportion que ci-dessus, c'est-à-dire 0,25 de gravier et 0,50 de recoupes de pierre, et l'on a trouvé que le mortier pouvait comporter cette quantité sans inconvénient. Ainsi les tas de bétons étaient composés de 1^m,80 environ de matières qui, après avoir été mélangées, éprouvaient une réduction d'un sixième ou un cinquième, suivant les proportions que l'on avait employées.

Chaque tas du béton, composé de 1^m,80 environ de matières, exigera quatre hommes pour confectionner le mortier, le mélanger avec les pierres concassées, et descendre le béton dans l'eau. Si la construction entreprise exige que l'on fasse dix tas de béton par jour, il faudra donc quarante hommes. Il faudra en outre, pour un pareil atelier, deux ouvriers intelligents chargés d'éteindre la chaux et de doser les matières ; deux manœuvres seront employés à concasser les pierres, et un charpentier sera nécessaire pour raccommoder les outils, réparer les échafaudages, etc. ; enfin il faudra deux ou trois manœuvres pour les besoins imprévus. Il y aura une grande économie à faire le mortier au moyen de la machine décrite à la page 14.

M. Vicat n'est point d'avis de laisser reposer le béton à l'air pour lui faire prendre une demi-consistance. D'après cet ingénieur, on devrait descendre le béton pendant qu'il est encore ductile. Dans les observations qu'il a faites sur la petite brochure que j'ai publiée en 1824, on trouve ce qui suit : « M. Treussart s'est « occupé aussi de l'emploi et de la manipulation du béton ; il a trouvé que le bé-« ton qui a pris *une demi-fermeté à l'air* devient plus dur dans l'eau que lors-« qu'on l'immerge à consistance ordinaire, c'est-à-dire *mou*. Cela est vrai, mais « seulement lorsque la cohésion du béton est conservée après l'immersion à l'aide « d'une enveloppe, et c'est à tort que cet ingénieur a mis en pratique la méthode « défectueuse indiquée par Bélidor, méthode qui consiste à laisser reposer le béton « jusqu'à ce qu'il ait pris à l'air une demi-consistance assez forte pour ne pouvoir « être attaqué qu'avec la pioche, et à le descendre ensuite dans l'eau, où il se dé-« trempe et perd ensuite toute sa consistance. J'ai trouvé qu'après huit mois la dureté « absolue d'un béton à pouzzolane immergé à la manière de Bélidor n'est moyenne-« ment à celle du même béton immergé ferme et ductile que comme 15 est à 100. »

Je ne suis pas embarrassé pour citer un grand nombre de faits qui détruisent complétement ce qui est avancé par M. Vicat. En 1818, on a construit à Strasbourg le bâtardeau du fort Mutin sur un massif de béton de plus de 200 mètres cubes. On a suivi, pour la confection de ce béton, les procédés que j'ai indiqués plus haut, et le béton a été mis en place d'après le procédé de Bélidor. Huit jours seulement après qu'il a été coulé, on a commencé la nette maçonnerie, qui a été poussée avec beaucoup d'activité, et cet ouvrage a été promptement terminé. Ce bâtardeau a soutenu, six mois seulement après qu'il a été commencé, une des plus hautes crues de la rivière d'Ill, sans qu'il ait éprouvé aucune espèce d'accident. Si le béton s'était détrempé et eût perdu toute sa consistance, ainsi que le suppose M. Vicat, comment aurait-on pu construire la nette maçonnerie au bout de huit jours seulement? Le béton aurait cédé au poids du bâtardeau, s'il n'avait pas eu une forte consistance, et il se serait manifesté des lézardes à la jonction des anciennes maçonneries ; le bâtardeau aurait été emporté par la première crue de l'Ill, si le béton n'avait pas été très dur. Plus tard, on a successivement construit sur des fondations en béton une écluse de chasse à cinq passages sur le grand fossé de la place, ensuite une écluse de fuite et plusieurs autres travaux, enfin un canal à poutrelle dans le grand fossé pour conduire les eaux à un moulin : tout le fond de ce canal est en béton. Tous ces bétons ont pris en très peu de temps une grande dureté, et dans la même campagne on a construit la nette maçonnerie sur ces fondations sans qu'il en soit résulté aucun accident.

M. Vicat dit que la dureté absolue d'un béton immergé à la manière de Bélidor n'est, moyennement à celle du même béton immergé ferme et ductile, que comme 15 est à 100. On a vu, par les expériences du tableau n° 28, que le mortier qu'on avait rebattu quelque temps après sa confection, et qu'on avait laissé reposer ensuite avant de le plonger dans l'eau, avait donné un résultat meilleur que lorsqu'il avait été immergé immédiatement. M. Vicat convient que cela est vrai lorsque la cohésion du béton est conservée à l'aide d'une enveloppe. Je conçois que cet ingénieur ait pu obtenir le résultat qu'il annonce, s'il a détruit la cohésion du béton qu'il a immergé d'après le procédé de Bélidor, c'est-à-dire s'il l'a réduit en menus débris ; mais ce n'est point ainsi qu'on a opéré à Strasbourg. Lorsque les tas de béton ont pris une demi-consistance, on ne les a point brisés en menues parties ; on en a détaché avec la pioche de gros morceaux que l'on a descendus dans l'eau au moyen de la cuillère dont j'ai parlé. En brisant les tas de béton en gros morceaux avec la pioche, il reste sur la place des débris de mortier, qui ne sont pas considérables lorsque le béton a pris une certaine consistance. On les remet de nouveau en pâte avec un peu d'eau, et on les mêle avec le tas qui est en confection, ou bien on le descend, au moyen de la cuillère, sur le béton qui est dans l'eau. Je ne crois donc pas que le procédé de Bélidor ait aucun inconvénient, et les travaux considérables faits de cette manière à Strasbourg ont produit de très bons résultats. Le béton a durci très promptement, malgré l'assertion contraire de M. Vicat. Je ne prétends point qu'il y ait un grand inconvénient à immerger le béton lorsqu'il vient d'être fait ; mais je crois qu'il est plus exposé à être délavé. On a suivi à Strasbourg le procédé de Bélidor, parce que des expériences que j'ai citées m'avaient fait connaître que les mortiers qui étaient destinés à être placés sous l'eau valaient mieux gâchés de consistance ordinaire que gâchés ferme, et qu'il en résultait une économie sensible pour la manipulation. Mais, dans cet état de mollesse, ils auraient été fortement délavés, si on les avait mis de suite dans l'eau : c'est pourquoi on les a laissés reposer, comme le conseille Bélidor.

Il arrive assez souvent que l'on peut construire des radiers d'écluses ou des fondations d'ouvrages hydrauliques, sans être gêné par les eaux. Dans ce cas, on construit ordinairement ces radiers ou ces fondations en moellons, et on les fait reposer sur des grillages; mais les bois ne se lient point avec la maçonnerie, et souvent le mortier se lie mal avec les pierres : il en résulte alors des filtrations, lorsqu'on vient à faire supporter à ces constructions hydrauliques une forte pression d'eau. Dans le cas où l'on serait à même de construire les radiers des écluses ou les fondations de bâtardeaux sans être gêné par les eaux, je pense qu'il serait préférable de les faire en béton : on éviterait ainsi la dépense des grillages, qui occasionent presque toujours des filtrations. Il faudrait avoir soin, lorsque le béton est posé, de le recouvrir de quelques centimètres d'eau ou d'une couche de terre humide : car, en général, les mortiers hydrauliques prennent une plus forte consistance sous l'eau ou dans une terre humide que lorsqu'ils restent exposés à l'air, et surtout pendant l'été.

Si l'on observe les retenues d'eaux aux moulins ou aux écluses, on voit que, lors même que les bajoyers sont construits avec de grosses pierres de taille, les eaux se font souvent jour à travers les joints, dont elles enlèvent le mortier, et filtrent de l'amont à l'aval, ce qui occasione une perte d'eau considérable et finit par amener la destruction des ouvrages. Je suis persuadé qu'il y aurait souvent de l'économie et toujours un grand avantage si, au lieu de faire les bajoyers des écluses en pierres ou en briques, on les faisait en bétons; on pourrait peut-être se borner à employer ce moyen vis-à-vis les retenues où ces filtrations se manifestent ordinairement.

L'emploi des bétons est d'un grand avantage pour les fondations des constructions dans l'eau, attendu qu'on évite des épuisements toujours très dispendieux, et qui ont le grand inconvénient, par les différences de pression qui en résultent, de donner naissance à des renards qui enlèvent ou délavent le mortier. On n'a point encore tiré tout le parti possible du béton; je suis persuadé qu'on renoncera un jour à la méthode des caissons, lorsqu'il s'agit de construire une pile de pont ou un revêtement dans une rivière qui a de deux à six mètres de profondeur. Le procédé suivant me paraît pouvoir être employé avec avantage.

Après avoir placé un rang de pilots jointifs ou de fortes palplanches pour entourer l'espace où l'on veut fonder, il sera facile de le draguer à la profondeur d'environ deux mètres, et de remplir cette excavation de béton, jusqu'au niveau du sol de la rivière, ou un peu au-dessous, si l'on suppose que, par suite du travail entrepris, le terrain doive s'abaisser. Lorsque le béton sera coulé, on placera, pendant qu'il est encore un peu ductile, un second rang de palplanches dans le béton même, et à 1^m ou $1^m,5o$ de la première rangée et parallèlement à elle. Ces palplanches ne seront enfoncées que d'environ 20 centimètres dans le béton. Il sera facile de fixer solidement le premier et le deuxième rangs de palplanches au moyen de ventrières et d'étrésillons. Lorsque cette opération sera faite, on laissera prendre au béton une consistance suffisante, et alors on remplira avec de la bonne terre glaise tout l'espace compris entre les deux rangées de palplanches. On aura ainsi un bâtardeau qui reposera sur le béton, et l'on pourra enlever toute l'eau comprise entre le second rang de palplanches, sans qu'elle puisse rentrer de nulle part dans cet espace, si on a laissé prendre au béton assez de consistance pour qu'il puisse résister à la pression de l'eau. Il sera donc facile de construire la nette maçonnerie sur la partie du béton qui est entourée par la seconde rangée de palplanches. S'il arrivait que, par suite de la profondeur de l'eau, on eût à craindre que le fond du béton fût soulevé en entier, il serait facile d'y remédier en plaçant, avant d'enlever l'eau, deux chevalets sur le béton. Ces chevalets supporteraient des longerons et un plancher qui serait chargé de pierres, et on enlèverait cet échaffaudage lorsque la maçonnerie commencée entre les deux chevalets serait un peu avancée. Lorsque le travail serait arrivé au-dessus du niveau des eaux, alors on enlèverait facilement le rang intérieur de palplanches ainsi que la glaise du bâtardeau. Quant au rang extérieur de palplanches ou de pilots, on aura un peu plus de peine à les enlever si les bois ont été enfoncés d'environ deux mètres. Pour diminuer cette difficulté, il serait bon, avant de descendre le béton, de tendre une forte toile contre le bas du premier rang de pilots ou de palplanches, afin d'empêcher le béton de s'introduire entre leurs joints. Enfin, on pourra aussi recéper la rangée extérieure de pilots ou de palplanches au niveau du béton.

On voit que, par la méthode proposée, on se trouve obligé de faire la fondation en béton un peu plus large qu'il ne faut ; mais ce n'est point un inconvénient pour la construction : elle n'en aura que plus de stabilité. Si la nature du terrain exigeait que l'on enfonçât des pilots sous la fondation, on le ferait par la méthode ordinaire. On aurait l'avantage de n'être pas assujetti à les enfoncer tous très également ou à les recéper bien de niveau, ainsi que cela doit avoir lieu lorsque l'on fonde au moyen d'un caisson. En fondant en béton, il suffira d'enfoncer les pilots à la même profondeur, à quelques décimètres près. Lorsqu'on descendra le béton, il posera à la fois sur le terrain et sur la tête des pilots, autour desquels il se moulera parfaitement. Si la masse du béton a de $1^m,50$ à 2^m d'épaisseur, ce sera comme un rocher artificiel reposant sur un pilotage, et capable de supporter une immense charge de maçonnerie, sans que l'on puisse éprouver aucun accident.

J'ai été dans l'obligation d'étudier ce projet, dont je n'ai pu rapporter que succinctement les principales dispositions, attendu qu'au commencement de 1825 nous nous occupions à Strasbourg d'un projet de pont avec piles en maçonnerie sur la rivière d'Ill, qui a de deux à trois mètres de profondeur, et qui, étant sujette à des crues, aurait pu présenter de grandes difficultés. Je suis bien persuadé que la méthode que je viens d'indiquer sommairement aurait un grand avantage sur les divers procédés ordinaires, et même sur le mode de fondation par caisson, qui exige une assez grande dépense pour sa construction, de grands soins pour recéper les pilots bien de niveau, et pour faire bien échouer le caisson ; enfin, on est presque toujours obligé d'entourer le pied du caisson par un massif de pierres perdues, qui rétrécit beaucoup le passage des eaux entre les piles, ce qui augmente la vitesse de l'eau, et tend par conséquent à augmenter aussi les affouillements. Par la méthode que je viens de proposer, on évite tous ces inconvénients, et l'on sent qu'elle peut également s'appliquer à la construction des écluses, des bassins pour les vaisseaux, et à toutes celles qui doivent être faites dans une profondeur d'eau qui excède deux à six mètres, et dans laquelle il deviendrait très difficile et fort dispendieux de fonder en faisant des bâtardeaux et des épuisements.

Si l'on a une construction à faire dans une eau stagnante ou qui n'a qu'un faible courant, et si l'on a à sa disposition tous les matériaux nécessaires pour composer un très bon béton, on pourra faire tout le travail en béton, jusqu'à une petite distance du niveau des basses eaux. Il ne serait point nécessaire alors de donner à la fondation une aussi grande largeur que dans le cas précédent; on pourrait faire le second rang de palplanches beaucoup plus faible; on se bornerait à le placer à une distance du premier rang telle qu'il restât une retraite ordinaire pour la fondation. On ne serait plus obligé de faire un corroi entre les deux rangées de palplanches; on remplirait tout l'espace renfermé par la seconde rangée de palplanches avec du béton jusqu'au niveau des basses eaux, et on achèverait le travail en maçonnerie ordinaire. Lorsque l'ouvrage serait terminé, on enlèverait les deux rangées de palplanches comme dans le procédé que j'ai appliqué aux eaux courantes. Pour construire tout le massif en béton jusqu'au niveau des eaux, il faut, comme je l'ai dit, qu'il n'y ait qu'un faible courant, et que l'on ait de très bons matériaux pour fabriquer son béton. Dans le cas où l'une de ces deux conditions manquerait, alors il est plus sûr d'employer la première méthode, qui consiste à ne faire en béton que la fondation au-dessous du lit de la rivière, et à achever le reste en maçonnerie, car je doute que l'on puisse faire du béton capable de résister à une action continue des eaux courantes aussi bien qu'un ouvrage fait en bonnes pierres de taille.

CHAPITRE X.

De l'ensemble des faits qui ont été exposés dans les chapitres précédents il résulte les conclusions suivantes :

Il y a deux moyens de faire du mortier hydraulique : le premier est de faire le mortier avec de la chaux hydraulique naturelle ou artificielle et du sable ; le second consiste à faire un mélange de chaux commune avec de la pouzzolane ou des substances analogues.

Dans les pays où il y a de bonnes chaux hydrauliques naturelles, il est très avantageux de s'en servir, et l'on ne doit point dans ce cas faire usage des chaux communes. Les bonnes chaux hydrauliques peuvent être employées avec du sable seulement pour faire les mortiers des grosses maçonneries ; mais lorsqu'il s'agit de construire des radiers d'écluses, des chapes ou d'autres ouvrages de ce genre, alors il est avantageux d'ajouter au mortier un peu de ciment hydraulique.

Lorsqu'on se trouve dans un pays où il n'y a point de chaux hydraulique naturelle, au lieu d'en fabriquer en calcinant de la chaux avec une petite quantité d'argile, il est plus avantageux et plus économique de faire directement du mortier hydraulique en mélangeant de la chaux commune avec des ciments hydrauliques et du sable. L'avantage est surtout bien marqué dans les pays qui n'ont point de craie tendre, et où l'on serait obligé de faire subir deux cuissons successives à la pierre calcaire que l'on voudrait rendre hydraulique en la faisant recuire la deuxième fois avec une petite quantité d'argile.

La chaux commune devient hydraulique lorsqu'elle est chauffée à un degré convenable avec une petite quantité d'argile crue ; on n'obtient plus aucun résultat si l'argile a été calcinée avant le mélange. La chaux commune donne aussi du bon mortier hydraulique lorsqu'elle est mélangée par la voie humide avec de la pouzzolane et du sable par parties égales, et que la proportion de ces substances est au moins le double de celle de la chaux.

La silice, lorsqu'elle est divisée en particules très fines, et disséminée dans les pierres à chaux, produit de bonne chaux hydraulique, ainsi que le prouve la chaux de Senonches ; lorsqu'on fait chauffer de la chaux commune avec de la silice très fine, on obtient un résultat hydraulique, mais à un faible degré. Le fer et l'oxide de manganèse ne communiquent à la chaux aucune propriété hydraulique ; le fer à l'état d'oxide brun ou rouge empêche la chaux de s'échauffer beaucoup lorsqu'on l'éteint avec de l'eau. Il ne paraît pas que l'alumine et la magnésie donnent le moyen de rendre la chaux hydraulique; mais lorsque ces substances sont mêlées avec de la silice, alors on obtient de bons résultats. Le meilleur procédé pour convertir en chaux hydraulique de la chaux commune est de la faire cuire avec une petite quantité d'argile crue; la proportion d'un cinquième d'argile semble la plus convenable, et il paraît que la meilleure argile est celle qui contient autant de silice que d'alumine.

On augmente la bonté des chaux hydrauliques en mélangeant avec l'argile que l'on veut faire cuire avec la chaux une petite quantité d'eau chargée de soufle; on obtient un meilleur résultat avec de la potasse, mais ce moyen serait trop embarrassant, et occasionerait un surcroît de dépense qui ne serait peut-être pas en proportion avec l'avantage qu'on en retirerait si l'on voulait faire cette opération en grand.

Les chaux hydrauliques comportent moins de sable qu'on le croit communément; il y a peu de ces chaux que l'on puisse mélanger avec plus de deux parties et demie de sable sans diminuer sensiblement la résistance des mortiers. Les chaux communes peuvent comporter une plus grande quantité de sable et de pouzzolanes mélangées pour former des mortiers hydrauliques.

Les pouzzolanes ou ciments hydrauliques qui sont énergiques conviennent également aux chaux hydrauliques et aux chaux communes. En mélangeant de la chaux hydraulique ou de la chaux commune avec du sable et de la pouzzolane ou autre substance analogue par parties égales, on a souvent un meilleur résultat qu'en mêlant ces chaux avec les pouzzolanes seulement. Lorsqu'on se sert de chaux très hydrauliques, l'addition du sable permet de diminuer sensiblement la quantité de pouzzolane naturelle ou artificielle que l'on doit mélanger avec la chaux pour obtenir un durcissement très prompt et une très grande résistance. Avec les chaux communes, il résulte toujours un très bon mortier du mélange par parties égales du sable et de la pouzzolane naturelle ou artificielle; et s'il arrive que, dans quelques circonstances, on obtienne un mortier un peu supérieur avec cette dernière substance seulement, l'avantage n'est pas assez prononcé pour que l'on ne doive pas mêler du sable avec le mortier, attendu la grande économie qui en résulte.

Les chaux hydrauliques sont difficiles à cuire au degré convenable. Lorsqu'elles ne sont pas assez cuites, elles s'éteignent mal, et le mortier qui en résulte n'a pas toute la ténacité qu'il pourrait avoir (1). Un degré de chaleur un peu plus fort qu'il

(1) Cela ne doit s'entendre que des pierres à chaux hydrauliques qui ont été assez cuites pour être employées comme chaux; quant à celles que l'on ne calcine que très peu pour les employer comme ciments d'après le procédé de M. Lacordaire, je n'ai point d'expériences qui puissent me mettre à même de prononcer sur la ténacité de ces sortes de mortiers.

ne font fait éprouver à ces chaux un commencement de vitrification : alors elles s'éteignent lentement ; le mortier qu'elles forment perd de sa force, il se gonfle après avoir été employé, et peut occasioner des avaries considérables dans les travaux. Les chaux hydrauliques demandent à être employées peu de temps après leur sortie du four ; elles ne peuvent point être éteintes avec beaucoup d'eau comme les chaux communes, ni coulées comme elles, car au bout de très peu de temps elles deviendraient très dures et il serait impossible de s'en servir. Soit qu'on les éteigne avec une petite quantité d'eau pour les réduire en poudre sèche, soit qu'on les laisse s'éteindre d'elles-mêmes à l'air, elles perdent en général bien vite une partie de leurs propriétés hydrauliques, et elles finissent par passer à l'état de chaux communes. Cet effet est dû vraisemblablement à ce que l'hydrate de chaux absorbe de l'oxygène. Il paraîtrait que les chaux hydrauliques qui contiennent de l'oxide de manganèse conservent mieux leur énergie lorsqu'on les a laissées s'éteindre d'elles-mêmes à l'air que lorsqu'on les a éteintes en poudre avec de l'eau. Malgré les précautions que les chaux hydrauliques exigent, il est important de les employer lorsqu'on en trouve de naturelles qui sont bonnes, attendu qu'elles procurent à bon marché de très bon mortier. On doit étudier avec soin le degré de cuisson qui leur est convenable, et s'assurer surtout si elles ne perdent pas promptement leur propriété hydraulique par leur exposition à l'air, soit qu'on les éteigne en poudre sèche, soit qu'on les laisse s'éteindre d'elles-mêmes : sans cette précaution, on s'expose à manquer totalement des ouvrages importants en faisant de très mauvais mortiers avec de très bonnes chaux.

Les chaux communes n'ont point, comme les chaux hydrauliques, l'inconvénient de perdre une partie de leurs qualités par un degré de chaleur un peu plus fort que celui qui convient pour les bien cuire. Il faudrait un coup de feu très violent pour arriver à ce résultat. Soit qu'on les éteigne avec beaucoup d'eau pour les réduire en pâte claire, afin de les couler dans des fosses, soit qu'on ne leur en donne qu'un peu pour les réduire en poudre sèche, ou qu'on les laisse s'éteindre d'elles-mêmes à à l'air, soit enfin qu'on les emploie aussitôt après leur sortie du four, on obtient toujours du bon mortier hydraulique en les mélangeant par parties égales avec du sable et de la pouzzolane naturelle ou artificielle. En les laissant s'éteindre d'elles-mêmes à l'air, le résultat est le moins bon. Il paraît que la chaux , en s'éteignant de cette manière, absorbe une assez grande quantité d'acide carbonique, et le mortier qui en résulte est parsemé de points blancs qui sont des particules de carbonate de chaux qu'on ne peut faire disparaître, quelques soins que l'on prenne pour faire le mélange.

La meilleure manière d'éteindre les chaux hydrauliques est de les arroser, à leur sortie du four, avec le quart environ de leur volume d'eau ; une mesure qui contient environ le tiers d'un mètre cube permet de faire facilement le mélange des matières qui doivent composer le mortier. Avant d'arroser la chaux, on l'entoure des matières que l'on veut mélanger avec elle, et lorsqu'elle a été éteinte et ne donne plus beaucoup de vapeurs, on la recouvre avec ces matières. On laisse la chaux dans cet état pendant douze heures au moins, et huit à dix jours au plus. On ajoute ensuite au tas la quantité d'eau nécessaire pour en faire un mortier de consistance ordinaire. Il faut avoir soin de ne faire le mortier qu'au fur et à mesure des besoins. Les tas de chaux entourés de leur sable ou autres matières doivent être mis à couvert de la pluie.

Avec les chaux communes, on procédera d'une manière un peu différente; on les éteindra, à leur sortie du four, avec le tiers de leur volume d'eau; on mettra cette chaux éteinte en poudre à couvert, et on la laissera dans cet état pendant un mois ou deux. Au bout de ce temps, on la mesurera en pâte et on la mélangera avec le sable et le ciment hydraulique dans les proportions convenables, en ajoutant la quantité d'eau nécessaire pour réduire le mortier à la consistance ordinaire. Ce procédé est celui qui donne le meilleur résultat; mais si quelque circonstance s'y oppose, on peut employer la chaux à sa sortie du four ou lorsqu'elle a été coulée dans des fosses, depuis n'importe quel temps.

Un excès de trituration est tout-à-fait inutile, soit que l'on emploie de la chaux hydraulique ou de la chaux commune. Il suffit que le mortier soit bien homogène, ce qui a lieu ordinairement lorsqu'un tas contenant environ un mètre cube a été passé au rabot cinq à six fois par quatre hommes. Le mortier fait de consistance ordinaire, et même un peu clair, est plus facile à bien mélanger, et donne de meilleurs résultats que lorsqu'il a été gâché ferme. S'il vient à sécher avant qu'on ait pu l'employer, il n'y a aucun inconvénient à le corroyer de nouveau en lui donnant un peu d'eau. On peut même le laisser sécher du soir au lendemain matin, afin de le passer de nouveau une couple de fois au rabot : le mortier acquiert plus de consistance en l'humectant un peu. Il peut être rebattu de la sorte pendant une couple de jours, sans qu'il perde de sa force.

Dans les mortiers faits avec de la chaux hydraulique, le sable paraît être à l'état passif; mais dans les mortiers hydrauliques faits avec la chaux commune, la pouzzolane ou les substances analogues entrent en combinaison avec la chaux, et il paraît que c'est là ce qui donne au mortier la propriété de durcir dans l'eau. Le sable fin est préférable aux gros sables pour faire les mortiers hydrauliques; celui qui est terreux diminue beaucoup la force des mortiers.

Lorsqu'on mélange une partie de chaux vive hydraulique avec deux parties de sable, le volume du mortier qui en résulte diminue d'environ un cinquième; la diminution n'est que d'environ un sixième si l'on mélange une partie de chaux avec deux et demie de sable.

Toutes les argiles calcinées à un degré convenable et réduites en poudre sont susceptibles de donner des pouzzolanes factices plus ou moins bonnes, suivant leur composition. Les argiles les plus propres à faire de bonnes pouzzolanes sont celles qui sont grasses au toucher, et dont on se sert ordinairement pour fabriquer les faïences, les grès, les poteries et les pipes. Les argiles qui contiennent un quart d'alumine sont grasses au toucher; celles qui contiennent de un tiers à un demi d'alumine donnent de très bons résultats. La substance dont il importe le plus d'observer la présence dans les argiles, c'est la chaux. Si cette substance se trouve mêlée dans l'argile dans la proportion d'un dixième ou dans un rapport plus grand, et que l'on chauffe l'argile un peu trop, alors on obtient un ciment qui ne jouit plus de la propriété de faire durcir les chaux communes dans l'eau; mais si l'on chauffe modérément, alors on obtient un assez bon résultat. Plus les argiles contiennent de chaux, moins elles doivent être chauffées (1). Lorsqu'elles ne contiennent point de chaux, elles demandent généralement à être chauffées au degré convenable pour bien cuire la brique; quelques unes demandent un degré de chaleur un peu plus grand, suivant les proportions d'alumine et de silice qu'elles contiennent. Lors même que les argiles ne contiennent point de chaux, elles ne doivent pas être trop calcinées : sans cela elles perdent une partie de leurs propriétés hydrauliques. Lorsqu'elles renferment jusqu'à un dixième de chaux, elles demandent un degré de chaleur moins grand que celui qui est nécessaire pour cuire les briques. Quand elles contiennent plus d'un dixième de chaux, la chaleur nécessaire pour cuire les tuiles est suffisante. On suppose que les argiles ont été transformées en briques de dimensions ordinaires avant de les faire cuire.

Lorsque les argiles ne contiennent que quatre ou cinq centièmes de chaux, il y en a qui acquièrent un peu plus d'énergie par une calcination convenable; d'autres n'éprouvent aucune amélioration : cela paraît dépendre des proportions dans lesquelles l'alumine et la silice se trouvent pour former l'argile. La chaux ne peut donc point être regardée comme un moyen d'augmenter de beaucoup l'énergie des pouzzolanes; mais elle présente l'avantage d'amener plus promptement les argiles au degré de calcination qui leur est le plus convenable, et elles en sont plus faciles à réduire en poudre; le mélange d'un peu de chaux produit donc de l'économie sous ces deux rapports. Les argiles qui contiennent environ le tiers d'alumine et quatre ou cinq centièmes de chaux paraissent être les plus favorables à la confection des pouzzolanes, pourvu qu'elles soient chauffées à un degré un peu au-dessous de celui qui est nécessaire pour bien cuire les briques.

Avec les briques ordinaires, on peut obtenir des ciments propres à faire de bons mortiers pour les grosses maçonneries. Le ciment de tuileau n'a aucun avantage sur le ciment des briques. La chose importante est de connaître le degré de calcination qui leur convient suivant la composition des argiles. On ne doit pas prendre indistinctement toutes les briques d'une fournée, mais on doit faire un choix de celles qui auront été reconnues propres à produire le meilleur ciment hydraulique.

(1) Lorsque je parle de la chaux qui est contenue dans les argiles, il est entendu que c'est de la chaux à l'état de carbonate.

Le fer ne donne aucune énergie aux pouzzolanes; il paraît même qu'il est plus nuisible qu'utile : car les terres ocreuses ne donnent pas de bons résultats, tandis qu'avec des argiles dépourvues de fer on en obtient de très bons.

Le carbonate de magnésie, qui se trouve assez souvent mélangé avec les argiles dans une proportion de quelques centièmes, n'a aucune influence lorsque la cuisson est seulement amenée au degré convenable pour produire de bons ciments hydrauliques.

La soude ne paraît pas avoir une influence sensible sur la confection des ciments hydrauliques ou pouzzolanes artificielles, mais la potasse en a une marquée. Lorsqu'on imbibe les argiles que l'on veut transformer en ciments hydrauliques, avec un volume d'eau égal au quart de celui de l'argile et chargée de potasse de manière à marquer 5° au pèse-acide, alors les ciments augmentent sensiblement d'énergie ; mais l'avantage qu'on en retirerait ne me paraît pas assez grand pour que ce moyen doive être employé dans la pratique. Avec les argiles telles que je les ai désignées, on obtient des pouzzolanes artificielles qui ne le cèdent en rien à ces produits naturels, et l'on peut se procurer par ce moyen des mortiers d'une très grande dureté, en faisant le dosage du ciment hydraulique d'une manière convenable.

Les argiles salpêtrées paraissent bonnes pour être transformées en ciments hydrauliques : ainsi on ne doit point rejeter celles qui se trouvent contenir un peu de salpêtre (nitrate de potasse).

Lorsque les argiles que l'on veut transformer en ciments hydrauliques ont été imbibées d'un peu d'eau chargée de soude, de potasse ou de salpêtre à 5° du pèse-acide, alors elles ne perdent point facilement leur propriété hydraulique par un degré de calcination trop fort (1). Ce moyen serait embarrassant et occasionerait un peu de dépense ; mais on peut le remplacer par l'emploi du sel marin (muriate de soude), ce qui serait peu coûteux et peu embarrassant. Il paraît probable qu'on obtiendrait un résultat semblable avec de l'eau de mer : car on a vu, page 92, que les Hollandais font du trass artificiel avec un banc d'argile qu'ils tirent du fond de la mer et qu'ils vendent comme du trass naturel.

Lorsque les argiles que l'on veut transformer en ciment hydraulique ou pouzzolane artificielle sont calcinées à un courant d'air atmosphérique, les mortiers durcissent dans l'eau beaucoup plus promptement. Je ne puis assurer que la résistance des mortiers qui en résultent soit beaucoup plus grande ; cependant cela me paraît probable. Comme il est important d'obtenir, dans beaucoup de circonstances, des mortiers qui durcissent promptement dans l'eau, il faudra, dans ces occasions, faire

---

(1) Cet effet a lieu lorsque les argiles ne contiennent point de chaux, mais j'ignore si on l'obtient lorsqu'elles en contiennent.

calciner les argiles dans des fours semblables à ceux dont j'ai parlé, attendu que, dans ces fours, les argiles se trouveront calcinées à un courant d'air.

Les cendrées et les scories de forges se trouvent rentrer dans le cas des pouzzolanes factices : il y en a qui donnent de très bons résultats et d'autres qui n'en donnent que de très mauvais.

Les basaltes, lorsqu'ils sont calcinés à un degré convenable, produisent aussi de bonnes pouzzolanes artificielles.

Parmi les mortiers composés de chaux hydraulique et de sable, ceux qui durcissent le plus promptement ne présentent pas toujours la plus grande résistance ; mais il paraît que cela a généralement lieu pour les mortiers faits avec de la chaux commune et de la pouzzolane naturelle ou factice. Le moyen le plus sûr de reconnaître si la chaux hydraulique est de bonne qualité, c'est de la réduire en pâte avec de l'eau et de la plonger dans cet état sous l'eau, afin de voir si elle durcit promptement, ou bien de mélanger une partie de chaux en pâte contre deux parties de sable. Pour reconnaître la bonté des ciments hydrauliques ou pouzzolanes naturelles, il faut en faire un peu de mortier, en prenant deux parties de ces ciments contre une de chaux commune mesurée en pâte, et le placer sous l'eau.

Tous les mortiers hydrauliques durcissent plus vite en été qu'en hiver. Si le mortier que l'on fait pour essai, en été, est confectionné avec de la chaux hydraulique et du sable, ou bien si l'on essaie de la chaux toute seule, on sera certain d'avoir un très bon résultat, si l'on obtient au bout de huit à dix jours un durcissement tel, qu'en pressant fortement avec le pouce la matière dont on fait l'essai on n'y laisse aucune impression. Si l'on n'obtient ce résultat qu'au bout de quinze à vingt jours seulement, c'est une preuve que la chaux n'est que moyennement hydraulique.

Pour le mortier qui est fait avec de la chaux commune et du ciment hydraulique, on doit obtenir un durcissement semblable au bout de trois à cinq jours, si le ciment est de première qualité et s'il a été cuit à un courant d'air. Si le durcissement n'a lieu qu'au bout de douze à quinze jours, avec le ciment qui a été cuit à un courant d'air, il peut encore être employé avec avantage. Mais si le ciment n'a point été chauffé à un courant d'air, au lieu de durcir dans l'espace de trois à cinq jours, il en mettra de douze à quinze, sans cesser de donner une très bonne résistance. On peut compter qu'en hiver le durcissement demandera un temps à peu près double qu'en été, sans que la résistance du mortier soit diminuée.

Les arènes sont des argiles qui ont éprouvé l'action du feu : ce sont donc de véritables pouzzolanes naturelles. Il paraît que la France en contient sur beaucoup de points, et l'on en trouvera sans doute de plus en plus, à mesure que les recherches se multiplieront. Il en est des arènes comme des pouzzolanes et des trass naturels: toutes n'ont point le même degré d'énergie; à beaucoup près; mais celles qui sont faibles peuvent être avantageusement employées dans les mortiers des constructions à l'air, tandis que celles qui ont plus d'énergie peuvent remplacer les ciments hydrauliques pour les constructions dans l'eau, lorsqu'il s'agit de travaux ordinaires, et qu'aucune circonstance n'exige un prompt durcissement. L'emploi des arènes énergiques procurera le moyen de faire, avec une grande économie, de bons mortiers pour les maçonneries dans l'eau et pour celles à l'air.

Le béton n'est autre chose qu'une maçonnerie faite avec du mortier hydraulique et de petites pierres. L'emploi du béton est d'un grand avantage pour fonder sous l'eau à des profondeurs qui occasioneraient de très grandes dépenses par le moyen des épuisements. Les fondations en béton n'en exigent presque point ; elles sont capables de supporter les plus lourdes charges.

La bonté du béton dépend de la bonne qualité du mortier hydraulique. Il paraît que les anciens ont construit quelquefois en béton ; on en a depuis beaucoup négligé l'usage. On n'a pas encore tiré de ce moyen de construction tout le parti possible : ses avantages seront mieux appréciés lorsque son emploi sera plus répandu et que l'on sera plus familiarisé avec la confection des mortiers hydrauliques.

SECONDE SECTION.

DES MORTIERS A L'AIR.

CHAPITRE XI.

DES MORTIERS FAITS AVEC DE LA CHAUX ET DU SABLE OU DE LA POUZZOLANE.

S'il est d'une grande importance de bien faire les mortiers des maçonneries destinées à rester toujours dans l'eau, il ne l'est pas moins de connaître la manière dont il faut confectionner ceux qui doivent être employés à l'air, afin d'obtenir des maçonneries d'une longue durée. Il y a long-temps que l'on a été frappé de la solidité des maçonneries romaines qui sont parvenues jusqu'à nous, tandis que celles que nous faisons exécuter ont souvent peu de durée. Tout le monde a été d'accord que cela tenait à la supériorité des mortiers anciens sur les nôtres. Pour expliquer cette supériorité, on a supposé que les Romains avaient une manière particulière d'éteindre la chaux. M. de Lafaye publia en 1777 un procédé d'extinction qui consistait, comme je l'ai dit dans la première section, à plonger la chaux dans l'eau pendant quelques secondes, en la plaçant dans des paniers, et à la laisser s'éteindre ensuite d'elle-même à l'air. Il donna ce procédé comme un secret retrouvé des Romains, et il prétendit qu'on obtenait ainsi du mortier aussi bon que le leur. Cela fit beaucoup de bruit dans le temps; mais on a bientôt reconnu que, s'il y avait quelque avantage dans cette manière d'éteindre la chaux, on était loin de donner par là aux mortiers une qualité supérieure, comme l'auteur le prétendait. M. Loriot annonça ensuite que l'on obtenait du mortier semblable à celui des Romains en mêlant une certaine quantité de chaux vive en poudre avec la chaux éteinte et coulée comme on le fait ordinairement; mais l'expérience n'a point confirmé la méthode proposée par M. Loriot.

D'autres, pour expliquer la bonté des mortiers des Romains, l'ont attribuée au temps écoulé depuis que ces constructions sont faites, et de là est venu ce *dicton* que le mortier qui n'a pas cent ans est encore un enfant. Mais alors on s'est demandé comment tant de maçonneries périssaient avant d'avoir existé cent ans, tandis que dans les mêmes climats on en voyait qui ont traversé près de vingt siècles sans avoir été réparées, et qui subsistent encore en grande partie. Ceux qui prétendent qu'il faut un grand laps de temps pour faire durcir le mortier pensent que la chaux absorbe de l'acide carbonique (quoique placée dans l'intérieur des maçonneries), et passe ainsi à l'état de carbonate; mais plusieurs faits sont contraires à cette opinion : car il y a certaines chaux qui donnent de très bons mortiers en très peu de temps, tandis qu'avec d'autres, on n'obtient jamais aucune solidité, comme cela a souvent été constaté par des démolitions. D'un autre côté, on a vu dans la première section que, d'après l'analyse, faite par M. John, de plusieurs mortiers anciens, on en trouvait beaucoup qui avaient une très grande dureté, et qui ne contenaient cependant qu'une faible quantité d'acide carbonique, et l'on sait que la chaux que l'on emploie dans les constructions n'en est jamais totalement privée. On ne peut donc pas admettre que l'acide carbonique pénètre bien avant dans l'intérieur des maçonneries, et il est même prouvé par des remarques multipliées que l'humidité reste pendant très long-temps dans l'intérieur de certains murs. M. le docteur John rapporte à ce sujet qu'on a démoli, il y a une dizaine d'années, les piliers de la tour de Saint-Pierre, à Berlin : cette tour était bâtie depuis quatre-vingts ans, et les piliers avaient vingt-sept pieds d'épaisseur; le mortier qui se trouvait à l'extérieur des piliers était sec et dur, mais celui qui se trouvait à l'intérieur était aussi frais que s'il eût été placé depuis peu de temps. Je puis citer qu'en 1822 on a refait le soubassement d'un bastion à Strasbourg : le mortier était aussi frais que si on venait de le placer, et cependant ce bastion avait été construit en 1666; le revêtement n'avait pas beaucoup plus de deux mètres d'épaisseur, mais comme il soutenait des terres, le mortier de la partie inférieure n'avait point séché à cause de l'humidité.

On a observé des faits semblables dans des constructions beaucoup plus anciennes. Il résulte de ce que je viens d'exposer ci-dessus que la bonté des mortiers que l'on remarque dans plusieurs constructions anciennes n'est due ni à la manière d'éteindre la chaux, ainsi que M. de Lafaye l'a prétendu, ni au procédé proposé par M. Loriot pour faire les mortiers, ni enfin au temps qui s'est écoulé depuis que les constructions subsistent. Les expériences qui suivent confirmeront ce que je viens de rapporter ci-dessus, et qui est l'opinion généralement admise aujourd'hui sur les mortiers à l'air. Le grand nombre de constructions hydrauliques qui étaient à refaire à Strasbourg m'avait porté à diriger mes premières recherches vers le but de me procurer de bons mortiers dans l'eau; ce n'est que lorsque ce travail a été avancé que j'ai étudié les mortiers à l'air. J'ai quitté cette place avant d'avoir terminé mes expériences. Cependant le petit nombre que j'en ai fait me paraissent répandre quelque jour sur la théorie des mortiers à l'air, et expliquer d'une manière satisfaisante à quoi tient la bonté des mortiers que l'on remarque dans beaucoup de constructions anciennes: je crois donc utile de les rapporter.

L'opinion d'un grand nombre de constructeurs est que, lorsqu'on emploie de la chaux commune, que l'on nomme aussi de la chaux grasse, il faut la couler long-temps d'avance dans des fosses ; on prétend que, plus elle est vieille, mieux elle vaut. Les expériences renfermées dans le tableau ci-dessous ont pour objet de vérifier ce point important.

TABLEAU N° 30.

NUMÉROS des mortiers.	COMPOSITION DES MORTIERS.		POIDS qu'ils ont supporté avant de se rompre.
1	Vieille chaux commune coulée et mesurée en pâte. . . . 1 Sable. 2	} 3	0
2	Chaux *idem* . . . . 1 Sable . . . . 2 $\frac{1}{4}$	} 3 $\frac{1}{4}$	0
3	Chaux *idem* . . . . 1 Sable . . . . 2 $\frac{1}{2}$	} 3 $\frac{1}{2}$	0
4	Chaux *idem* . . . . 1 Sable. . . . . 2 $\frac{3}{4}$	} 3 $\frac{3}{4}$	0
5	Chaux *idem* . . . . 1 Sable. 3	} 4	0

Observations sur les expériences du Tableau n° 30.

Pour faire ces expériences, j'ai pris de la chaux commune éteinte et coulée dans une fosse depuis cinq ans, et qui avait été employée à la construction de la salle de spectacle de Strasbourg ; les mortiers ont été faits et rompus de la même manière que les mortiers hydrauliques ; on les a laissés reposer à l'air dans une cave pendant un an avant de les tailler et de les soumettre à l'épreuve ; j'ai fait varier les quantités de sable par gradation depuis deux jusqu'à trois parties de sable contre une de chaux mesurée en pâte. Les mortiers qui en sont résultés n'avaient aucune consistance, et se broyaient avec la plus grande facilité entre les doigts. J'avoue qu'un pareil résultat m'a bien surpris, car le sable dont je me suis servi est le même que celui que j'ai employé avec les chaux de la première section, et j'ai dit que c'était un sable granitique très peu terreux. J'ai fait une autre expérience avec la même chaux et le même sable que j'ai lavé pour le débarrasser de la petite quantité de terre qu'il contenait, mais je n'ai pas obtenu de meilleurs mortiers. J'ai répété encore cet essai avec un autre sable également lavé en variant la quantité d'eau employée pour faire le mortier, mais j'ai toujours obtenu des résultats semblables à ceux du tableau ci-dessus, c'est-à-dire que les mortiers n'avaient aucune consistance.

On ne peut pas attribuer ces mauvais résultats à la qualité de la chaux, car on a vu d'après l'analyse de la page 55 qu'elle provient d'un carbonate calcaire qui n'est mélangé qu'avec une petite quantité d'oxide de fer : c'est la chaux dont on se sert depuis long-temps dans les travaux de la place de Strasbourg pour les services publics et pour les édifices particuliers. J'ai dit que la salle de spectacle avait été construite avec cette chaux : ainsi ce monument, qui est très beau, ne promet pas une bien longue durée.

En même temps que j'ai fait les expériences du tableau ci-dessus avec du sable ; j'en ai fait de correspondantes avec la même chaux et du trass, ainsi qu'avec sable et trass. Le tableau suivant en exprime les résultats :

TABLEAU N° 34.

NUMÉROS des MORTIERS.	COMPOSITION DES MORTIERS.		POIDS qu'ils ont supporté avant de se rompre. (kil.)	POIDS qu'ils ont supporté avant de se rompre. (kil.)
1	Vieille chaux commune coulée, mesurée en pâte . . . 1 Trass. . . . 2	3	110	200
2	Chaux *idem* . . . 1 Trass. . . . 2¼	3¼	120	220
3	Chaux *idem* . . . 1 Trass. . . . 2½	3½	150	235
4	Chaux *idem* . . . 1 Trass. . . . 2¾	3¾	155	240
5	Chaux *idem* . . . 1 Trass. . . . 3	4	135	210
6	Chaux *idem* . . . 1 Sable. . . . 1 Trass. . . . 1	3	130	65
7	Chaux *idem* . . . 1 Sable. . . . 1⅛ Trass. . . . 1⅛	3¼	135	75
8	Chaux *idem* . . . 1 Sable. . . . 1¼ Trass. . . . 1¼	3½	145	85
9	Chaux *idem* . . . 1 Sable. . . . 1⅜ Trass. . . . 1⅜	3¾	150	95
10	Chaux *idem* . . . 1 Sable. . . . 1½ Trass. . . . 1½	4	150	95

Observations sur les expériences du Tableau n° 31.

Tous les mortiers ci-dessus ont été composés avec la vieille chaux coulée dont on a fait ceux du tableau précédent. Les expériences ont été faites en double ; celles de la première colonne sont du mois d'août 1823, et ont été laissées pendant un an à l'air dans une cave ; celles de la seconde colonne sont du mois d'octobre 1824, et ont été laissées pendant un an à l'air dans une chambre où il n'y avait point de feu. On voit que les résultats obtenus sont bien différents : 1° les cinq mortiers de la première colonne, faits avec du trass seulement, ont donné des résistances beaucoup moindres que les mortiers semblables de la seconde colonne, tandis que c'est l'inverse pour les mortiers avec sable et trass ; 2° dans la première colonne les mortiers faits avec sable et trass ont donné en général de meilleurs résultats que les mortiers correspondants faits avec du trass seulement, tandis que c'est l'inverse pour les expériences de la seconde colonne.

Je n'ai pu me rendre compte des différences présentées par ces deux expériences ; j'ignore si elles tiennent à ce qu'elles ont été faites en différentes saisons et placées dans une atmosphère différente. Il me paraît difficile d'attribuer d'aussi grandes variations à ces deux causes ; je serais plutôt porté à croire que, le trass dont je me suis servi en 1824 n'étant pas le même que celui de 1823, c'est ce qui aura occasioné ces résultats opposés. Je me proposais de répéter ces épreuves, mais ayant quitté Strasbourg en 1825, je n'ai pu les faire.

Les mortiers de la première colonne du tableau n° 31 avaient été confectionnés en même temps que ceux du tableau n° 30 ; lorsqu'en 1824 j'ai répété les expériences de la seconde colonne, j'ai fait également cinq mortiers semblables à ceux du n° 30, et je les ai placés dans une chambre, tandis que les précédents avaient été conservés dans une cave. Ces cinq mortiers, composés seulement de vieille chaux et de sable, sont demeurés, comme leurs analogues, sans consistance, et n'ont pu supporter aucun poids.

Voyant que je n'avais obtenu aucun résultat avec cette chaux coulée et du sable, j'ai fait quelques essais, en suivant le procédé de M. Loriot ; les voici :

TABLEAU

TABLEAU N° 32.

NUMÉROS des mortiers.	COMPOSITION DES MORTIERS.		POIDS qu'ils ont supporté avant de se rompre.
1	Vieille chaux commune coulée, mesurée en pâte. . . . 1	} 3	0
	Sable. 2		
2	Vieille chaux *idem*. 1		
	Chaux vive commune réduite en poudre 1	} 1 } 3	1
	Sable. 2		
3	Vieille chaux *idem*. 1		
	Chaux vive *idem* 1	} 1 } 3	0
	Sable. 2		
4	Vieille chaux *idem*. 1		
	Chaux vive *idem* 1	} 1 } 3	0
	Sable. 2		
5	Vieille chaux *idem*. 1		
	Chaux vive *idem*. 1	} 1 } 3	0
	Sable. 2		

Observations sur les expériences du Tableau n° 32.

Le procédé de M. Loriot consiste à mêler une certaine quantité de chaux vive réduite en poudre avec de la chaux coulée depuis quelque temps. En suivant sa méthode, j'ai fait varier les quantités de chaux vive et de chaux coulée, et cependant on voit que je n'ai obtenu aucun résultat. A la vérité le mortier sèche vite à raison de la chaux vive qui s'y trouve, mais ce n'est pas un véritable durcissement. Cette faculté de sécher promptement est sans doute ce qui a induit M. Loriot en erreur. On voit donc que cette méthode, qui a été présentée par l'auteur comme devant produire de très bons mortiers, n'en donne que de très mauvais. Du reste, un essai de ce genre avait été fait pour rejointoyer la plate-forme de l'observatoire, et il n'avait point réussi ; cela n'est pas étonnant d'après les expériences ci-dessus.

N'ayant obtenu aucun résultat ni avec la chaux coulée, ni par le procédé de M. Loriot, j'ai renoncé à suivre les errements tracés par d'autres, et j'ai fait les expériences suivantes :

TABLEAU.

TABLEAU N° 33.

Les en-têtes des 14 colonnes de droite indiquent les époques (dates) des épreuves ; elles sont illisibles sur le document. Les chiffres indiquent le nombre de kilogrammes supportés avant rupture.

N°	Composition des mortiers	Prop.														
1	Chaux commune éteinte en pâte épaisse . . . . 1 / Sable 2	3½	45	25	20	15	15	15	15	15	-10	-10	-10	-10	-10	-10
2	Chaux idem . . . . 1 / Sable . . . . 1¼ / Trass 1¼	3½	145	140	140	135	145	140	145	140	145	160	165	155	145	140
3	Chaux commune éteinte en pâte claire . . . . 1 / Sable 2	3½	»	»	»	»	»	»	»	15	-10	-10	-10	-10	-10	-10
4	Chaux idem . . . . 1 / Sable . . . . 1¼ / Trass 1¼	3½	»	»	»	»	»	»	»	140	135	140	130	135	130	125
5	Chaux commune éteinte en poudre sèche et mesurée en pâte . . . . 1 / Sable 2¼	3½	»	»	»	»	»	»	»	0	0	0	0	0	0	0
6	Chaux idem . . . . 1 / Sable . . . . 1¼ / Trass 1¼	3½	»	»	»	»	»	»	»	135	135	150	155	140	»	»

Observations sur les expériences du Tableau n° 33.

Ces expériences ont été faites en même temps que celles du tableau n° 15 de la première section, et avec la même chaux commune. J'en ai éteint une partie à sa sortie du four en ne lui donnant que la quantité d'eau nécessaire pour la réduire en pâte épaisse : c'est avec cette chaux que j'ai fait les séries d'expériences comprises sous les n°° 1 et 2. J'ai éteint une partie de la même chaux en pâte claire, et j'ai fait avec elles les séries d'expériences sous les n°° 3 et 4 ; enfin j'ai éteint une partie de la chaux en poudre sèche en y versant le quart de son volume d'eau, et j'ai fait avec cette chaux les deux séries d'expériences sous les n°° 5 et 6. Toutes ces expériences comprennent l'intervalle d'une année, et les diverses époques auxquelles elles ont été faites sont indiquées au tableau. Les chiffres du tableau indiquent le nombre de kilogrammes que les mortiers ont supporté avant de se rompre.

La série de mortiers n° 1 est composée d'une partie de chaux commune, éteinte en pâte épaisse, contre deux parties et demie de sable. On voit que le mortier fait immédiatement a acquis une dureté qui n'est pas bien forte, à la vérité, mais enfin qui est passable. Le mortier fait au bout de quinze jours a perdu près de la moitié de sa consistance; au bout de deux mois, il en a déjà perdu les deux tiers; enfin, les mortiers faits au bout de six mois n'avaient plus assez de force pour supporter le poids du plateau, qui était de 10 kilogrammes. Ce résultat est bien remarquable. Si on le compare avec celui du tableau n° 30, dont les mortiers étaient faits avec de la chaux commune coulée depuis cinq ans, et qui n'ont offert aucune solidité, on est porté à conclure que c'est à tort que l'on coule la chaux grasse dans des fosses. On a sans doute été engagé à employer ce moyen parce qu'il fait beaucoup foisonner la chaux grasse; mais les expériences que je présente font voir que ce procédé est très mauvais, au moins pour la chaux que j'ai employée.

La série de mortiers n° 2 a été faite avec une partie de chaux en pâte contre deux parties et demie de sable et de tras par parties égales. On voit que les résultats sont très bons. On remarque qu'ils sont un peu plus forts aux huitième, neuvième et dixième mois. Les expériences ci-dessus ayant été commencées à la mi-novembre, les plus grandes résistances se trouvent correspondre aux mois de juillet, août et septembre. Les mortiers ont été déposés dans une cave; mais elle n'était point voûtée, et la différence de température s'y faisait facilement sentir. En été, ces mortiers se trouvaient donc exposés à une température humide et douce.

La série de mortiers n° 3 ne diffère de la première série qu'en ce qu'elle a été faite avec de la chaux éteinte en pâte très claire, au lieu de l'être en pâte épaisse. J'ai laissé cette chaux pendant six mois dans cet état, avant d'en faire du mortier. On voit que les résultats obtenus sont les mêmes, c'est-à-dire aussi mauvais que dans la première série d'expériences.

La quatrième série de mortiers ne diffère de la deuxième qu'en ce que celle-ci a été faite avec de la chaux éteinte en pâte épaisse, tandis que la série n° 4 a été faite avec de la chaux éteinte en pâte claire. Je n'ai également commencé ces expériences qu'au bout de six mois. On voit que les résultats obtenus sont assez bons, mais un peu plus faibles qu'avec la chaux éteinte en pâte épaisse.

La série n° 5 est faite avec la même chaux éteinte en poudre sèche. Je n'ai commencé ces expériences que six mois après l'extinction de la chaux. Les mortiers que j'ai obtenus n'avaient aucune consistance et se broyaient facilement entre les doigts. Les mortiers faits aux mêmes époques, dans les séries n° 1 et 3, offraient encore une sorte de consistance qui m'a permis de les rompre. La chaux de la série n° 5 avait été éteinte par un procédé analogue à celui de M. de Lafaye, qui consiste, comme je l'ai dit, à plonger la chaux dans l'eau pendant quelques secondes, et à la retirer ensuite pour la laisser s'éteindre d'elle-même, en la conservant pendant quelque temps avant de l'employer; seulement, pour éviter la gêne des paniers proposés par M. de Lafaye, je me suis borné à jeter sur la chaux la quantité d'eau nécessaire pour la bien réduire en poudre, ce qui, au fond, revient au même. Néanmoins, je n'ai obtenu aucun résultat. Il est possible que M. de Lafaye ait fait ses expériences peu de temps après l'extinction de la chaux, et, s'il les a comparées avec d'autres faites avec de la chaux coulée depuis long-temps, il a pu trouver de l'avantage aux premières ; mais il était probablement dû à ce que la chaux grasse dont il s'est servi exigeait, comme celle ⸱ tableau ci-dessus, d'être employée aussitôt après son extinction. Il me pa⸱⸱⸱ ⸱. de Lafaye s'est trompé en attribuant sa réussite au procédé d'extinction qu'il a ⸱ ⸱.

Les expériences de la série n° 6 ont ⸱ ⸱ement été faites avec de la chaux éteinte en poudre sèche, du sable et du trass. Je n'ai encore commencé ces expériences qu'au haut de six mois ; je n'ai pu les continuer que pendant quatre mois, attendu que ma chaux était épuisée. On voit que les résultats sont à peu près les mêmes que ceux de la quatrième série, et un peu moins bons que ceux de la seconde.

Dans les quatre premières séries, le dosage a été fait en prenant une partie de chaux en pâte contre deux parties et demie de sable et trass. Pour obtenir des résultats comparables avec les deux dernières séries, dont la chaux a été éteinte en poudre, j'ai eu soin, à mesure que je faisais les expériences de ces deux dernières séries, de réduire la chaux en pâte, afin de faire le dosage de la même manière que pour les autres séries.

Si l'on compare le tableau ci-dessus avec celui n° 15, dont les mortiers ont été faits avec la même chaux, on verra qu'en général les mortiers laissés à l'air ont donné des résultats un peu moins forts que ceux mis dans l'eau.

Le tableau n° 30 a fait connaître la mauvaise qualité des mortiers faits en mélangeant du sable avec de la chaux grasse coulée depuis plusieurs années. Voici des expériences correspondantes sur la même chaux employée à sa sortie du four.

TABLEAU.

TABLEAU N° 34.

NUMÉROS des mortiers.	COMPOSITION DES MORTIERS.		POIDS qu'ils ont supporté avant de se rompre.
1	Chaux commune éteinte à sa sortie du four, et mesurée en pâte immédiatement . . . . 1 Sable 2	} 3	3 kil.
2	Chaux *idem* . . . . 1 Sable 2½	} 3½	26
3	Chaux *idem* . . . . 1 Sable 2½	} 3½	20
4	Chaux *idem* . . . . 1 Sable 2½	} 3½	-10
5	Chaux *idem* . . . . 1 Sable 3	} 4	0

Observations sur les expériences du Tableau n° 34.

Les expériences du tableau n° 34 ont été faites avec de la chaux sortant du four. Les mortiers ont été faits de suite et dans le but de connaître la quantité de sable que cette chaux peut comporter. Les résultats obtenus font voir que la plus forte résistance correspond à une partie de chaux mesurée en pâte, contre deux parties de sable, et que cette résistance est allée en diminuant, à mesure qu'on a augmenté la quantité de sable. Le n° 4 avait si peu de consistance qu'il n'a pas pu supporter le poids de 10 kilogrammes formé par le plateau. Enfin, le mortier n° 5 se broyait facilement entre les doigts. On fait ordinairement le dosage des mortiers avec une partie de chaux commune mesurée en pâte, et deux parties de sable; mais quelques constructeurs pensent qu'il faudrait mettre plus de sable. Les expériences du n° 34 ne confirment point cette opinion. Je regrette de n'avoir pas commencé ces expériences en mettant moins de sable : elles demanderaient à être refaites.

Les expériences des tableaux n°° 30 et 34 sont les mêmes, et ne diffèrent qu'en ce que, dans le premier de ces tableaux, on a employé de la chaux coulée depuis plusieurs années, tandis que, dans le tableau n° 34, les mortiers ont été faits avec de la chaux sortant du four. On a vu, par le tableau n° 30, qu'avec de la chaux coulée depuis long-temps, je n'ai obtenu aucun résultat, quel qu'ait été le dosage; tandis qu'avec la même espèce de chaux, employée à sa sortie du four, les mortiers présentent, dans le tableau n° 34, quelque résistance. J'ignore à quoi peut tenir que le mortier n° 3 ci-dessus soit de plus de moitié plus faible que le mortier n° 1 du tableau n° 33, fait et dosé de la même manière. Ces différences peuvent provenir du degré de cuisson de la chaux. Il m'a paru aussi que les chaux grasses perdaient de leur qualité lorsque le mortier était fait avec beaucoup d'eau ; mais je n'ai point fait d'expériences pour connaître la quantité d'eau qu'il convenait de mettre dans ces sortes de mortiers : ce sont des expériences qui restent à faire. Il résulte néanmoins des expériences que j'ai présentées dans la première section, et de celles qui se trouvent ci-dessus, que les chaux, tant hydrauliques que communes, ne supportent pas une aussi grande quantité de sable qu'on le croit communément ; mais il paraîtrait qu'elles peuvent supporter plus de trass, soit seul, soit mélangé avec du sable, ce qu'on pourrait attribuer à la combinaison, qui a lieu par la voie humide, des trass ou pouzzolanes avec la chaux. Je me proposais de faire des essais, dans le but de connaître les quantités de sable et de pouzzolanes factices que l'on doit mélanger avec la chaux commune pour avoir du mortier d'une bonne résistance ; mais ces proportions ne pourraient être fixées que par de longs tâtonnements, et presque tous mes loisirs ont été absorbés par la recherche des pouzzolanes factices. Je désirais, avant d'entreprendre des expériences sur le dosage des mortiers, avoir quelques données, afin d'éviter d'en faire un trop grand nombre d'inutiles. C'est un travail qui reste à faire, et qui sans doute donnera des résultats différents, selon les localités et suivant la qualité des chaux et des pouzzolanes factices que l'on emploiera. En résumé, l'on voit que je n'ai obtenu que de médiocres résultats en mélangeant de la chaux commune avec du sable, de quelque manière que j'aie opéré ; tandis que j'en ai obtenu de très bons en mélangeant une partie de chaux commune mesurée en pâte, contre deux parties et demie à trois parties de sable et de trass, pris par parties égales, ainsi qu'on l'a vu à la fin du tableau n° 31, et à la série n° 2 du tableau n° 33. On ne manquera sans doute pas de m'objecter que l'on a fait plusieurs démolitions de maçonnerie faites avec des chaux grasses, et que l'on a trouvé que les mortiers en étaient très durs. Je répondrai à cette objection ; mais je suis obligé de présenter auparavant plusieurs autres expériences.

CHAPITRE XII.

DES MORTIERS FAITS AVEC DE LA CHAUX HYDRAULIQUE ET DU SABLE OU DE LA POUZZOLANE.

Lorsque j'ai reconnu la bonne qualité de la chaux hydraulique d'Oberaai, je l'ai fait employer non seulement pour les travaux à l'eau, mais encore pour toutes les maçonneries exposées à l'air. Il a fallu un peu de patience pour changer les habitudes des ouvriers, et les amener à employer d'autres moyens que ceux dont ils s'étaient servi jusque alors pour éteindre et manipuler les chaux communes; mais j'ai été fortement secondé dans cette opération par M. le lieutenant-colonel du génie Finot, qui était chargé du service de la place de Strasbourg; grâce à ses soins, tous les employés et les ouvriers eux-mêmes n'ont pas tardé à être bien au courant de la manière de traiter les chaux hydrauliques, et l'on a obtenu d'excellents résultats.

Dans les observations que M. Vicat a faites sur la petite brochure que j'ai publiée en 1824, cet ingénieur s'exprime ainsi : « M. Treussart prétend que l'on ne fabri- « que les chaux hydrauliques que pour obtenir des mortiers qui aient la propriété « de durcir dans l'eau; loin de là : on peut dire au contraire qu'on ne fabrique des « chaux hydrauliques (quand le pays n'en fournit pas naturellement) que par ce « que les mortiers confectionnés avec ces chaux et le sable ordinaire sont à la fois « les plus économiques et les meilleurs que l'on connaisse jusqu'à ce jour pour « braver les intempéries, résister aux alternatives du chaud et du froid, du sec et « de l'humide, etc. »

Il est vrai qu'à la page 46 de ma brochure j'ai dit : « L'auteur fait observer qu'on « ne fait des chaux hydrauliques artificielles que pour faire des mortiers qui ont la « propriété de durcir dans l'eau. Puisqu'on obtient ce résultat directement avec les « chaux communes et le trass factice, et que ces résultats sont les meilleurs, il « pense que c'est le moyen qu'il est le plus avantageux de suivre. » Ce passage cité isolément pourrait induire en erreur; mais comme dans tout ce qui précédait il n'était question que de travaux faits dans l'eau, il signifiait que, lorsqu'on avait des travaux à faire dans l'eau, on se trouvait dans la nécessité de confectionner du mortier hydraulique; et que, lorsqu'on n'avait pas sur les lieux des chaux hydrauliques naturelles, il était préférable sous tous les rapports de faire directement du mortier hydraulique avec de la chaux commune et du trass factice, au lieu de faire de la chaux hydraulique artificielle par le procédé qui a été indiqué par M. Vicat. Je n'ai point donné de détails dans la brochure de 1824 sur l'emploi des chaux hydrauliques à l'air, parce que je n'avais point encore assez de faits pour pouvoir en parler; mais je n'ai point dit qu'on ne les employait pas avec avantage dans les constructions à l'air; bien loin de là, car, l'expérience m'ayant fait connaître en plusieurs occasions combien il est dangereux d'employer à l'air les chaux hydrauliques qui sont trop cuites (et je puis ajouter qu'il en est de même dans l'eau), j'ai dit à la page 5 de la même brochure, en parlant des chaux hydrauliques : « Si on les em- « ploie à l'air lorsqu'elles sont trop cuites, elles peuvent occasioner des accidents « très graves, attendu qu'elles se dilatent considérablement, et peuvent soulever « des pierres très grosses; il est donc important de n'employer ces sortes de chaux « que lorsqu'elles sont cuites à point ». On voit donc que j'étais loin de penser qu'on ne devait pas employer les chaux hydrauliques à l'air; mais j'ai cru devoir prévenir de ne point les employer lorsqu'elles sont trop cuites, attendu les graves accidents qui peuvent en résulter. Si l'on avait eu égard à cette observation, on n'aurait pas éprouvé aux travaux de la Vésère des accidents funestes qui ont forcé de refaire entièrement plusieurs écluses. A Strasbourg, on a toujours eu soin de rejeter les morceaux qui étaient trop cuits; et, quoiqu'il soit très souvent arrivé d'employer du mortier de consistance ordinaire, fait avec de la chaux hydraulique sortant du four, on n'a éprouvé aucun effet fâcheux.

Tous les officiers du génie connaissent Metz et la bonté de sa chaux hydraulique, que l'on emploie à l'air comme dans l'eau. J'ai moi-même fait usage de cette espèce de chaux en plusieurs circonstances, et, ainsi que je l'ai dit dans la première section, on a fait à Strasbourg, sous ma direction, depuis 1816 jusqu'en 1825, pour plus d'un million de maçonnerie, tant à l'air qu'à l'eau, avec de la chaux hydraulique. M. Vicat s'est donc entièrement trompé sur le sens qu'il a donné à la phrase que j'ai citée; du reste, il a dit à peu près la même chose : car, en commençant la deuxième section de son ouvrage, on trouve page 31 : « Les mortiers hydrauliques sont, comme « leur nom l'indique, destinés aux maçonneries placées dans l'eau; on les nomme « aussi bétons ». Si l'on ne citait que cette phrase isolée, on pourrait appliquer à M. Vicat le reproche qu'il m'adresse. Je n'ai pas pensé que M. Vicat eût voulu dire qu'on n'employait pas aussi ces chaux à l'air, car tout le monde sait cela. Non seulement je crois que les mortiers hydrauliques sont les meilleurs à employer pour les constructions à l'air, mais, bien plus, mon travail m'a conduit à penser qu'avec de la chaux grasse on ne pouvait faire que des mortiers médiocres, de quelque manière qu'on l'a traitât, si l'on n'y ajoutait point de ciment hydraulique, c'est-à-dire en un mot que le seul moyen d'obtenir à l'air de bons mortiers est de n'employer que du mortier hydraulique. Le seul point essentiel dans lequel je diffère avec M. Vicat c'est que je pense, comme pour les mortiers dans l'eau, qu'il est préférable de faire directement le mortier hydraulique avec de la chaux commune et de la pouzzolane factice ou autres substances semblables, au lieu de faire de toute pièce de la chaux hydraulique par le procédé qu'il a indiqué, lorsqu'on se trouve dans un pays où il n'y en a pas de bonne naturellement. Cette méthode a en outre l'avantage que si l'on se trouve dans un pays où il n'y a que des chaux moyennement hydrauliques, on peut les améliorer d'une manière sensible en ajoutant une petite quantité de ciment hydraulique avec une plus grande quantité de sable pour faire son mortier (ce qui est une faible dépense), tandis que, d'après le procédé de M. Vicat, il en coûterait tout aussi cher d'améliorer convenablement la chaux moyennement hydraulique, qu'on a à sa disposition, que de faire de toute pièce de la chaux hydraulique.

Je vais rapporter dans les tableaux ci-après les résultats que j'ai obtenus avec différentes chaux hydrauliques des environs de Strasbourg, de Metz et de quelques autres pays.

TABLEAU.

TABLEAU N° 35.

N° d'ordre	COMPOSITION DES MORTIERS.		1 (kil.)	$1\frac{1}{10}$ (kil.)	$1\frac{1}{4}$ (kil.)	$1\frac{1}{2}$ (kil.)	$1\frac{1}{3}$ (kil.)	$1\frac{1}{4}$ (kil.)
1	Chaux jaune d'Obernai éteinte en poudre et mesurée *idem* ..... 1 Sable 2	3	45	50	60	45	55	50
2	Chaux *idem* .... 1 Sable .... 1 Trass 1	3	105	110	119	112	112	100
3	Chaux *idem* éteinte à l'air et mesurée en poudre .... 1 Sable 2	3	»	35	20	25	30	20
4	Chaux *idem* .... 1 Sable .... 1 Trass 1	3	»	»	105	115	110	115
5	Chaux de Metz éteinte en poudre et mesurée *idem* .... 1 Sable 2	3	59	»	40	20	»	»
6	Chaux *idem* .... 1 Sable .... 1 Trass 1	3	122	»	115	100	»	»
7	Chaux *idem* éteinte à l'air et mesurée en poudre .... 1 Sable 2	3	»	»	30	18	»	»
8	Chaux *idem* .... 1 Sable .... 1 Trass 1	3	»	»	110	115	»	»
9	Autre chaux d'Obernai éteinte en poudre et mesurée *idem* ..... 1 Sable 2	3	100	55	40	35	50	»
10	Chaux *idem* .... 1 Sable .... 1 Trass 1	3	190	120	130	135	125	»
11	Chaux *idem* éteinte à l'air et mesurée en poudre .... 1 Sable 2	3	»	40	»	25	»	»
12	Chaux hydraulique de Paris éteinte en poudre et mesurée *idem* ... 1 Sable 2	3	85	»	55	»	»	»
13	Chaux commune recuite avec $\frac{1}{12}$ d'argile de Holsheim éteinte en poudre et mesurée *idem* ..... 1 Sable 2	3	80	»	50	40	25	20

Observations sur les expériences du Tableau n° 35.

Toutes les expériences ci-dessus ont été faites avec des chaux qui ont été éteintes en poudre avec le cinquième de leur volume d'eau, et le dosage a été fait en prenant une partie de chaux en poudre contre deux parties de sable.

Les quatre mortiers des premières séries sont faits avec la même chaux d'Obernai que ceux du tableau n° 6, qui ont été mis dans l'eau. Le n° 1 est composé de chaux et de sable. Si l'on compare sa résistance avec celle du mortier semblable du tableau n° 6, on verra 1° que ce morceau de chaux, qui a produit avec du sable des mortiers de faible consistance dans l'eau, a également donné de faibles résultats à l'air (Il paraît que ce morceau de chaux n'était que faiblement hydraulique.); 2° que la ténacité des mortiers a également été en augmentant pendant quelque temps, et qu'ensuite elle a été en décroissant d'une manière assez rapide ; 3° que les mortiers laissés à l'air ont offert une résistance généralement moindre que celle de ceux qui ont été mis dans l'eau.

La série n° 2 est faite avec chaux , sable et trass par parties égales. On voit que le résultat s'est beaucoup amélioré. La résistance a aussi été en augmentant comme pour les mortiers semblables du tab. n° 6. On voit aussi qu'en général ces mortiers à l'air ont présenté des ténacités moins grandes que ceux qui ont été mis dans l'eau.

La série des mortiers qui se trouve sous le n° 3 a été faite avec la même chaux , qu'on a laissée s'éteindre d'elle-même à l'air. Le dosage a été également d'une partie de chaux en poudre contre deux parties de sable. Ce n'est qu'au bout de quinze jours que j'ai pu me procurer assez de chaux en poudre pour commencer ces expériences. Si l'on compare les résultats obtenus dans cette série avec celle du n° 1, qui est faite avec de la chaux éteinte en poudre, on verra que la chaux éteinte à l'air a produit des résultats beaucoup moins bons que celle qui a été éteinte en poudre, ainsi que cela a lieu pour les mortiers mis dans l'eau.

La série des mortiers n° 4 est faite avec de la chaux éteinte à l'air , du sable et du trass par parties égales. Si l'on compare les résultats obtenus avec ceux de la deuxième série , on verra qu'ils diffèrent peu ; si on les compare avec les mortiers semblables du tableau n° 6, qui ont été mis dans l'eau, on voit qu'ils sont sensiblement moins bons.

Les séries n° 5 , 6 , 7 et 8 présentent des expériences semblables sur la chaux de Metz ; les mortiers sont faits avec la même chaux que ceux du tableau. n° 7, qui ont été mis dans l'eau. On voit que les résultats donnés par la chaux de Metz sont faibles ; mais il est bien probable qu'il en est de cette chaux comme de toutes les autres semblables, c'est-à-dire qu'on obtient des résultats très différents avec divers morceaux de chaux d'une même carrière. Je ne puis donc point dire que la chaux de Metz se trouve être inférieure à celle d'Obernai, attendu que je n'ai point fait assez d'expériences avec cette première chaux pour porter un jugement. Les observations que j'ai faites sur les quatre premières séries du tableau n° 35 s'appliquent en général aux mortiers fabriqués avec la chaux de Metz.

Les séries n° 9, 10 et 11 sont faites avec la même chaux d'Obernai que les mortiers du tableau n° 5 qui ont été mis dans l'eau; les résultats en sont bons. La série n° 9 montre qu'employée au bout de quinze jours d'extinction, cette chaux avait perdu près de la moitié de sa force, et qu'elle est allée toujours en diminuant. Si l'on compare le mortier fait immédiatement dans le tableau ci-dessus avec celui qui lui est analogue dans le tableau n° 5, on verra que le même mortier à l'air a supporté 20 kilogrammes de moins que celui qui a été mis dans l'eau. Pour les autres mortiers, la différence n'a pas été aussi grande.

En comparant la série n° 10 ci-dessus avec celle qui lui correspond dans le tableau n° 5, on trouve que le mortier fait immédiatement ne présente qu'une résistance à peu près moitié de celle du mortier semblable du tableau n° 5, tandis que le mortier n° 2 du tableau ci-dessus, qui est fait avec une autre chaux, a supporté un poids un peu plus fort que le mortier semblable du n° 6 qui a été mis dans l'eau. J'ignore à quoi peut tenir cette anomalie. Pour les mortiers de cette série faits à d'autres époques, ceux qui ont été mis dans l'eau ont été ou un peu plus forts ou égaux en force à ceux qui ont été laissés à l'air.

La série n° 11 ne comprend que deux expériences faites avec de la chaux éteinte d'elle-même à l'air; je n'en ai pas fait davantage, attendu que cette chaux était épuisée. Les résultats sont moins forts que ceux correspondants de la série n° 9 dont la chaux a été éteinte en poudre, ainsi que cela avait déjà été remarqué dans la comparaison des séries ci-dessus n° 1 et 3.

La série n° 12 ne comprend que deux expériences que j'ai faites avec de la chaux hydraulique artificielle fabriquée à Meudon, par M. de Saint-Léger. Je n'ai pas pu faire un plus grand nombre d'expériences, à raison du peu de chaux que j'avais. La résistance du mortier qui a été fait immédiatement est bonne, et, au bout d'un mois, la chaux avait perdu près de la moitié de sa force. Les mortiers faits avec la même chaux et mis dans l'eau se trouvent sous le n° 1, dans le tableau n° 10. En les comparant, on voit que le mortier fait immédiatement et laissé à l'air a supporté le même poids que celui qui a été plongé dans l'eau. Au bout d'un mois d'exposition de la même chaux à l'air, le même mortier n'a supporté que 40 kilogrammes mis dans l'eau, et 55 lorsqu'il a été laissé à l'air.

La série n° 13 est du mortier de chaux hydraulique artificielle, faite avec de l'argile de Holsheim. Le résultat est à peu près le même que celui de la série n° 12. On voit que la force des mortiers a diminué rapidement par l'exposition de cette chaux à l'air, et qu'au bout de quatre mois elle avait perdu les trois quarts de sa force.

Je n'ai fait que peu d'expériences à l'air avec les chaux hydrauliques artificielles; mais celles que j'ai faites font voir qu'elles ne diffèrent en rien des chaux hydrauliques naturelles. On voit aussi qu'à l'air, comme dans l'eau, on a, en général, de meilleurs mortiers avec la chaux commune, du sable et des substances analogues aux pouzzolanes, qu'avec des chaux hydrauliques et du sable seulement.

En comparant les mortiers ci-dessus, qui ont été laissés à l'air, aux mêmes mortiers mis dans l'eau, on est amené aux conclusions suivantes : Lorsqu'on fait des mortiers avec de la chaux hydraulique et du sable, pour être employés dans les maçonneries qui doivent être exposées à l'air, il est d'une grande importance d'employer ces chaux peu de temps après leur cuisson : sans cela elles perdent une grande partie de leur force, de même que lorsqu'on les emploie dans l'eau. Lorsqu'on est obligé de rester quelques jours avant de s'en servir, il faut les éteindre en poudre sèche, on y versant une quantité d'eau égale au quart environ du volume de la chaux, et il faut ensuite la recouvrir de la quantité de sable que l'on a jugé devoir mélanger avec elle pour faire le mortier. On ne doit point laisser ces sortes de chaux s'éteindre d'elles-mêmes à l'air, attendu qu'il faut un temps assez considérable pour qu'elles se réduisent en poudre, et qu'en général elles perdent alors une grande partie de leur énergie. Avant de se décider à faire emploi du procédé d'extinction à l'air pour les chaux hydrauliques, il faudrait avoir été convaincu auparavant, par des expériences, qu'elles font exception à la règle générale, c'est-à-dire qu'elles ne perdent pas une grande partie de leur énergie lorsqu'on les laisse s'éteindre de cette manière. Si la chaux hydraulique que l'on a à sa disposition n'a pas une grande énergie, on peut néanmoins en faire de bons mortiers, en mélangeant avec la chaux et le sable une quantité plus ou moins grande de substances analogues à la pouzzolane. Par exemple, avec un ciment de bonne qualité on aura un mortier d'une très grande dureté (lors même que la chaux n'aurait presque aucune propriété hydraulique, ou qu'elle serait de la chaux grasse), en mélangeant le sable et le ciment par parties égales avec la chaux; mais une moindre proportion de ciment pourra suffire, suivant le degré d'hydraulicité de la chaux, ou si le travail que l'on a fait ne consiste qu'en grosses maçonneries.

Par la comparaison des mêmes mortiers faits de la même manière, qui ont été laissés à l'air et mis dans l'eau, on a vu qu'en général ceux-ci ont présenté une résistance un peu plus grande. L'humidité est donc favorable aux mortiers hydrauliques. Lorsqu'on fait des maçonneries avec des mortiers de chaux grasse, on a toujours recommandé, si elles doivent supporter des terres, de les laisser sécher pendant quelque temps, avant d'appliquer la terre contre ces maçonneries; et, dans le même but, on a prescrit d'attendre au moins un an avant de faire les jointoiements. On voit qu'avec les mortiers hydrauliques employés à l'air, il vaut mieux agir différemment. A mesure qu'on élève les maçonneries, il est bon d'adosser un peu de terre contre les revêtements. Il faut faire les jointoiements en même temps que la maçonnerie, ce qui est d'ailleurs plus économique. Si l'on travaille pendant les chaleurs, chaque fois que les ouvriers se reposent, et après qu'ils ont terminé leur journée, il faut faire arroser fortement la partie supérieure de la dernière assise. On a toujours employé ces moyens à Strasbourg, et l'on s'en est bien trouvé.

Je vais maintenant donner, dans le tableau suivant, plusieurs expériences que j'ai faites avec diverses chaux, dans le but de connaître leur bonté et la quantité de sable qu'on peut mêler avec elles pour faire le mortier.

TABLEAU N° 36.

NUMÉROS des mortiers.	COMPOSITION DES MORTIERS.			Poids qu'ils ont supporté avant de se rompre.
1	Chaux jaune d'Obernai éteinte en poudre et mesurée *id.*	1	3	89 bis
	Sable	2		
2	Chaux *idem*	1	$3\frac{1}{2}$	75
	Sable	$2\frac{1}{2}$		
3	Chaux *idem*	1	4	45
	Sable	3		
4	Chaux jaune d'Obernai mesurée en pâte	1	3	157
	Sable	2		
5	Chaux *idem*	1	$3\frac{1}{2}$	125
	Sable	$2\frac{1}{2}$		
6	Chaux *idem*	1	4	110
	Sable	3		
7	Autre chaux d'Obernai mesurée en pâte	1	3	100
	Sable	2		
8	Chaux *idem*	1	$3\frac{1}{4}$	75
	Sable	$2\frac{1}{4}$		
9	Chaux *idem*	1	$3\frac{1}{2}$	65
	Sable	$2\frac{1}{2}$		
10	Chaux *idem*	1	$3\frac{3}{4}$	40
	Sable	$2\frac{3}{4}$		
11	Chaux *idem*	1	4	50
	Sable	3		
12	Chaux jaune de Bouxvillers mesurée en pâte	1	3	105
	Sable	2		
13	Chaux *idem*	1	$3\frac{3}{4}$	110
	Sable	$2\frac{3}{4}$		

NUMÉROS des mortiers.	COMPOSITION DES MORTIERS.	POIDS qu'ils ont supporté avant le se rompre.
14	Chaux *idem* . . . . 1 $\Big\}$ $3\frac{1}{2}$ Sable . . . . $2\frac{1}{2}$	115 lil.
15	Chaux *idem* . . . . 1 $\Big\}$ $3\frac{3}{4}$ Sable . . . . $2\frac{3}{4}$	105
16	Chaux *idem* . . . . 1 $\Big\}$ 4 Sable 3	85
17	Chaux d'Oberbronn mesurée en pâte . . . . . . 1 $\Big\}$ 3 Sable 2	155
18	Chaux *idem* . . . . 1 $\Big\}$ $3\frac{1}{2}$ Sable . . . . $2\frac{1}{2}$	75
19	Chaux jaune d'Obernai seule, réduite en pâte	147

Observations sur les expériences du Tableau n° 36.

Les trois premiers numéros sont faits avec de la chaux jaune d'Obernai qui a été éteinte en poudre peu de temps après sa sortie du four. Le dosage est d'une partie de chaux éteinte en poudre contre les quantités de sable qui sont indiquées au tableau. On voit que le chiffre le plus fort correspond au mortier dans lequel il y a le moins de sable; différentes circonstances m'ayant fait connaître que les chaux hydrauliques ne comportaient pas autant de sable qu'on le croit communément, j'ai fait les dosages des mortiers suivants avec de la chaux mesurée en pâte.

Les n° 4, 5 et 6 ont été faits sur l'atelier, et par conséquent avec divers morceaux de chaux mêlée; le dosage est d'une partie de chaux en pâte contre les quantités de sable qui sont indiquées au tableau. Le meilleur résultat correspond à une partie de chaux contre deux parties de sable, et l'on remarque que ces trois derniers mortiers sont supérieurs aux trois premiers, ce qui me paraît tenir principalement à ce que ceux-ci avaient trop de sable.

Les numéros depuis 7 jusqu'à 11 sont faits avec de la chaux d'une autre fournée; on a augmenté le sable par quart, tandis que dans les expériences précédentes l'augmentation avait lieu par demie. Le meilleur résultat correspond encore à une partie de chaux en pâte contre deux parties de sable; il est possible qu'une moindre proportion de sable convienne mieux encore, car on voit que le n° 19, qui est de la chaux réduite en pâte sans aucune addition de sable, a donné un résultat qui est plus fort; mais comme ce n'est point de la chaux de la même fournée que celle dont je parle, j'ai placé cette expérience à la fin du tableau, afin que l'on ne soit pas exposé à tirer de fausses conclusions. J'étais loin de prévoir qu'il y eût de bonnes chaux hydrauliques qui ne comportaient que très peu de sable : sans cela j'aurais commencé ces séries d'expériences avec une quantité de sable beaucoup moindre.

Les numéros depuis 12 jusqu'à 16 sont des mortiers faits avec de la chaux hydraulique de Bouxviller, petite ville située au pied des Vosges, entre Haguenau et Saverne. Cette chaux a été traitée de la même manière que la chaux d'Obernai qui la précède dans le tableau. On voit que la chaux de Bouxviller peut supporter plus de sable que celle d'Obernai, et que le meilleur résultat correspond au dosage d'une partie de chaux mesurée en pâte contre deux parties et demie de sable. Cette chaux est de la même fournée que celle dont on s'est servi dans le tableau n° 3. En comparant les chiffres de ces deux tableaux, j'ai été surpris de voir que la même chaux ait supporté plus de sable à l'air que dans l'eau, ce qui est arrivé bien rarement dans le cours de mes expériences; j'ignore si cela tient à quelque circonstance particulière, ou si cela a lieu pour quelques chaux hydrauliques.

Les expériences n° 17 et 18 sont faites avec de la chaux d'Oberbronn, village situé au pied des Vosges, à gauche de la chaussée de Haguenau à Bitche. J'ai obtenu un très bon résultat avec une partie de cette chaux mesurée en pâte contre deux parties de sable; mais le n° 18 fait voir qu'en mettant dans le mortier deux parties et demie de sable, il a perdu près de la moitié de sa force. En faisant ces deux expériences avec la chaux d'Oberbronn, j'ai mis de côté un morceau de cette chaux, que j'ai éteinte avec le cinquième de son volume d'eau, afin de la réduire en poudre sèche. Je l'ai laissée dans cet état à l'air pendant quinze jours. Au bout de ce temps, j'en ai fait un mortier semblable au n° 17. Ce mortier s'est rompu sous le poids de 60 kilogrammes, au lieu de 135 supportés par le mortier fait avec la même chaux fraîchement éteinte. J'ai obtenu un résultat semblable avec la chaux de Bouxviller. Ainsi donc, toutes les chaux hydrauliques dont je me suis servi dans mes expériences à l'air, et dont j'ai parlé dans les tableaux ci-dessus, demandent à être employées très peu de temps après leur cuisson : sans cela elles perdent une grande partie de leur énergie, ainsi que cela a lieu lorsqu'on s'en sert dans l'eau.

Le n° 19 a été fait, comme je l'ai dit, avec de la chaux d'Obernai seule, réduite en pâte avec de l'eau. Lorsque j'ai vu la dureté que prenait cet hydrate, mon intention était de faire des expériences semblables avec d'autres chaux, dans le but de connaître si le sable ajouté pour la composition des mortiers diminuait toujours, ou pour quelques chaux seulement, la résistance de leurs hydrates; mais j'ai été obligé de quitter Strasbourg avant d'avoir pu m'occuper de ces essais.

26

CHAPITRE XIII.

EXPÉRIENCES DIVERSES SUR LES MORTIERS LAISSÉS A L'AIR.

Je vais présenter dans ce chapitre diverses expériences que j'ai faites sur les mortiers à l'air. Plusieurs sont la répétition de celles qui se trouvent dans le chapitre VII, dont les mortiers ont été mis dans l'eau.

TABLEAU N° 37.

COMPOSITION DU MORTIER.	3	[illegible]	[illegible]	[illegible]	[illegible]	[illegible]	[illegible]	[illegible]
Chaux d'Obernai éteinte en poudre humide avec un volume d'eau égal à celui de la chaux..... 1 | 3 Sable............. 2 | 3	kil. 100	kil. 95	kil. 75(1)	kil. 60	kil. 60	kil. 50	kil. 42	kil. 31

Observations sur les expériences du Tableau n° 37.

Les expériences ci-dessus ont été faites avec la même chaux et dans les mêmes proportions que celles du tableau n° 26, dont les mortiers ont été mis dans l'eau. Je renvoie donc, pour la manière dont j'ai opéré, à ce que j'ai dit sur le tableau n° 26.

Les mortiers à l'air se sont comportés comme ceux mis dans l'eau. Le mortier fait immédiatement a présenté à l'air une résistance un peu moindre que son correspondant du tableau n° 26 ; les autres ont donné des résultats à peu près semblables. Il est donc important de ne point éteindre les chaux hydrauliques avec trop d'eau, soit qu'on doive les employer à l'air ou dans l'eau, et l'on voit que la méthode proposée par M. de Lafaye a un grand inconvénient pour les chaux hydrauliques, en

(1) Ce mortier était fendu, ce qui a pu diminuer un peu sa résistance.

ce qu'il faudrait concasser les morceaux de chaux vive à peu près de même grosseur, ce qui est un travail assez long et dispendieux. Sans cela, les petits morceaux absorberaient beaucoup trop d'eau, pendant que les gros n'en auraient pas
pris assez.

TABLEAU N° 38.

NUMÉROS des MORTIERS.	COMPOSITION DES MORTIERS.	POIDS qu'ils ont supporté avant de se rompre.
1	Mortier fait par parties égales de chaux commune, de sable et de trass	65 ᵏⁱ.
2	Même mortier rebattu sans eau au bout de 12 heures	70
3	Même mortier rebattu avec un peu d'eau au bout de 12 heures. .	95
4	Même mortier rebattu avec un peu d'eau au bout de 24 heures. . .	90
5	Même mortier rebattu avec un peu d'eau au bout de 36 heures . .	75
6	Même mortier rebattu avec un peu d'eau au bout de 48 heures . .	85
7	Mortier de 1 partie de chaux d'Obernai et de 2 parties de sable. . .	70
8	Même mortier qui a été rebattu avec un peu d'eau au bout de 12 heures.	80

Observations sur les expériences du Tableau n° 38.

Ces expériences ont été faites avec la même chaux et d'une manière semblable
à celles qui se trouvent dans le tableau n° 28. Les six premiers mortiers correspondent à ceux n°° 1, 3, 4, 6, 8 et 10 du tableau n° 28, qui ont été mis dans l'eau.
J'avais fait des essais analogues avec la même chaux et du sable seulement; mais
comme je m'étois servi d'une chaux éteinte depuis quelque temps, je n'ai obtenu
que de faibles résultats. La plupart de ces mortiers n'ont pas pu supporter le poids
du plateau.

Si l'on compare le n° 2 du tableau ci-dessus avec le n° 1, on voit que le mortier
qui a été rebattu sans eau au bout de douze heures a peu gagné sur celui qui n'a pas
été rebattu; mais le n° 3, qui a été rebattu avec un peu d'eau, a beaucoup gagné.
Au bout de vingt-quatre heures, il m'a été impossible de rebattre le mortier n° 4
sans eau, attendu qu'il était devenu trop sec; j'ai donc été obligé de le mouiller
un peu comme le n° 3. On voit que j'ai eu à peu près le même résultat qu'au bout

de douze heures. Au bout de trente-six heures la dureté a été sensiblement plus faible, et au bout de quarante-huit heures elle est redevenue plus forte qu'au bout de trente-six, ce qui présente une anomalie dont je ne puis me rendre compte.

En comparant les résultats du tableau ci-dessus avec ceux du tableau n° 28 qui leur correspondent, on trouve que les résistances des mortiers qui ont été laissés à l'air sont sensiblement moins grandes que celles des mortiers mis dans l'eau. On voit aussi que dans les deux cas je n'ai pas obtenu un avantage marqué en rebattant les mortiers sans eau, mais qu'il y a une augmentation sensible de force lorsque les mortiers ont été rebattus avec un peu d'eau.

Les n°s 7 et 8 du tableau ci-dessus correspondent aux n°s 13 et 14 du tableau n° 28, et c'est la même chaux. Il y a encore beaucoup d'analogie dans la manière dont se sont comportés les mortiers laissés à l'air et ceux mis dans l'eau, c'est-à-dire que le mortier qui a été rebattu avec un peu d'eau au bout de douze heures a présenté une résistance sensiblement plus grande que celui qui n'a pas été rebattu. Si les résistances de ces tableaux sont en général un peu faibles, c'est que la chaux dont je me suis servi était éteinte en poudre depuis près de quinze jours.

Sur les ateliers, on était souvent obligé de rebattre les mortiers dans le courant de la journée lorsque le temps était chaud, attendu qu'il séchait très vite, et ne pouvait plus être employé dans l'état de dureté où il parvenait. On éprouvait le même effet après les heures de repos et lorsque de la pluie avait forcé d'interrompre le travail ; enfin il restait quelquefois du mortier qu'on n'avait pu employer le soir, et en été on le trouvait très dur le lendemain matin. Il aurait fallu employer beaucoup de bras pour rebattre ce mortier à sec avant de lui donner un degré de mollesse suffisant. On y a toujours ajouté un peu d'eau en le passant de nouveau sous le rabot, lorsque pour une cause quelconque il était devenu trop sec. Les remarques précédentes font voir que cette manière d'opérer n'a point d'inconvénient. Il y a sans doute une limite, soit pour la quantité d'eau à ajouter au mortier, soit pour le temps qu'on peut laisser écouler avant de le rebattre. Je me proposais de faire de nouvelles expériences dans le but de résoudre ces questions, mais je n'en ai pas eu le temps. Celles que je viens de citer sont à peu près suffisantes, et elles prouvent que l'opinion d'après laquelle on répète que les mortiers doivent être faits *avec la sueur des hommes* est un préjugé qui induit inutilement à beaucoup de dépenses. L'essentiel est que la chaux et les matières qu'on y ajoute pour faire le mortier soient bien mélangées, et cette opération se fait beaucoup plus facilement lorsqu'on mouille suffisamment le mortier.

TABLEAU.

TABLEAU N° 39.

NUMEROS des MORTIERS.	COMPOSITION DES MORTIERS.		POIDS qu'ils ont supporté avant de se rompre.
1	Chaux d'Obernai éteinte en poudre avec ⅓ de son volume d'eau, en la laissant à l'air. . . . . 1 Sable. 2	} 3	70 kil.
2	Chaux *idem* éteinte en poudre avec ⅓ de son volume d'eau, en la couvrant de son sable. . . . . 1 Sable. 2	} 3	70
3	Chaux *idem* éteinte en la plongeant dans l'eau pendant 50 secondes . . . . 1 Sable 2	} 3	60

Observations sur les expériences du Tableau n° 39.

Ces expériences sont la répétition de celles qui ont été décrites dans le tableau n° 25, et elles sont faites avec la même chaux. Les résultats sont semblables à ceux donnés par les mortiers qui ont été mis dans l'eau ; seulement ils sont un peu plus faibles. La comparaison des n° 1 et 2 fait voir qu'il n'y a point d'avantage à éteindre la chaux en la recouvrant de son sable. Cette manière s'appelle, comme je l'ai dit, *à l'étouffée*, et plusieurs constructeurs avaient pensé que la vapeur qui s'échappait pendant l'extinction avait de grandes propriétés.

Le mortier n° 3 du tableau n° 39 est fait avec la même chaux que le n° 3 du tableau n° 25, et j'ai employé pour éteindre cette chaux le procédé recommandé par M. de Lafaye, qui consiste à plonger la chaux vive dans l'eau. La résistance a été moindre que celle du n° 1, dont la chaux a été éteinte en y versant un peu d'eau. Cela me paraît tenir à ce que le morceau de chaux, étant petit, aura absorbé trop d'eau, et comme la chaux est restée douze heures dans cet état, elle aura perdu de sa force, car il résulte des tableux n° 26 et 37 que de la chaux éteinte en poudre humide perd déjà un peu de son énergie lorsqu'elle est laissée douze heures exposée à l'air.

TABLEAU.

TABLEAU N° 40.

NUMEROS des MORTIERS.	COMPOSITION DES MORTIERS.		POIDS qu'ils ont supporté avant de se rompre
1	Chaux commune mouirée en pâte. . . . . 1 Ciment de briques peu cuites. . . . . $2\frac{1}{2}$	$3\frac{1}{2}$	135
2	Chaux *idem* . . . . 1 Ciment de briques bien cuites . . . . $2\frac{1}{2}$	$3\frac{1}{2}$	63
3	Chaux *idem* . . . . 1 Ciment de tuileau peu cuit. . . . . $2\frac{1}{2}$	$3\frac{1}{2}$	113
4	Chaux *idem* . . . . 1 Ciment de tuileau bien cuit. . . . . $2\frac{1}{2}$	$3\frac{1}{2}$	45
5	Chaux *idem* . . . . 1 Ciment du n° 3 qu'on a fait recuire pendant 6 heures. $2\frac{1}{2}$	$3\frac{1}{2}$	0

Observations sur les expériences du Tableau n° 40.

Les expériences ci-dessus sont du même genre que celles du tableau n° 16, dont les mortiers ont été mis dans l'eau. Les mortiers laissés à l'air se sont comportés comme ceux mis dans l'eau, c'est-à-dire que ceux faits avec des ciments de briques et de tuileaux peu cuits ont donné une résistance beaucoup plus grande que ceux qui contenaient les mêmes ciments plus cuits. On voit aussi que le ciment du n° 5, ayant été recuit pendant six heures en le tenant au rouge, a donné avec la même chaux un mortier qui n'avait aucune consistance. Les ciments de ces essais ainsi que ceux du tableau n° 16 contenaient une assez grande quantité de chaux. Les résistances des mortiers laissés à l'air sont encore un peu moins grandes que celles des mortiers mis dans l'eau.

TABLEAU.

TABLEAU N.° 41.

NUMÉROS des MORTIERS.	COMPOSITION DES MORTIERS.		POIDS qu'ils ont supporté avant de se rompre.
1	Chaux commune mesurée en pâte . . . . 1 Ciment. 2½	} 3½	60 $^{kil.}$
2	Chaux *idem*. . . . . 1 Ciment du n.° 1 recuit pendant une demi-heure 2½	} 3½	75
3	Chaux *idem* . . . . 1 Ciment du n.° 1 recuit pendant une heure 2½	} 3½	125
4	Chaux *idem* . . . . 1 Ciment du n.° 1 recuit pendant deux heures 2½	} 3½	140

Observations sur les expériences du Tableau n° 41.

Ces expériences correspondent à celles du tableau n° 17, c'est-à-dire qu'après avoir pris des ciments d'une briqueterie qui donnaient des résistances d'autant moindres que les ciments étaient plus cuits, comme dans les tableaux n° 16 et 40, on en a trouvé qui donnaient des résultats tout-à-fait opposés, comme dans les tableaux n°' 17 et 41. En effet, les mortiers de ces deux derniers tableaux ont donné, à l'eau et à l'air, des mortiers d'autant meilleurs que les ciments ont été plus cuits. En parlant des tableaux n°' 16 et 17, j'ai dit que cela tenait à ce que les ciments du tableau n° 16 contenaient beaucoup de chaux, tandis que ceux du tableau n° 17 n'en contenaient presque point. Or les ciments des tableaux n°' 40 et 41 étaient les mêmes que ceux des tableaux n°' 16 et 17, et il en est résulté à l'air des effets absolument semblables. La comparaison de ces quatre tableaux conduit à une conclusion importante: c'est que les ciments qui donnent de bons résultats avec les chaux communes dans l'eau en donnent aussi de bons lorsque ces mortiers sont exposés à l'air; et s'ils sont mauvais dans le premier cas, ils le sont également dans le second. D'où il suit que, pour connaître si les ciments que l'on veut employer à des mortiers qui doivent être exposés à l'air donneront de bons résultats, on doit les essayer avec les chaux communes dans l'eau, en suivant le procédé que j'ai indiqué dans la première section. On pourra être certain que les ciments qui n'ont pas la propriété de faire durcir les chaux communes dans l'eau ne donneront pas, à l'air, de meilleurs résultats que si l'on n'employait que du sable dans les mortiers. Au contraire, plus les ciments seront hydrauliques, mieux ils vaudront pour être employés à l'air. On ne doit donc pas négliger de faire les essais dont je viens de parler, car ils sont d'une grande importance pour la solidité des maçonneries exposées à l'air.

TABLEAU N° 42.

NUMÉROS des MORTIERS.	COMPOSITION DES MORTIERS.	POIDS qu'ils ont supporté avant de se rompre.
1	Chaux d'Obernai seule, réduite en pâte.	147 kil.
2	Chaux de Verdt *idem*.	45
3	Chaux de Metz *idem*.	54
4	Chaux des galets de Boulogne *idem*.	45
5	Mortier de 1 partie de vieille chaux grasse coulée, mesurée en pâte, et 2 parties de pouzzolane.	195
6	Mortier de 1 partie de chaux *idem* et 2 parties de trass.	205
7	Mortier de 1 partie de chaux *idem* et 2 parties de ciment de Sufflenheim	195
8	Mortier de 1 partie de chaux *id.*, 1 de sable et 1 de ciment de Sufflenheim	165
9	Mortier de 1 partie de chaux *idem* et 2 parties de scories de forges.	25
10	Mortier de 1 partie de chaux *id.*, 1 de sable et 1 de ciment de Paris.	0
11	Mortier de 1 partie de chaux grasse vive mesurée en pâte, et 2 parties de sable ordinaire.	35
12	Mortier de 1 partie de chaux *id.*, et 2 parties de sable ordinaire broyé fin.	55
13	Mortier de 1 partie de chaux d'Obernai mesurée en pâte, et $2\frac{1}{2}$ de sable ordinaire	85
14	Mortier de 1 partie de chaux *idem*, et $2\frac{1}{2}$ de sable ordinaire broyé fin.	125 (1)
15	Mortier de 1 partie de chaux vive peu cuite mesurée en pâte, et 2 parties de sable	-10
16	Mortier de 1 partie de chaux de Lixen en pâte, et 2 parties de sable terreux.	-10
17	Mortier de 1 partie de chaux *idem*, et 2 parties de sable de rivière.	65
18	Mortier de 1 partie de chaux *idem* et 2 parties de sable terreux lavé.	80
19	Mortier de 1 partie de chaux de Dosenheim et 2 parties de sable terreux.	-10
20	Mortier de 1 partie de chaux *idem* et 2 parties de sable de rivière.	60
21	Mortier de 1 partie de chaux *idem* et 2 parties de sable terreux lavé.	80

(1) Ce mortier était fendu, ce qui a dû diminuer un peu sa résistance.

Observations sur les expériences du Tableau N° 42.

Le tableau ci-dessus renferme des expériences diverses dont je vais donner l'explication.

Les n°° 1, 2, 3 et 4, sont des chaux éteintes peu après leur calcination, et qu'on a réduites en pâte, en leur donnant une quantité d'eau suffisante. Ces hydrates de chaux ont été, comme les mortiers qui suivent, placés dans une cave et rompus au bout d'un an. L'hydrate de chaux d'Obernai sous le n° 1 a été très bon. Le n° 2 est de l'hydrate de chaux de Verdt et a donné un résultat très faible : cela m'a étonné, d'après celui que j'avais obtenu en plaçant cet hydrate dans l'eau. On a vu, dans le tableau n° 3, que la résistance de cet hydrate avait été de 220 kilogrammes. Comme c'est de la chaux d'une autre fournée, je présume que je me serai servi en second lieu d'un morceau très peu hydraulique. Le n° 3, qui est de la chaux de Metz, s'est trouvé également faible. J'ai déjà dit que j'avais fait peu d'expériences avec cette chaux, et qu'il est possible que la petite quantité qu'on m'a envoyée se soit trouvée par hasard médiocrement hydraulique. Le n° 4 est de la chaux provenant des galets de Boulogne, qui a été traitée de la même manière que celles qui précèdent. La résistance obtenue est également faible, et l'on a vu (tableau n° 8) qu'excepté une seule expérience faite avec cette chaux fortement calcinée, toutes avaient supporté de faibles poids. La chaux du n° 4 ci-dessus n'avait reçu qu'un degré de calcination ordinaire.

Les n°° 5, 6, 7, 8, 9 et 10, sont des mortiers faits avec de la vieille chaux grasse coulée depuis cinq ans, pour la construction de la Comédie. Le dosage a été d'une partie de cette chaux en pâte contre deux parties des substances indiquées au tableau. Le mortier n° 5, composé de cette chaux et de pouzzolane, a donné un très bon résultat. Le n° 6, fait de la même manière avec du trass, a donné une résistance un peu plus forte qu'avec de la pouzzolane. Le mortier n° 7, composé avec du ciment hydraulique de Sufflenheim, a donné une résistance égale à celle obtenue avec la pouzzolane. Le mortier n° 8, fait avec parties égales de sable et de ciment de Sufflenheim, a supporté un poids un peu moindre que le n° 7, dans lequel il n'entrait que du ciment. Le n° 9 est fait de la même manière que les mortiers précédents, mais en employant des scories de forges. Je me suis assuré que ces scories ne contenaient presque point d'argile, et c'est à cela que j'attribue le mauvais résultat obtenu. J'ai dit dans la première section qu'avec les cendrées de Tournai et des forges de Boulogne, on fabriquait de très bons mortiers, et que cela tenait à ce que les houilles que l'on brûle dans les forges de ce pays renfermaient une assez grande quantité d'argile, qui se trouvait calcinée à un courant d'air par la combustion de la partie charbonneuse de ces houilles. On ne doit donc pas employer les scories de forges ou les cendrées des fourneaux, pour les mortiers à l'air, avant de s'être assuré si ces matières ont la propriété de faire durcir les chaux communes dans l'eau.

Le n° 10 est un mortier composé d'une partie de chaux commune mesurée en pâte, d'une de sable et une de ciment de Paris. Ce ciment provient de la fabrique de M. de Saint-Léger; c'est le même dont je me suis servi pour les mortiers à l'eau. On a vu à la page 128 que deux mortiers faits avec ce ciment avaient promptement durci dans l'eau, mais qu'ils s'étaient fendus tous les deux. Le mortier fait avec une partie de chaux et deux parties de ciment avait supporté 85 kilogrammes, et celui fait avec chaux, sable et ciment, n'en avait supporté que 45. J'ai été bien surpris du mauvais résultat du mortier n° 10 du tableau n° 42; il avait si peu de consistance qu'il se broyait facilement entre les doigts. J'attribue ce mauvais effet à la grande quantité de chaux que M. de Saint-Léger mélange avec les argiles pour faire son ciment. Il se peut du reste que ce ciment ait été trop cuit. Quelques essais isolés me portent à croire que les ciments faits avec les argiles qui contiennent environ un dixième de chaux sont moins propres aux mortiers à l'air qu'à ceux qui doivent être plongés dans l'eau; il paraît aussi qu'ils comportent peu de sable dans la composition des mortiers. Je me proposais de faire des expériences pour constater ce fait d'une manière positive, mais je n'en ai pas eu le temps. Mon départ de Strasbourg m'a également empêché de répéter avec les ciments des diverses argiles des environs de cette place des expériences analogues à celles que j'ai faites pour les mortiers à l'eau. Cependant ces divers essais me portent à penser que, dans la confection des pouzzolanes artificielles destinées aux mortiers qui doivent être exposés à l'air, la présence de la chaux dans les argiles que l'on doit calciner est encore plus nuisible que lorsque ces mortiers doivent être plongés dans l'eau. On doit donc choisir des argiles qui ne contiennent point de chaux, ou du moins qui n'en contiennent que quelques centièmes.

Les n° 11 et 12 sont des mortiers faits avec de la chaux commune réduite en pâte peu après sa calcination. Le n° 11 est dosé d'une partie de cette chaux mesurée en pâte contre deux parties de sable ordinaire. Le n° 12 n'en diffère qu'en ce qu'on s'est servi du même sable broyé très fin. On voit que le résultat est beaucoup meilleur avec le sable fin. Les n° 13 et 14 sont des expériences semblables faites avec de la chaux d'Obernai. Avec le sable fin, la résistance a également été beaucoup plus grande, quoique ce mortier se soit trouvé fendu, ce qui a dû diminuer sa force. On a vu, dans le tableau n° 29, que les mortiers à l'eau ont donné un résultat absolument semblable. On doit donc en conclure que, pour les mortiers à l'eau comme pour ceux à l'air, il est préférable de se servir de sable fin, malgré l'opinion contraire de plusieurs constructeurs.

On trouve assez souvent d'anciens mortiers qui sont très durs et qui contiennent une grande quantité de graviers gros comme des pois. On cite quelquefois ce fait pour prouver qu'il vaut mieux employer du gros sable dans les grosses maçonneries, mais ce raisonnement n'est point juste. Ces sortes de mortiers sont réellement une espèce de béton; les graviers qui s'y trouvent ne peuvent avoir aucune influence sur la bonté du mortier. Mais si ces graviers sont mêlés avec du sable fin (ainsi que cela a souvent lieu), et que la chaux soit hydraulique, alors on obtiendra un très bon mortier, dont la qualité dépendra de la chaux dont on s'est servi.

Le n° 15 est un mortier fait avec de la chaux qui a été peu cuite en la plaçant dans le four au-dessus des tuiles : c'est la même chaux dont je me suis servi pour le mortier mis dans l'eau sous le n° 8, tableau n° 29. On voit que je n'ai obtenu que de mauvais mortiers par ce moyen, soit à l'eau, soit à l'air.

Les n° 16, 17 et 18, sont des mortiers faits avec une chaux moyennement hydraulique, tirée du village de Lixen, proche Phalsbourg, et trois espèces de sable. Le n° 16 est composé d'une partie de cette chaux mesurée en pâte contre deux parties de sable de carrière des environs, qui est très terreux. Le mortier qui en est résulté avait si peu de consistance qu'il n'a pas pu supporter le poids du plateau. Le n° 17 est dosé de même avec du sable de rivière que l'on tire de la Zorn, proche Saverne : la résistance est passable. Le mortier n° 18 est encore dosé de même avec le sable terreux du n° 16, que l'on a eu soin de laver afin de le débarrasser de la terre qu'il contenait. On voit que ce mortier est bon, et supérieur au mortier de sable de rivière.

Les n° 19, 20 et 21, sont des répétitions des trois expériences précédentes; mais elles sont faites avec une autre chaux tirée du village de Dosenheim, qui est aussi moyennement hydraulique. Les mortiers de chaux de Dosenheim, comme ceux de Lixen, prouvent que les sables terreux ne peuvent produire que de très mauvais mortiers, mais qu'étant lavés, ils deviennent supérieurs au sable de rivière. J'ai été conduit à faire ces expériences, en 1823, parce qu'il n'y a aux environs de Phalsbourg que du sable de carrière qui contient moitié sable et moitié terre. Lorsqu'on avait un ouvrage soigné à faire, on était obligé d'aller chercher du sable de rivière de l'autre côté des Vosges, dans la rivière de la Zorn. Il revenait à 6 fr. 67 cent. le mètre cube; ce prix élevé empêchait de l'employer aux maçonneries des revêtements, et on les a faites avec le sable terreux des environs : il en est résulté que les maçonneries de cette place ont exigé de grandes réparations, et, en les reconstruisant, on a reconnu que les dégradations provenaient de la mauvaise qualité des mortiers.

Lorsque les résultats des dernières expériences ci-dessus m'ont été connus, je n'ai fait employer à Phalsbourg que du sable de carrière lavé. Il faut deux mètres cubes de sable terreux pour en produire un de lavé; 0,62 de journée de manœuvre suffisent au lavage d'un mètre cube : on peut l'avoir ainsi à moins de 3 fr., ce qui est une diminution de plus de moitié relativement au sable de rivière.

Pour opérer en grand le lavage du sable, on peut s'y prendre de la manière suivante : on fera un bassin en maçonnerie de deux à trois mètres de largeur sur quatre à cinq de longueur ; la hauteur des murs du contour sera de 0^m,75 environ, à l'exception du devant, où le mur n'aura que 0^m,35 de hauteur; le fond sera pavé en dalles; ce bassin sera établi à proximité d'un ruisseau si cela se peut, et dans le cas contraire on construira un puits à proximité. On étendra alors sur le fond une couche de sable d'environ 0^m,30, puis on placera sur le petit mur du devant une poutrelle de 0^m,40 de hauteur, laquelle sera encastrée dans deux rainures pratiquées dans les murs latéraux. On remplira alors le bassin d'eau en y introduisant celles du ruisseau, ou en se servant d'une pompe adaptée au puits, et deux ou trois manœuvres remueront bien le sable avec des rabots. Au bout du temps reconnu nécessaire pour laisser précipiter le sable, on enlèvera rapidement la poutrelle, et toute l'eau chargée de terre s'écoulera promptement; on replacera la poutrelle, et l'on remplira de nouveau le bassin d'eau. La même opération sera répétée jusqu'à ce qu'on voie qu'en remuant le sable l'eau ne devient presque plus trouble; on enlèvera alors le sable, qu'on laissera sécher, et on procédera au lavage d'une nouvelle quantité de sable.

On pourrait, par économie, construire le bassin en madriers : c'est ainsi qu'il a été fait à Phalsbourg. Il a 2^m de longueur, 1^m,30 de largeur et 0^m,65 de profondeur. On n'a laissé sur le devant qu'une petite ouverture de 0^m,35 de hauteur sur 0^m,25 de largeur. Cette ouverture est trop petite pour faire écouler les eaux promptement. Il vaut mieux placer une poutrelle sur toute la largeur du bassin, afin d'obtenir un écoulement rapide des eaux chargées de terre.

Les six dernières expériences du tableau n° 42 font voir combien il est important de n'employer, pour la confection des mortiers, que du sable qui ne soit pas terreux; mais, avant de le laver, il est nécessaire de s'assurer, par les moyens que j'ai indiqués, si ces sables ne sont pas des arènes.

CHAPITRE XIV.

OBSERVATIONS SUR LES MORTIERS EXPOSÉS A L'AIR.

Il résulte de l'ensemble des expériences présentées dans les chapitres x, xi et xii, qu'en exposant à l'air des mortiers composés de chaux grasse anciennement coulée et de sable, je n'ai obtenu aucun résultat satisfaisant, tandis que j'en ai obtenu de passables avec du sable et la même espèce de chaux récemment éteinte. La résistance de ceux-ci a été de 31, 35 et 45 kilogrammes, tandis que les autres n'ont jamais pu supporter un poids quelconque, de quelque manière que je m'y sois pris pour les fabriquer. Je ne puis cependant prendre une conclusion générale et conseiller de renoncer à couler les chaux grasses dans des fosses pour les conserver, parce que je n'ai point fait assez d'expériences pour prononcer sur cet objet, qui est d'une grande importance. Il faudrait répéter ces essais dans divers pays, afin d'opérer sur diverses espèces de chaux grasses, avant de proscrire cette méthode, qui peut être très mauvaise pour certaines chaux et ne pas l'être pour d'autres. J'ignore depuis quelle époque on a coulé la chaux grasse dans les fosses. On a pu être porté à employer cette méthode à cause du foisonnement considérable que l'on obtient en la traitant de la sorte; mais je ne sache pas que ce procédé ait été employé par les anciens. Vitruve nous a laissé un ouvrage d'architecture, dans lequel il donne beaucoup de détails sur la manière dont les Romains faisaient leurs constructions. On trouve dans cet auteur, traduit par l'architecte Perrault, le passage suivant, extrait du livre II, chapitre v : « Quand la chaux sera éteinte, il la faudra mêler « avec le sable, en telle proportion qu'il y ait trois parties de sable de cave, ou deux « parties de sable de rivière ou de mer, contre une de chaux : car c'est la plus juste « proportion de leur mélange, qui sera encore beaucoup meilleur si on ajoute au « sable de mer ou de rivière une troisième partie de tuileaux pilés et sassés. »

On ne voit rien dans ce passage qui indique le procédé d'extinction; mais il est certain que les Romains ont fait un grand emploi des chaux hydrauliques, puisqu'il nous reste d'eux beaucoup de monuments faits dans des pays où l'on trouve beaucoup de ces sortes de chaux : telles sont les constructions qu'ils nous ont laissées sur les bords de la Moselle et dans plusieurs contrées de la France. Or ces chaux n'ont point pu être coulées; et, s'il avait été d'usage de les éteindre autrement que les chaux grasses, Vitruve en aurait sans doute parlé. Il me paraît donc probable que les Romains employaient les chaux grasses comme les chaux hydrauliques, c'est-à-dire immédiatement après leur cuisson. Cela est d'autant plus vraisemblable que Vitruve engage, lorsqu'il s'agit de faire du stuc, de n'employer que de la chaux éteinte depuis long-temps. Voici ce qu'il dit à ce sujet, dans son livre VII, chapitre II : « Après avoir recherché tout ce qui appartient au pavé, il faut expliquer « ce qui est nécessaire pour faire le stuc. En cela, le principal est que les pierres de « chaux soient éteintes depuis long-temps, afin que, s'il y a quelque morceau qui « ait été moins cuit que les autres dans le fourneau, il puisse, étant ainsi éteint à « loisir, se détremper aussi aisément que ceux qui ont été parfaitement cuits : car, « dans la chaux qui est employée en sortant du fourneau, et devant qu'elle soit « suffisamment éteinte, il reste quantité de petites pierres moins cuites, qui font « sur l'ouvrage comme des pustules, parce que, ces petites pierres venant à s'étein- « dre plus tard que le reste de la chaux, elles rompent l'enduit et en gâtent toute la « polissure. » Il me semble que la précaution d'éteindre la chaux long-temps d'avance est ici recommandée comme exception, et que, pour les mortiers des maçonneries, les Romains employaient toutes les chaux à leur sortie du four. Il est remarquable que le même auteur enseigne, dans le premier passage que j'ai cité, de mêler au mortier une partie de tuileaux pilés et sassés, en observant qu'il sera beaucoup meilleur.

On a vu que mes expériences ont été peu favorables aux procédés indiqués par MM. Loriot et Lafaye : c'est tout-à-fait à tort qu'on les avait donnés, dans le principe, comme des secrets retrouvés des Romains. Du reste, depuis long-temps déjà, ces procédés étaient justement tombés en discrédit.

Quant à l'opinion que la dureté des mortiers est due à la régénération de l'acide carbonique, j'ai fait voir que, d'après les analyses faites par MM. Darcet et John, plusieurs mortiers anciens, quoique très durs, ne contenaient cependant qu'une faible portion de l'acide carbonique nécessaire à la saturation de la chaux. On a cité que les Italiens vendent de nos jours de petites boîtes et des tabatières qu'ils font avec d'anciens mortiers romains ; mais on a remarqué qu'ils n'employaient à cet usage que les parties extérieures des mortiers dans lesquels la chaux était passée à l'état de carbonate, tandis que l'intérieur présente souvent très peu de consistance.

En examinant les mortiers des Romains, on remarque qu'ils ont souvent une grande dureté, quoiqu'on reconnaisse que le mélange a été évidemment fait avec très peu de soin. On doit donc attribuer à d'autres causes la dureté que l'on remarque dans quelques mortiers anciens : car, ainsi que je l'ai dit, tous ces mortiers ne sont pas à beaucoup près également durs.

Pour expliquer la dureté des mortiers romains, il suffira, je pense, de jeter les yeux sur les tableaux nᵒˢ 36, 40, 41 et 42. Le tableau nᵒ 36 présente des mortiers faits avec de la chaux hydraulique et du sable. Ces mortiers, exposés à l'air pendant un an seulement, ont cependant présenté une grande ténacité. Les tableaux nᵒˢ 40, 41 et 42, contiennent également de très bons mortiers faits avec de la chaux grasse, de la pouzzolane, du trass et divers ciments. L'emploi du ciment date d'une haute antiquité, car les constructions des Romains et des Égyptiens en contiennent souvent. Ceux qui veulent trouver la solution de cette question ailleurs que dans la qualité des chaux ou des ciments objectent qu'il y a des restes d'anciennes constructions qui paraissent avoir été faites avec de la chaux commune, puisqu'elles existent dans des pays où l'on ne connaît point de chaux hydrauliques ni de pouzzolanes, et que leurs mortiers n'ont point l'apparence de ceux qui ont été faits avec des ciments. J'observerai à cet égard que, si l'on examine les deux tableaux qui se trouvent aux pages 149 et 150, lesquels contiennent les analyses de différentes pierres à chaux, on verra que plusieurs chaux, qui sont rangées parmi les chaux grasses, contiennent néanmoins de petites quantités d'argile. Si elles n'en contiennent point assez pour durcir promptement dans l'eau, elles doivent néanmoins produire de bien meilleurs mortiers à l'air que les chaux qui en sont tout-à-fait dépourvues. D'un autre côté, on a remarqué qu'il se trouvait assez souvent des pierres à chaux hydrauliques disséminées dans des bancs de pierres à chaux communes. Enfin, la belle observation de M. Girard sur les propriétés hydrauliques des arènes, explique facilement comment on a pu faire de très bons mortiers avec des chaux grasses. J'observerai en outre que les Romains ont fait dans tous les pays qu'ils ont occupés une grande quantité de constructions dont une partie seulement est parvenue jusqu'à nous : ce sont celles dont les mortiers ont été faits avec de bons matériaux. Saint Augustin se plaignait de la manière dont on faisait le mortier de son temps ; on trouve les mêmes plaintes dans Pline ; il dit, chapitre XXIII : « Ce qui cause la « ruine de la plupart des édifices de cette ville (de Rome), c'est que les ouvriers « emploient par fraude pour la construction des murs de la chaux qui a perdu sa « qualité (1). » On voit donc que tous les mortiers des Romains n'étaient pas bons. Quant à moi, je suis convaincu que, si l'on examine avec attention les mortiers des anciennes constructions qui sont parvenues jusqu'à nous, on reconnaîtra qu'ils ont été faits ou avec de la chaux hydraulique et du sable, ou bien avec de la chaux grasse et du sable mélangé avec du ciment ou avec des arènes ; en un mot, que ces mortiers ont tous les éléments qui forment les bons mortiers hydrauliques.

Nous sommes dans l'habitude de composer nos mortiers de chaux grasse et de sable ; les expériences ci-dessus font voir que c'est un grand tort : aussi nos maçonneries ont-elles peu de durée. On n'obtiendra de maçonneries durables à l'air que

---

(1) On est porté à croire, d'après ce passage, que Pline se plaint de ce que l'on n'employait pas la chaux peu de temps après la calcination.

lorsqu'elles seront faites avec du mortier hydraulique. Dans les pays où l'on trouve de la bonne chaux hydraulique naturelle, on ne doit point en employer d'autre, pour quelque usage que ce soit. Pour les maçonneries ordinaires, le mortier doit alors être fait avec cette chaux et du sable seulement. Dans les contrées où il n'y a pas de chaux hydrauliques naturelles, mais où l'on trouve de bonnes arènes, le mortier doit être fait avec la chaux grasse et cette substance : dans ces deux circonstances, le mortier reviendra à bon marché. Il n'y a de difficultés que pour les pays où l'on ne trouve ni chaux hydrauliques ni arènes : alors il faut se déterminer à augmenter un peu la dépense, et faire le mortier avec de la chaux grasse, du sable et du ciment hydraulique. Pour concilier autant que possible l'économie avec la solidité, on pourra faire le dosage d'une partie de chaux grasse mesurée en pâte, une et demie de sable et une demie de ciment hydraulique, dans le cas où une partie de chaux grasse en pâte en demanderait deux de sable et de ciment. (On aura par ce moyen un bon mortier, d'après les résultats de dosages semblables, faits avec du trass, et qui se trouvent dans le tableau n° 27.) Le dosage du ciment hydraulique, dans la proportion que je viens d'indiquer, serait employé pour les grosses maçonneries : pour les ouvrages soignés, on composerait le mortier de sable et de ciment par parties égales. J'ai dit que le dosage proposé pour les grosses maçonneries augmenterait un peu la dépense ; mais lors même qu'elle devrait être plus considérable, il est certainement beaucoup plus économique de faire de suite la dépense nécessaire pour obtenir des maçonneries susceptibles d'une longue durée que d'y mettre un peu moins de frais et d'être obligé de les refaire un siècle ou deux après. Un gouvernement doit construire pour la postérité, et je ne doute pas qu'on ne parvienne à ce résultat en faisant toutes les maçonneries avec du mortier hydraulique, de l'une des manières que j'ai indiquées.

Les officiers du génie ont souvent à faire des souterrains dans les places de guerre. Le mortier des maçonneries de ces constructions n'est ordinairement composé que de chaux grasse et de sable. Pour s'opposer aux filtrations et à l'humidité, on se contente de placer une chape en mortier hydraulique sur ces voûtes ; mais l'expérience fait voir que les chapes ne suffisent point, et qu'elles sont souvent traversées par les eaux, surtout lorsqu'elles sont faites avec de mauvais ciments : j'en ai cité un exemple à la page 114, et j'aurais pu en citer beaucoup d'autres. Lors même que les chapes sont faites avec du bon mortier, il peut encore arriver qu'il y ait de l'humidité dans les souterrains, et que les voûtes soient traversées par les eaux : car on a vu à la page 182 que les mortiers faits avec de la chaux grasse ne séchaient pas toujours complétement, même au bout d'un siècle, lorsque les maçonneries sont épaisses. Cet effet a lieu à plus forte raison lorsque les maçonneries sont couvertes de terre, comme celles des souterrains. Les culées laissent donc presque toujours suinter l'eau provenant de l'humidité des terres, quand même il n'en passe point à travers la chape. D'ailleurs, par l'effet de la charge considérable que supportent souvent ces voûtes, les maçonneries faites avec un mortier qui ne durcit que très lentement, se tassent et les chapes se gercent, ce qui donne lieu à des filtrations. Le seul moyen d'obvier à ces inconvénients est de construire avec du mortier hydraulique toutes les maçonneries des souterrains. On aura le grand avantage d'avoir un prompt durcissement; le tassement sera par conséquent peu sensible, et les gerçures seront moins à craindre; les culées ne laisseront point filtrer l'humidité, et lors même qu'il y aurait quelques gerçures dans les chapes, les eaux pénétreraient difficilement à travers la masse des voûtes faites en mortier hydraulique.

Je ne m'étends point sur la manipulation des mortiers à l'air: elle doit être la même que celle donnée dans la première section pour les mortiers que l'on veut employer dans l'eau.

CHAPITRE XV.

DES PIERRES FACTICES ET DES BÉTONS A L'AIR.

M. Fleuret, ancien professeur d'architecture à l'école royale militaire, dont j'ai déjà eu occasion de parler, a publié, en 1807, un ouvrage sur l'art de composer des pierres factices. On y trouve ce passage, à la page 12 : « L'art de bâtir en « pierres factices est très ancien ; il a été en usage, pendant des siècles, chez les « Babyloniens, les Egyptiens, les Grecs et les Romains, et il s'est conservé en « Barbarie et chez les Indiens malabares.

« Suivant Pline, les colonnes qui ornaient le péristyle du labyrinthe d'Egypte « étaient de pierres factices, et ce vaste édifice existait depuis trois mille six cents « ans. La pyramide de Ninus n'est formée que d'un seul et même bloc. Les pierres « énormes qui composent les grandes et fortes murailles que l'on a élevées dans « l'empire de Maroc, comme le rapporte M. l'abbé de Marsi, d'après les écrivains « qu'il cite, la pierre carrée qui formait le tombeau de Porsenna, dont parlent « Varron et Pline, et qui avait trente pieds de largeur sur cinq pieds de hauteur, « ont été composées de la même manière que la pyramide de Ninus, et nous portent « à croire que ces monuments ne doivent leur existence et leur conservation qu'à « des procédés aussi simples que faciles, qui réunissaient les avantages de la solidité « et de l'économie.

« Toutes les pierres factices d'un volume aussi considérable ont été fabriquées « par encaissement, en observant le procédé de la massivation, c'est-à-dire que « dans les grandes murailles qui en sont construites elles ont été formées les unes « sur les autres, en battant les matières entre des planches avec des pilons, comme « je l'expliquerai dans cet ouvrage. »

M. Rondelet rapporte dans sa préface que les colonnes du chœur de l'église de Vézelay, en Bourgogne, ont été reconnues de pierres factices par le maréchal de Vauban, et que les piliers de l'église Saint-Amand, en Flandre, sont faits de la même manière.

Je n'ai pas été à même de reconnaître si des blocs de pierres qui frappent par leur masse sont factices : cette question ne pourrait être bien résolue qu'en faisant l'examen de ces massifs sur les lieux. Il est possible que plusieurs des gros blocs que l'on cite soient factices ; mais on ne peut guère croire que, dans une muraille formée de grosses pierres placées les unes sur les autres, ces pierres soient factices, car il me semble qu'il serait beaucoup plus difficile de construire une muraille de la la sorte que de la faire tout entière d'une seule pièce. On éviterait de remuer et de transporter des masses d'une pesanteur énorme. Je ne doute nullement que l'on puisse fabriquer des pierres factices de dimensions très grandes, car tout se réduit à faire du bon mortier ; néanmoins il me paraît raisonnable de ne point admettre des faits pareils à ceux cités ci-dessus sans un examen approfondi.

Les Italiens font à Alexandrie de bonnes pierres factices avec la chaux de Casal, et on les emploie pour pierres d'angles ; elles ont $1^m,40$ de longueur sur $0^m,80$ de largeur et autant de hauteur ; on les enfouit dans de la terre pendant deux ou trois ans, et elles ont alors une grande dureté. On fabrique ces pierres factices de la manière suivante : pour un mètre cube, on met $0^m,24$ de chaux de Casal mesurée en pâte et $0^m,90$ de sable. On mélange bien le tout avec la quantité d'eau nécessaire pour former une pâte, et l'on y ajoute ensuite $0^m,20$ de cailloux : ainsi ces pierres factices sont de véritables bétons. Leur bonté dépend de la qualité du mortier que l'on emploie à les faire. Voici la manière dont M. Fleuret propose de fabriquer le mortier qui doit servir à la composition des pierres factices.

Il éteint sa chaux par immersion, d'après le procédé de M. Lafaye, auquel il attache une grande efficacité. Lorsqu'elle est éteinte en poudre sèche, on la place dans un lieu sec, enfermée dans des tonneaux couverts avec des paillassons chargés de pierres. Il recommande de n'enlever qu'une partie du paillasson chaque fois qu'on prend de la chaux, et de la recouvrir aussitôt, afin de la préserver du contact de l'air, qui, dit-il, lui est très contraire. Il fait ensuite un mélange exact de sable et de ciment, dans la proportion de deux mesures de sable contre une de ciment ; ou, ce qui vaut encore mieux, il mélange le ciment et le sable par parties égales. Alors il prend deux mesures du mélange de sable et de ciment contre une mesure de chaux, après l'avoir trempée dans l'eau, et il met en tas ces matières. Il les broie à sec, puis il les humecte peu à peu à mesure qu'on les mélange. Enfin on porte ce mortier dans une auge, où il est battu par des pilons de bois armés de fer, suspendus à l'extrémité d'une perche qui fait ressort, comme celle dont se servent les tourneurs. M. Fleuret dit qu'on ajoute encore à la bonté du mortier en l'humectant dans l'auge avec un peu de chaux fusée en bouillie et prise dans la proportion d'un sixième du mortier. Il blâme l'usage de remettre de l'eau dans le mortier, ce qui, dit-il, l'affaiblit beaucoup.

L'auteur ajoute que la pierre dure pilée peut suppléer au sable, et que les scories, le mâche-fer et la cendre de houille, que l'on tire des forges, sont encore meilleures que le sable provenant des pierres et que le ciment. Tels sont, en abrégé, les moyens indiqués par M. Fleuret pour fabriquer les mortiers dont il veut faire des pierres factices ; et lorsque son mortier est fait de la manière dont je viens de parler, alors il le place dans des moules où il le massive et le serre fortement. M. Fleuret a beaucoup fait usage des pierres factices pour fabriquer des tuyaux de conduite d'eau, des corps de pompe, des auges, etc.

L'auteur a établi une fabrique de pierres factices à Pont-à-Mousson. On conçoit qu'ayant à sa disposition la bonne chaux hydraulique de Metz, il a dû obtenir de bons résultats ; mais, ainsi que je l'ai dit dans la première section, lorsqu'on a voulu faire de cette manière des tuyaux factices à Phalsbourg, des chapes de voûtes à Landau et à Strasbourg, en se servant de la chaux du pays, on n'a point réussi. Ce que j'ai dit ci-dessus fait voir que c'est moins la manipulation que le choix des matières qui produit les bons mortiers, et par conséquent les bonnes pierres factices. Or M. Fleuret n'a point donné les moyens de reconnaître ces matières : d'où il résulte qu'en suivant le procédé qu'il a indiqué, on se trouve souvent exposé à avoir de mauvais résultats, ainsi que cela est arrivé.

D'après les expériences que j'ai faites, le meilleur procédé pour faire du mortier propre à la fabrication des pierres factices est, si l'on emploie de la chaux hydraulique, de l'éteindre en poudre avec le quart environ de son volume d'eau, et de la couvrir avec les matières que l'on se propose de mêler avec elle. J'ai déjà fait remarquer plusieurs fois l'importance qu'il y avait à confectionner le mortier peu de jours après l'extinction de la chaux. On ne devra donc éteindre que la quantité de chaux que l'on pourra employer dans l'espace de huit à dix jours. Si la chaux est éminemment hydraulique, on pourra n'y joindre que du sable ; celui qui est fin mérite de beaucoup la préférence. Si l'on n'a que du sable mêlé, on le passera à travers un tamis serré, et s'il est trop gros, on devra le faire broyer ; enfin on aura l'attention, s'il est terreux, de le laver par le procédé que j'ai indiqué.

Si la chaux que l'on emploie n'est que moyennement hydraulique, il faudra faire le mortier en ajoutant à la chaux parties égales de sable fin non terreux et de ciment hydraulique.

Si l'on se trouve dans un pays où il n'y ait que de la chaux grasse, on a vu, par le tableau n° 33, qu'il était à peu près indifférent d'employer cette chaux à sa sortie du four ou après l'avoir éteinte depuis quelque temps en pâte ou en poudre. On aura soin de n'employer que du ciment hydraulique fait avec des argiles contenant peu de chaux. On fera le mortier en mélangeant la chaux avec les quantités de sable fin non terreux et de ciment hydraulique que l'on aura reconnues, par des essais, être le dosage convenable relativement à cette chaux. En général, la proportion d'une partie de chaux grasse mesurée en pâte contre deux à deux et demie de ces matières procure un très bon mortier. Il n'y a aucun inconvénient à mouiller suffisamment le mortier pour qu'il soit facile à corroyer, ni à le rebattre avec un peu d'eau, s'il est devenu trop sec. Un excès de trituration est inutile ; il suffit que toutes les matières soient bien mélangées. Toutes mes expériences ont fait voir que le fer n'améliorait point le mortier. On ne se servira donc point de scories de forges, ni de cendrées, sans s'être assuré auparavant, par les moyens que j'ai indiqués, que ces matières sont hydrauliques.

Lorsque le mortier hydraulique dont on veut fabriquer des pierres factices sera fait ainsi, on la placera dans des moules, si ce sont des pierres de petites dimensions, et on les chargera de poids, ou bien on les soumettra à une forte pression, jusqu'à ce qu'elles aient acquis une consistance suffisante pour être enlevées des moules sans se briser. On les placera alors dans de la terre humide pendant un an environ.

Lorsqu'on fait des pierres factices pour des tuyaux de fontaines, ou autres objets qui doivent être enfouis sous terre, il y a peu d'inconvénient à se servir de ciments rouges, comme le sont ordinairement ceux des terres à briques; mais il en résulterait un aspect désagréable à l'œil pour les pierres qui doivent être vues. Dans ce cas, on doit faire les ciments avec des argiles qui ne prennent point cette couleur par la calcination. On se servira donc de préférence des argiles dont on fait les pipes, les faïences et les grès. On pourra aussi se servir des pierres à ardoises pour le même objet.

Il me paraît hors de doute qu'on peut, avec de bon mortier hydraulique, composer des pierres factices, qui puissent offrir, au bout d'un an, une résistance approchant de celle de la brique ordinaire, et avec le temps la ténacité augmente. On trouve dans les *Annales de Chimie*, volume 37, que « M. Monge, en visitant les « ruines de Césarée, a remarqué qu'à un temple consacré à Auguste, le temps « avait rongé les pierres à une grande profondeur, et que le mortier faisait saillie. « Il essaya vainement d'en casser un morceau. Ce mortier était d'un grain très fin « et très égal; il paraissait composé de sable fin et de très peu de chaux, mais bien « mêlé. » On remarque que, dans les anciennes constructions qui nous restent des Romains, dans des pays septentrionaux, le mortier a parfaitement résisté aux intempéries des saisons. J'ai fait faire à Strasbourg de gros cubes de mortiers hydrauliques, que j'ai retirés de l'eau au bout d'un an et que j'ai laissés ensuite à l'air pendant plusieurs étés et pendant plusieurs hivers : ils n'ont éprouvé aucune altération. On peut voir, dans le n° 7 du *Mémorial de l'officier du génie*, qu'en 1819, j'ai proposé de recouvrir en pierre factice le radier d'une écluse de chasse qui avait 30 mètres de largeur et était composée de cinq passages. La fondation a été faite en béton et on l'a couverte d'une couche de 20 centimètres d'épaisseur de bon mortier hydraulique, qui s'est lié avec le béton et a formé une pierre factice qui a présenté, l'année suivante, une grande solidité. Depuis dix ans qu'elle est faite, elle n'a éprouvé aucun dommage. Ce moyen pourrait être employé avec un grand avantage dans les pays où la pierre de taille est chère ou de mauvaise qualité.

Dans les pays où l'on manque de bonne pierre de taille, il est très avantageux de pouvoir composer des pierres factices pour former des pierres d'angles, des tablettes de couronnement, des encadrements de portes et croisées, des corniches, des auges, des tuyaux de fontaines, etc. ; on peut même appliquer avantageusement cette fabrication à des objets de plus grandes dimensions. Il arrive souvent que pour les ponts des fossés des fortifications on fait les piles en maçonnerie d'environ un mètre d'épaisseur. Dans les pays où la pierre est mauvaise, ces piles pourraient facilement être faites sur place et d'une seule pièce en pierre factice; on pourrait faire dans les mêmes circonstances des piles d'écluses, des colonnes, des obélisques, etc., etc.; mais lorsqu'il s'agit de masses aussi fortes, il ne serait point facile de les enterrer d'abord, et de les placer ensuite dans les endroits où l'on veut les avoir. Pour éviter ces inconvénients, le mieux serait donc de les construire sur place. Il ne me paraît point indispensable de faire des encaissements en madriers pour leur donner la forme qu'on veut avoir : des lattes semblables à celles dont on se sert pour diriger les constructions des murailles seront suffisantes. Il faudra seulement avoir la précaution, lorsqu'on aura fait le mortier hydraulique de la consistance ordinaire, de lui laisser prendre, avant de l'employer, un peu de fermeté, de manière qu'en le posant avec la truelle, il ne coule pas, et soit assez ductile pour qu'il puisse s'étendre et se lier avec celui qui a été posé auparavant. Comme ce mortier sèche très vite, il n'est pas à craindre que celui qui a été mis en œuvre le matin s'affaisse sous le poids de celui que l'on pose par-dessus. Après avoir terminé le travail de la journée, on aura soin de couvrir le dessus de l'ouvrage avec des paillassons mouillés, afin de maintenir une humidité favorable, et le lendemain matin on battra la surface du mortier avec une petite dame plate en l'humectant légèrement, afin de le ramollir et de le mettre à même de bien se lier avec le mortier qu'on placera par-dessus. On aura soin, à mesure que le travail s'élèvera, de l'entourer de paille ou d'autres objets que l'on entretiendra toujours humides pendant l'été. Si la construction que l'on fait a peu de hauteur, on pourrait se borner à l'entourer de terre humide. Dans toutes les constructions de ce genre, il conviendra de faire le massif de pierres factices d'une dimension un peu plus forte que celle qu'on veut lui donner, de manière à ce que l'année suivante on puisse enlever sur chaque face une épaisseur de quelques centimètres, qui, ayant été plus exposée à sécher trop vite, serait moins dure que l'intérieur; enfin, on fera usage de la pression autant que la forme de la construction le permettra, et de la manière qui paraîtra la plus convenable.

En faisant des pierres factices, on peut, si on le juge convenable, les colorer en mêlant avec le mortier placé à la surface divers oxides métalliques.

Si les pierres factices que l'on veut faire ont de fortes dimensions, alors on pourrait par économie mêler avec le mortier des petites pierres ou du gros gravier : il en résulterait alors des masses de béton. Le béton a été employé par les Romains ; on trouve plusieurs de leurs maçonneries dont les parements seuls sont en moellons, et tout l'intérieur consiste dans un mélange de mortier et de petites pierrailles. M. Fleuret, après avoir énuméré les grands monuments qu'on croit faits en pierres factices, et dont j'ai parlé au commencement de ce chapitre, dit : « Il en est de « même de ces grandes murailles qui forment les enceintes des villes, des grands « aquéducs, des piles de ponts, qui subsistent encore presqu'en leur entier depuis « le temps des Romains, et dont les parements ne consistent qu'en cailloutage ou « en petits moellons avec un remplissage de pierrailles ou de cailloux mêlés avec

« des moellons plus ou moins gros, jetés au hasard avec le mortier entre ces
« légers parements. Cette maçonnerie, faite en blocage et battue dans un en-
« caissement, ne fait plus qu'un tout, que la continuité du plein rend si
« compact que, peu de temps après, les murailles qui en sont faites sont indestruc-
« tibles. »

Je ne pense point que ces maçonneries aient été faites dans des encaissements ;
les parements pouvaient en tenir lieu, et quand même il n'y aurait point eu de parement en moellon, j'ai déjà dit qu'il n'en était pas besoin pour masser le béton. Mais
on voit toujours par cette citation que les Romains ont fait beaucoup de constructions à l'air avec de petits matériaux mêlés dans leur mortier, et c'est ce genre de
construction que nous nommons béton, ainsi que je l'ai dit. J'ai rapporté dans
la première section qu'en faisant réparer en 1816 un des deux bâtardeaux qui soutiennent le canal de navigation de la place de Strasbourg à son passage dans les
fossés du corps de place, j'ai trouvé que les parements seuls étaient en pierre de
taille, et que tout l'intérieur était un béton d'une grande dureté, ce qui me fit présumer qu'il avait été fait avec de la chaux hydraulique, et me fit prendre des ren-
seignements qui me conduisirent à connaître la chaux d'Obernai, et par suite beaucoup d'autres chaux hydrauliques dans les environs.

En construisant l'intérieur des bâtardeaux en béton, lorsqu'ils ont une épaisseur
suffisante, on leur assure une plus grande durée : car dans les maçonneries en moellons ou en pierres de taille le mortier ne se lie pas toujours parfaitement avec la
pierre. Si l'ouvrage soutient une pression d'eau constante, alors les eaux finissent
par se faire jour à travers les joints, ce qui ne peut arriver à une maçonnerie faite
de petits matériaux, comme le béton, attendu que toutes les petites pierres sont
séparées par une portion de mortier qui s'oppose aux filtrations. Dans les deux
bâtardeaux de Strasbourg que j'ai cités, les parements seuls étaient déplacés,
mais l'existence de ce noyau en béton faisait qu'il ne passait pas une goutte d'eau
au travers le massif du bâtardeau, malgré le mauvais état du parement.

M. Rondelet dit dans son ouvrage, page 116 : « En France, on trouve aux envi-
« rons de Metz une pierre fort dure avec laquelle on fait une chaux d'une qualité
« supérieure ; cette chaux, nouvellement éteinte et mêlée avec du gravier, produit
« un béton ou espèce de mortier dont la consistance est si grande qu'on peut en
« construire des voûtes sans briques ni moellons ; ces voûtes ne forment dans la
« suite qu'une seule pièce aussi dure que la pierre. »

M. le colonel Finot a fait construire il y a deux ans à Strasbourg une voûte en
béton d'environ quatre mètres de diamètre, et elle a bien réussi : les culées sont en
maçonnerie. Une voûte semblable a été construite à Schélestadt. Ce genre de voûtes
présente de grands avantages dans plusieurs circonstances.

Lorsqu'il s'agit de souterrains, c'est le meilleur moyen d'empêcher les filtrations ;

mais, pour que les souterrains soient bien secs, il faudrait faire également en béton les culées et les murs du fond de ces souterrains.

Il arrive assez souvent que l'on a des souterrains et des caves qui se remplissent d'eau lors des crues. On peut remédier à cet inconvénient en établissant un massif de béton sur le fond ; et, si les filtrations pénètrent à travers les murs, on les enduit d'un renfort en béton. On est parvenu, par ce moyen, à utiliser à Strasbourg plusieurs souterrains dont le sol avait été descendu plus bas que le niveau des hautes eaux de la rivière ou des fossés.

On est fréquemment obligé de faire passer un canal par-dessus un cours d'eau, et *vice versa*. Dans ce cas, on construit un pont servant d'aquéduc. C'est ici surtout que le béton est indispensable, comme pour les aquéducs en général. Si l'on juge à propos de construire les voûtes en pierres ou en briques, il est indispensable, pour s'opposer aux filtrations, de faire en béton toutes les maçonneries au-dessus des voûtes. Dans les pays où l'on ne peut point se procurer à bon compte des matériaux propres à faire des voûtes, il serait avantageux de les faire également en béton : alors le pont-aquéduc se trouverait être d'une seule pièce. On peut construire de la sorte des arches de grandes dimensions, soit pour les ponts-aquéducs, soit pour les ponts ordinaires.

Il arrive quelquefois que l'on se trouve obligé d'élargir un quai sans pouvoir rétrécir la rivière. On construit à cet effet une voûte en encorbellement, dont la construction est fort dispendieuse à cause des dimensions des pierres qu'il faut employer. On parviendrait facilement au même résultat en faisant ce travail en béton, qui, formant un massif d'une seule pièce, présenterait une plus grande solidité et coûterait beaucoup moins cher. Par un moyen semblable, on pourrait aussi faire des machicoulis, qui sont quelquefois nécessaires dans des forts pour bien voir les portes d'entrée.

On cherche aujourd'hui le moyen de conserver les grains dans des silos. Pour réussir, il faut les préserver du contact de l'air et de l'humidité. On obtiendra facilement ces deux conditions à la fois en construisant les silos en béton. Lorsque les grains y seront déposés, on pourra également les fermer par une maçonnerie en béton. Les silos peuvent être d'un grand avantage pour l'approvisionnement des places de guerre : c'est un objet sur lequel il serait important de porter son attention.

Dans quelques départements du nord de la France, on ne trouve point de pierres à bâtir ; on est obligé de faire la grosse maçonnerie des revêtements en moellons de craie, et l'on construit par-devant un parement de briques pour préserver la craie du contact de l'air. Mais, dans plusieurs de ces places, les briques sont de mauvaise qualité, et les parements éprouvent bientôt des écorchements, qui exigent des dépenses considérables d'entretien, lesquelles se renouvellent sans cesse. Je pense que, dans ces circonstances, il serait avantageux et économique de construire les revêtements entièrement en béton. On le composerait avec du mortier hydraulique, dans lequel on mélangerait des morceaux de craie, ou du gravier, ou des débris de briques, ou enfin de tous ces matériaux ensemble, dans les proportions que j'ai indiquées dans la première section. On aurait soin d'appliquer, du côté extérieur, un crépissage épais du même mortier. La maçonnerie en béton et son crépissage se feraient ensemble, afin de les lier parfaitement. Par ce moyen, la craie serait préservée du contact de l'air. A mesure que le travail s'élèverait, on placerait un peu de terre humide du côté de l'intérieur, et on garantirait l'extérieur au moyen de paillassons ou d'une forte couche de paille, que l'on arroserait, pendant le premier été, avec des pompes. Dans les pays où l'on trouve de bonnes arènes, les revêtements en béton ne coûteraient pas cher, et, outre l'avantage d'éviter des dépenses d'entretien considérables, il serait plus difficile de faire brèche à des revêtements en béton qu'à ceux qui sont construits en pierres.

J'observerai que, dans la construction des revêtements, qui ont ordinairement 10 mètres de hauteur, et qui soutiennent une grande masse de terre, la mauvaise qualité des mortiers force souvent à donner aux maçonneries une épaisseur beaucoup plus grande que si le mortier était de bonne qualité. En faisant, ainsi que je l'ai proposé, toutes les maçonneries en mortier hydraulique, on augmenterait un peu la dépense; mais, d'un autre côté, on pourrait diminuer l'épaisseur des revêtements, ce qui ferait compensation. En faisant les revêtements en béton, on aurait des murailles d'une seule pièce, et l'on pourrait réduire leur épaisseur d'une quantité sensible, ce qui procurerait une grande économie dans les pays où l'on rencontre de bonnes arènes. Rien n'empêcherait de construire ces revêtements avec des contreforts ou en voûtes en décharge.

On remarque, particulièrement dans le midi de la France, des revêtements qui ont un grand talus. Ce mode de construction permet de diminuer considérablement l'épaisseur des maçonneries; mais il ne peut être suivi dans le nord, à cause de l'humidité, qui favorise le développement de la végétation dans les joints, ce qui cause la ruine des maçonneries. En construisant ces sortes de revêtements en béton, et en les enduisant immédiatement d'un fort crépissage que l'on aurait soin de bien unir, on n'aurait pas à craindre les effets de la végétation, et le fort talus de cette maçonnerie permettrait d'en diminuer considérablement l'épaisseur. Ce serait un essai à faire dans une des places du nord, où les matériaux ne sont généralement pas bons et où l'on trouve des arènes.

En faisant réparer des écorchements occasionés par suite des effets de la végétation, j'ai eu occasion de remarquer que quelquefois la chaux du mortier avait presque entièrement disparu. C'est au point qu'on aurait cru qu'on avait été trompé dans la confection du mortier et qu'on n'y avait presque point mis de chaux. En examinant ces écorchements, j'ai remarqué que tous les joints des pierres étaient remplis de racines qui avaient pénétré à une grande profondeur. Il ne restait presque que du sable entre les joints des pierres. Je suis porté à croire, d'après cela, que la chaux grasse des mortiers est absorbée par la végétation. Je n'ai point remarqué un effet semblable dans les maçonneries construites avec de bons mortiers hydrauliques. Il est possible que la dureté de ces mortiers s'oppose au développement de la végétation, ou que cette espèce de chaux lui soit moins favorable que la chaux grasse. En faisant les revêtements en béton et en les enduisant d'un épais crépissage de mortier hydraulique, dont on rendrait la surface bien lisse, il me semble donc qu'on n'aurait pas à craindre les effets de la végétation.

Dans les pays dont je viens de parler, les bâtiments ne présentent pas plus de solidité que les revêtements. On est obligé de les faire en briques de mauvaise qualité et qui cependant coûtent fort cher. Dans plusieurs pays méridionaux, on construit des maisons en pisé. Ce genre de construction ne me paraît pas offrir une solidité suffisante pour les établissements militaires, et je doute qu'il puisse réussir dans les climats humides du nord ; mais je ne vois point ce qui empêcherait de faire ces bâtiments en béton. J'ai montré qu'avec du mortier hydraulique on obtenait aisément une résistance approchant de celle de la brique ordinaire. Des murs de bâtiments construits en béton avec un pareil mortier offriraient donc une grande solidité, et l'on aurait un grand avantage dans les pays où les matériaux sont de mauvaise qualité et où l'on rencontre de bonnes arènes. On ferait les angles et les contours des portes et croisées en pierres factices ; on couvrirait les murs d'un épais crépissage de mortier hydraulique, et l'on aurait soin de le faire avec des matières dont la couleur approcherait de celle de la pierre. On prendrait d'ailleurs, pour les empêcher de sécher trop vite, les précautions que j'ai indiquées pour la construction des revêtements. Un essai de ce genre serait facile à faire sur un petit bâtiment, tel que corps-de-garde, cuisine ou latrine.

Nous avons souvent à construire des bâtiments voûtés à l'épreuve de la bombe pour les magasins à poudre, casernes et autres établissements. Dans les pays où les mortiers sont de mauvaise qualité, je ne doute pas qu'il soit plus avantageux de les faire en béton. Lorsqu'on les fait en moellons ou en briques, j'ai dit qu'il me paraissait nécessaire de n'employer que des mortiers hydrauliques. J'ajouterai que, lorsqu'on juge convenable de faire les voûtes en pierres ou en briques, je regarde comme indispensable, lorsqu'on a décintré, de construire toute la maçonnerie au-dessus de ces voûtes en béton : c'est à mon avis le seul moyen de les préserver pour toujours de l'humidité. Ce massif de béton pourrait à la rigueur dispenser de faire des chapes ; mais, pour plus de sûreté et pour la propreté, on pourra faire un crépissage de 2 à 3 centimètres d'épaisseur. Il est bien important, lorsqu'on fait des chapes, de les préserver de l'action du soleil. On les couvre quelquefois avec une tente en toile ; mais cela ne les préserve pas de l'action de l'air chaud, qui les fait sécher trop vite. Il serait préférable et plus économique de les couvrir, au fur et à mesure qu'on les fait,

par de la paille mouillée. Lorsque les chapes auraient acquis une consistance suffisante, on les polirait et on les recouvrirait de paille qu'on entretiendrait humide
pendant tout l'été, si ce sont des voûtes qui ne doivent pas être couvertes de terre.
Si on doit couvrir les voûtes de terre, on fera cette opération, au moins en partie,
aussitôt que les chapes auront été polies.

Il y a encore une circonstance dans laquelle le béton peut être employé avec un
grand avantage: c'est pour les culées des ponts suspendus. Lorsqu'on ne peut point
accrocher les chaînes à un rocher sur le rivage, il est nécessaire de construire des
culées; or, les chaînes tirant sous un angle d'environ 45°, une grande partie de la
tension agit dans le sens horizontal. Si le massif des culées est en maçonnerie de
pierres de taille ou en moellons, le mortier liant assez mal les pierres, cette force
horizontale peut les disjoindre. C'est ce qui vient d'arriver au pont suspendu construit vis-à-vis les Invalides, à Paris. Je ne doute pas que les massifs de maçonnerie
formant les culées n'eussent été dans le cas de résister à une force beaucoup plus grande
que celle qu'ils avaient à supporter, si ces massifs avaient été d'une seule pièce; mais
comme ils ont été construits en pierres de taille et en moellons, et que le mortier
n'avait pas eu le temps de bien sécher, la maçonnerie s'est séparée en deux parties
vers la moitié de la masse des culées, de manière à ce que l'on aurait pu mettre le
poing entre les deux parties. Je crois que c'est ainsi qu'on peut expliquer l'accident
qui a eu lieu et qui a forcé de démolir ce pont avant même qu'il eût été complétement
décintré. Si les massifs auxquels étaient accrochées les chaînes eussent été construits en béton, ils auraient formé une seule masse homogène inséparable; il aurait
fallu que la tension des chaînes les entraînât tout entiers ou les rompît, tandis qu'il
lui a suffi de disjoindre des pierres récemment unies par du mortier. Lorsqu'on
fait un pont de ce genre, il me paraît donc nécessaire de faire en béton les massifs
auxquels on doit attacher les chaînes, et ils doivent être construits un an d'avance,
afin que le béton puisse prendre une solidité suffisante.

Le commencement de l'automne est la saison la plus favorable pour faire les
bétons à l'air.

Je terminerai par observer qu'il faut que l'on fasse la dépense nécessaire afin
d'obtenir des mortiers de bonne qualité pour la confection des bétons dont je viens
de parler. Dans les pays où les arènes ne sont pas très hydrauliques, on peut les mélanger avec du ciment hydraulique dont la proportion dépendra de l'énergie de ces
matières. Ainsi que je l'ai déjà dit, il y a plus d'économie à faire de suite les dépenses nécessaires pour construire de bonnes maçonneries qu'à en exécuter de
mauvaises à bon marché.

J'ai cru devoir entrer dans plusieurs détails sur l'emploi avantageux que l'on
pourrait faire du béton dans les lieux où les matériaux sont mauvais, et indiquer
les nouveaux modes de construction à adopter à la place de ceux que l'on y suit
maintenant.

CHAPITRE XVI.

Les expériences rapportées dans la seconde section de ce mémoire me conduisent à tirer les conclusions suivantes pour les mortiers laissés à l'air.

Avec les chaux grasses coulées depuis plus ou moins long-temps, je n'ai obtenu aucun résultat satisfaisant lorsque le mortier a été fait avec ces chaux et du sable seulement, quel qu'ait été le dosage. En faisant les mortiers avec du sable et de la chaux grasse sortant du four, je n'ai encore eu que d'assez médiocres mortiers. Les chaux dont je me suis servi provenaient d'un carbonate de chaux qui n'est mêlé qu'avec une petite quantité de fer. Il serait donc important de s'assurer si l'on obtient un effet semblable avec les chaux grasses des autres pays. Si cela a pareillement lieu dans les autres pays, ainsi que je suis porté à le croire, il faudrait renoncer à couler les chaux grasses pour les conserver long-temps, et on devrait les employer à leur sortie du four.

Le procédé annoncé par M. de Lafaye pour éteindre la chaux et celui donné par M. Loriot ne produisent aucune amélioration sensible pour les chaux communes.

Les chaux hydrauliques mélangées avec du sable produisent à l'air de très bons mortiers, comme lorsqu'ils sont plongés dans l'eau. Ces chaux demandent à être employées peu de temps après leur calcination, sans quoi elles perdent une grande partie de leur énergie. Les mortiers faits avec des chaux hydrauliques présentent une résistance plus grande lorsqu'on y mêle à la fois du sable et des ciments hydrauliques au lieu de sable seulement. Les ciments hydrauliques ou autres matières analogues que l'on mêle avec ces chaux leur font reprendre l'énergie qu'elles avaient perdue par une trop longue exposition à l'air, et augmentent l'énergie de celles qui ne sont que moyennement hydrauliques.

Les mortiers hydrauliques faits avec de la chaux grasse, du sable et des ciments hydrauliques ou autres matières analogues, sont excellents à l'air. Lorsqu'on mêle dans le mortier le sable et le ciment par parties égales, il est à peu près indifférent d'employer la chaux à sa sortie du four, ou après l'avoir éteinte en poudre avec un peu d'eau et l'avoir laissée dans cet état à l'air, ou enfin en la prenant coulée dans des fosses. Mais, lorsqu'on ne met dans le mortier qu'une petite quantité de ciment, il paraît préférable d'employer les chaux grasses peu après leur calcination.

Dans les pays où l'on trouve de bonnes chaux hydrauliques naturelles, on les emploiera avec du sable seul pour former les mortiers des maçonneries exposées à l'air. Dans ceux où l'on n'en rencontre point, au lieu de faire des chaux hydrauliques artificielles, il sera préférable, comme pour les mortiers à l'eau, de faire directement le mortier hydraulique en mélangeant la chaux grasse avec du sable et des ciments hydrauliques. Les proportions du ciment à mélanger dans le mortier dépendront de sa qualité et de la nature des ouvrages que l'on veut exécuter.

Les ciments qui contiennent environ un cinquième de chaux paraissent moins propres à la confection des mortiers à l'air que de ceux qui doivent être employés dans l'eau ; mais quelques centièmes de chaux, loin de nuire, produisent un effet avantageux en économisant le combustible et en facilitant la pulvérisation des argiles cuites. Les ciments ou autres matières analogues doivent toujours être broyés très fin.

Les arènes, mélangées avec les chaux grasses, produisent des mortiers hydrauliques qui sont très bons à l'air. Lorsque les arènes sont peu énergiques, il faut les mélanger avec un peu de ciment hydraulique.

Lorsque les ciments, cendrées, scories de forges et arènes, n'ont que de faibles propriétés hydrauliques, ces matières ne donnent, à l'air, que des mortiers d'une faible ténacité. Avant d'employer ces matières dans les mortiers à l'air, il faut donc les essayer, en les mélangeant avec des chaux grasses, et en plongeant ces mortiers d'essais dans l'eau, d'après les procédés indiqués dans la première section. Il est d'autant plus important de faire ces essais que ces substances coûtent toujours cher, et qu'il y en a qui ne produisent pas de meilleur résultat que du sable.

Les chaux communes et les chaux hydrauliques ne paraissent point comporter autant de sable qu'on le croit communément : le sable fin donne des résultats beaucoup meilleurs pour les mortiers à l'air comme pour ceux à l'eau. Il faut éviter d'employer des sables terreux. Dans les pays où l'on n'en trouve que de cette espèce, il faut les laver ; mais, avant de faire cette opération, on doit s'assurer si ces sables ne sont point des arènes : dans ce cas, on les emploiera tels qu'ils se trouvent.

Les procédés indiqués dans la première section, pour la manipulation des mortiers qui doivent être plongés dans l'eau, s'appliquent également à ceux qui doivent être laissés à l'air. On ne doit pas craindre de mouiller suffisamment les mortiers pour les corroyer avec facilité, et, lorsqu'ils sont devenus secs par leur exposition à l'air, on peut les rebattre avec un peu d'eau. Un excès de trituration est tout-à-fait inutile : il suffit que le mélange des matières soit bien fait.

Il ne paraît point que les Romains aient eu un procédé particulier pour faire leur mortier. Il n'est parvenu jusqu'à nous que les maçonneries dont les mortiers étaient faits ou avec des chaux hydrauliques, ou avec des chaux grasses et des ciments hydrauliques ou des arènes. (Je parle ici des maçonneries faites avec de petits matériaux.) L'inspection de ces mortiers fait reconnaître qu'ils ont souvent été confectionnés avec peu de soin, et prouve que leur bonté ne peut être attribuée qu'à la qualité des chaux ou des substances qui y sont mêlées.

Si l'on n'obtient généralement avec les chaux grasses que des résultats semblables aux miens, il faudrait renoncer à faire les mortiers avec ces chaux et du sable seulement. On devrait toujours mêler au mortier une petite quantité de ciments hydrauliques ou d'autres matières analogues; c'est-à-dire que toutes les maçonneries à l'air devraient être faites en mortiers hydrauliques. Il en résulterait, il est vrai, une augmentation de dépense première, mais l'on en serait bien dédommagé par la longue durée des maçonneries. Ce n'est point une économie de faire à meilleur marché des maçonneries qu'il faut refaire en partie au bout d'un petit nombre d'années, et qui exigent tous les ans de grandes dépenses de réparations : il est bien préférable et réellement plus économique de faire de suite les dépenses nécessaires pour que les maçonneries aient une durée indéfinie, en n'exigeant que de légers entretiens.

Les mortiers hydrauliques, soit qu'ils soient confectionnés avec de la chaux hydraulique et du sable, soit avec de la chaux grasse et des ciments hydrauliques, ou autres matières analogues, résistent très bien à l'intempérie des saisons : cela les rend propres à former des pierres factices. L'art de faire des pierres factices n'est autre chose que celui de fabriquer de bons mortiers hydrauliques. On peut aisément faire des pierres factices qui, au bout d'un an, aient une ténacité à peu près égale à celle de la brique ordinaire, et cette ténacité va en augmentant pendant quelques années. On favorise la solidité des mortiers hydrauliques, et par conséquent celle des pierres factices, en les maintenant dans l'humidité pendant la première année. Il faut donc les enterrer ou les plonger dans l'eau, lorsque leurs dimensions le permettent, et lorsqu'elles sont trop grandes, il faut les fabriquer sur place et les entourer de corps mouillés. Il convient aussi de les faire de dimensions un peu plus fortes, afin de les ramener à leurs justes proportions en enlevant sur chaque face les couches qui ont été le plus en contact avec l'air. Afin d'éviter un aspect désagréable à l'œil, on devra n'employer à la confection des pierres factices que des ciments peu colorés par l'oxide de fer.

Dans les pays où les matériaux sont de mauvaise qualité, et où on rencontre des arènes énergiques, ou bien de bonnes chaux hydrauliques, on pourrait employer avec avantage le béton pour la construction des revêtements, des souterrains, aquéducs, etc., et des divers bâtiments militaires; on pourrait même employer ce mode de construction dans les pays où l'on ne rencontre ni arènes, ni chaux hydrauliques, mais où l'on peut fabriquer de bons ciments hydrauliques à un prix modéré.

Il serait important de faire dans chaque place des expériences dans le but de connaître 1° la qualité des diverses chaux qui se trouvent dans les environs; 2° s'il est préférable d'employer les chaux grasses à leur sortie du four au lieu de les couler dans des fosses, ainsi qu'on le fait presque partout; 3° la quantité de sable qu'il convient de mêler avec les chaux pour former les meilleurs mortiers; 4° enfin la qualité des divers ciments et arènes qui se trouvent dans les environs.

Pour faire ces diverses expériences tant pour les mortiers à plonger dans l'eau que pour ceux à employer à l'air, je pense qu'il faudrait rompre les mortiers au bout d'un an avec une machine semblable à celle que j'ai employée, et qu'on voit sur la planche ci-jointe. Il serait avantageux de faire partout les essais sur des mortiers ayant les mêmes dimensions, afin de pouvoir comparer les différents résultats obtenus, et connaître la bonté relative des matériaux des divers pays. Le grand nombre d'expériences que j'ai faites a été cause que j'ai opéré sur des dimensions un peu trop petites. Je pense que des prismes quadrangulaires ayant $0^m,30$ de longueur et $0^m,10$ d'équarrissage seraient des dimensions convenables. A cet effet, on moulerait les mortiers dans des caisses ayant $0^m,35$ de longueur, $0^m,12$ de largeur et autant de hauteur; au bout d'un an, on les dégrossirait d'un centimètre sur chaque face, et on les romprait en les plaçant sur deux étriers en fer semblables à ceux de la planche ci-jointe, et placés à une distance de trois décimètres dans œuvre, en suivant les procédés indiqués dans la première section. On fera cuire quelques prismes pareils, faits avec les meilleures terres à briques du pays, et après la cuisson on les taillera sur les quatre faces pour les amener aux mêmes dimensions que les mortiers; on soumettra ces prismes de briques à la rupture, et le poids moyen qu'ils auront supporté servira de comparaison pour apprécier la résistance des mortiers. Enfin on fera subir la même épreuve aux pierres, qui, lorsqu'elles sont bonnes, présentent une solidité beaucoup plus grande que celle des meilleures briques. Je doute que l'on parvienne à confectionner des mortiers capables d'une résistance aussi grande que celle des pierres dures; mais on peut facilement atteindre celle des briques, et cela suffit pour construire de bonnes maçonneries.

J'engage beaucoup les ingénieurs à étudier dans leurs localités respectives les matériaux qui sont les plus propres à faire de bons mortiers. Pendant trop long-temps leur fabrication a été abandonnée à la routine: il en est résulté que nos maçonneries durent peu, et exigent de fréquentes réparations, qui absorbent des fonds considérables, et empêchent de les consacrer à des ouvrages neufs ou à des améliorations. Les ingénieurs ne doivent point regarder comme au-dessous d'eux de s'occuper eux-mêmes de la confection des mortiers, et ils doivent laisser dans chaque place une relation des expériences qu'ils ont faites et des résultats qu'ils ont obtenus. Toutes ces opérations exigent des soins minutieux sans doute; mais on en sera récompensé par l'avantage de faire des ouvrages d'une longue durée.

FIN.

TABLE DES MATIÈRES.

SECTION PREMIÈRE.

DES MORTIERS PLONGÉS DANS L'EAU.

		Pages.
Chapitre i. De la chaux ; état actuel de nos connaissances sur cette substance.		1 à 10
Chapitre ii. De l'extinction de la chaux ; manière de faire le mortier ; observations sur l'hydrate de chaux.		10 à 20
Chapitre iii. Expériences sur diverses chaux hydrauliques des environs de Strasbourg, sur la chaux de Metz et les galets de Boulogne.		20 à 49
Chapitre iv. Des chaux hydrauliques artificielles.		49 à 71
Chapitre v. Des mortiers hydrauliques faits avec de la chaux commune et du trass ou de la pouzzolane.		71 à 84
Chapitre vi. Des trass et des pouzzolanes artificiels.		84 à 131
Chapitre vii. Expériences diverses sur les mortiers mis dans l'eau.		131 à 153
Chapitre viii. Du sable et des ardues.		153 à 161
Chapitre ix. Du béton ; circonstances dans lesquelles il est avantageux de l'employer.		161 à 172
Chapitre x. Résumé de la première section.		172 à 181

SECONDE SECTION.

DES MORTIERS A L'AIR.

		Pages.
Chapitre xi. Des mortiers faits avec de la chaux commune et du sable ou de la pouzzolane.		181 à 192
Chapitre xii. Des mortiers faits avec de la chaux hydraulique et du sable ou de la pouzzolane.		192 à 202

Chapitre xiii. Expériences diverses sur les mortiers laissés à l'air. 202 à 215

Chapitre xiv. Observations sur les mortiers exposés à l'air. 215 à 218

Chapitre xv. Des pierres factices et des bétons à l'air. 218 à 228

Chapitre xvi. Résumé de la seconde section. 228 à 231

ERRATA.

Page 40. — On a omis le nᵒ 1 à la première composition des mortiers.

Page 60. — Tableau nᵒ 10. Après l'accolade du mortier nᵒ 9, *au lieu de* 3 ½ *lisez* 3 ¼

Page 67. — Tableau nᵒ 11. A la dernière colonne du mortier nᵒ 5, *au lieu de* 100 *lisez* 110.

Page 75. — Dans quelques exemplaires, à la troisième colonne du tableau analytique, *au lieu de* 0,120, *lisez* 0,160.

Page 154. — Tableau nᵒ 37. Dans quelques exemplaires, à la dernière colonne du mortier nᵒ 4 *au lieu de* 37 *lisez* 157.

LÉGENDE DE LA PLANCHE.

FIGURE 1re.

aa — Prisme de mortier en expérience pour être rompu.
bb — Etriers en fer supportant le mortier.
cc — Collier en fer embrassant le mortier.
dd — Anneau en fer dans lequel passent les cordes du plateau.
ee — Tasseau contre lequel s'appuie le collier pour être placé au milieu du mortier.
ff — Poutre contre laquelle sont fixés les étriers en fer.
g — Plateau sur lequel on place les poids pour rompre les mortiers.

FIGURE 2e.

h — Intérieur du four à cuire les argiles à un courant d'air.
i — Porte du four.
kk — Cheminée.
l — Houra.
mm — Voûtes sous l'âtre du four, dans lequel on place le combustible.
nn — Conduits pour diriger la chaleur et un courant d'air dans l'intérieur du four.

FIGURE 3e.

o — Plan d'un four à chaux des environs de Paris.
pp — Noyau en maçonnerie.
qq — Escaliers pour descendre aux portes du four.
r — Escalier pour monter les matières sur le haut du four.
ss — Portes du four.
tt — Portions des voûtes sphériques facilitant l'accès des bouches du four.

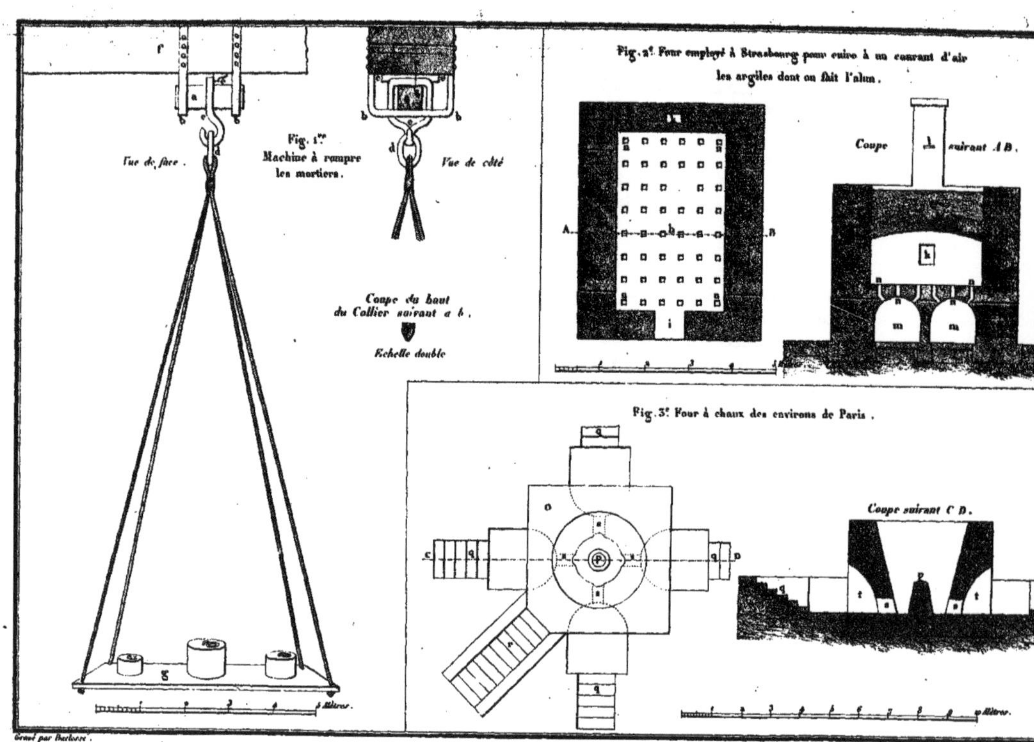

Vue de face.
Fig. 1re
Machine à rompre
les mortiers.
Vue de côté
Coupe du haut
du Collier suivant a b.
Echelle double
Fig. 2e. Four employé à Strasbourg pour cuire à un courant d'air
les argiles dont on fait l'alun.
Coupe suivant A B.
A
B
Fig. 3e. Four à chaux des environs de Paris.
Coupe suivant C D.
Métres.
Gravé par Baclarre.